高等学校人工智能教育丛书

深度学习方法解析与实战应用

Analysis and Application of Deep Learning

主　编　崔脩龙　高志强

副主编　习亚男　鲁晓阳　张荣荣　单南良

参　编　乔　迤　杨　阔　姬纬通　叶泽聪
　　　　甘　波　柏财通

西安电子科技大学出版社

内 容 简 介

本书以深入浅出的方式，讲解何为“人工智能”，如何掌握以深度学习为代表的人工智能相关方法，以及如何进行落地应用。本书从理论、工具基础讲解开始，层层递进，分别向读者清晰地展现了卷积神经网络、生成式对抗网络、循环神经网络、深度强化学习的知识脉络与方法原理。同时，按照具体应用场景，结合主流深度学习框架，给出所讲述理论的落地应用案例和编程开发指导，旨在结合理论与实践，平衡知识的深度与广度，明确入门与进阶路径，使读者更加深入全面地理解深度学习的原理及实践方法。

本书主要面向人工智能技术初学者、程序开发者、前沿科技爱好者，尤其是在校大学生和相关领域研究人员。

图书在版编目(CIP)数据

深度学习方法解析与实战应用/崔翛龙，高志强主编. —西安：西安电子科技大学出版社，2020.10

ISBN 978-7-5606-5727-1

Ⅰ.①深…　Ⅱ.①崔…　②高…　Ⅲ.①机器学习　Ⅳ.①TP181

中国版本图书馆CIP数据核字(2020)第096973号

策划编辑　刘玉芳
责任编辑　朱颖苗　刘玉芳
出版发行　西安电子科技大学出版社(西安市太白南路2号)
电　　话　(029)88242885　88201467　　邮　　编　710071
网　　址　www.xduph.com　　电子邮箱　xdupfxb001@163.com
经　　销　新华书店
印刷单位　咸阳华盛印务有限责任公司
版　　次　2020年10月第9版　2020年10月第9次印刷
开　　本　787毫米×960毫米　1/16　印张　18.5
字　　数　354千字
印　　数　1～3000册
定　　价　48.00元
ISBN 978-7-5606-5727-1/TP

XDUP　6029001-1

前言

Preface

近年来，由于智能芯片等硬件技术的不断发展，以神经网络为核心的人工智能技术成为学界、产业界甚至商界的关注焦点，人工智能中的深度学习技术在诸如计算机视觉、自然语言处理、语音识别、深度强化学习等多个基础领域全面突破，在机器翻译、智能游戏、医疗辅助诊断、无人驾驶、智慧安防等多个应用领域大量落地实践。同时，面对国家重大战略发展和国际前沿发展需求，一些高校成立了人工智能学院及人工智能专业。因此，以人工智能为代表的新一代信息技术(可以概括为“ABCDEFG”，即人工智能 **A**I(**A**rtificial Intelligence)、区块链 **B**C(**B**lock Chain)、云计算 **C**C(**C**loud Computing)、大数据 B**D**(Big **D**ata)、边缘计算 **E**C(**E**dge Computing)、联邦学习 **F**L(**F**ederated Learning)、5**G** 通信等)已成为理论研究的焦点、应用实践的重点、社会发展的增长点。那么，面对“人工智能”这个既熟悉又陌生的词汇，如何了解其理论、掌握其方法，并以“人工智能”方式为我们的工作生活进行“赋能”呢？本书的写作目的是深入浅出地讲解何为“人工智能”，如何掌握以深度学习为代表的人工智能方法，以及如何利用人工智能更好地服务人类。

本书特色

1. 广度与深度的平衡

人工智能是涉及计算机科学、数学、信息论、控制论、系统工程、脑科学、神经科学、心理学、语言学、逻辑学、认知学、行为学等多领域的综合性交叉学科，在人类社会的方方面面具有广泛应用。因此，本书在理论的广度上，讲解了人工智能的基本概念、基本理论、基础工具；在实践的广度上，分析了人工智能在游戏、智慧社区、智慧安防、智慧医疗等领域的应用及设计构想。同时，本书在理论的深度上，以深度神经网络为主线，讲解了以卷积神经网络、生成式对抗网络、循环神经网络、深度强化学习为代表的重要方法；在实践的深度上，以人体姿态估计、经典控制类游戏、边缘智能、图像翻译等实践案例为核心支撑。可以说，本书实现了知识在广度与深度上的平衡。

2. 理论与实践的结合

人工智能是理论与实践结合的产物。没有早期神经科学对大脑神经认知原理的探索，神经元模型、卷积神经网络、循环神经网络等数学模型就是“无源之水，无本之木”。没有早期以 Hinton、LeCun、Bengio 等人为代表的人工智能科学家对深度神经网络理论研究的坚守，就不会有 2012 年 ImageNet 大赛深度学习的巨大成功，更不会有 AlphaGo 的一骑绝尘！本书按照人工智能的发展脉络，将深度学习的理论学习与实践应用结合，并赋予相应的应用场景，尤其是将卷积神经网络与人体姿态估计、目标检测、人脸检测结合，循环神经网络与语音识别结合，生成式对抗网络与图像翻译、图像生成结合，强化学习与 AI 游戏结合，进而让理论指导实践，并让实践赋予理论更有温度、更直接的“生命力”。

3. 入门与进阶的梯次

理论讲解“接地气”、案例实践“有温度”是本书的重要特色，也是针对入门读者重点考虑与设计的。在入门学习方面，本书从基础理论梳理到基础工具讲解，以点带面，尽量避免过多的公式推导、理论罗列，以帮助初学者完成知识体系的构建，同时配合生活等常用场景的案例分析，以期降低读者入门的门槛和心理上的“疏远感”；在进阶提高方面，本书以有研究基础的读者为主要对象，从相关理论的起源、发展脉络、关键技术、改进优化、发展前沿等角度，深入剖析技术的原理，为读者的进阶提高之路厘清思路。

4. 开源与创新的支撑

开源是人工智能领域“百花齐放”的真实写照，也是人工智能生态发展的重要推动力。因此，本书所涉及的程序均已在 Github 上开源，以期为人工智能技术的开源与知识共享贡献一份力量。此外，创新是科技进步的源泉，也是技术发展的不竭动力。本书的部分理论思考及实践案例是团队多年参加竞赛、学术交流的创新成果和发明专利等的积累，也是本书在内涵上的重要特色。

本书组织结构

本书按照基础入门、方法解析、实战应用的结构，共分三篇 13 章。

第一篇为基础入门篇，包括第 0～3 章，以人工智能概述为总领，讲解人工智能的理论基础、工具基础、神经网络基础，以期夯实初学者的学习基础，为其打开人工智能之门。其中，第 0 章主要讲解人工智能的定义、历史脉络、适用领域、发展前景及存在的问题。第 1 章涉及深度学习的数学基础、算法基础、机器学习基础、大数据基础，提纲挈领地讲解了线性代数与矩阵论、概率论与统计学、博弈论、最优化理论等数学知识，梳理了数据结构与算法的基本知识点，分析了机器学习中监督学习、无监督学习、强化学习、联邦学习等关键研究领域，而后介绍了数据挖掘、Hadoop 开源生态框架体系。第 2 章重在全面总结深度学习所需工具，包括编程理论、编程语言、开源框架、硬件及操作系统相关知识等。第 3 章按照神经网络技术演进路线，对神经元模型、感知机模型、多隐层前馈神经网络、深度学习技术的发展脉络进行讲解，并着重对优化方法、优化策略进行分析。

总体来讲，掌握基础理论、基础工具是入门深度神经网络的第一步，因此，第一篇的定位为既是基础入门的“知识图谱”，更是进阶提升的“第一踏板”。有相关理论储备和研究基础的读者可以跳过该部分内容，直接进入后续章节学习。

第二篇为方法解析篇，包括第 4～7 章，主要对深度神经网络的关键方法进行讲解，从卷积神经网络、生成式对抗网络、循环神经网络、深度强化学习的起源、发展、关键原理、重要改进等角度对相关方法进行剖析，既是对基础入门篇内容的整合与升华，也是对深度学习核心精髓的解析，更是实战应用的理论指导。其中，第 4 章以卷积神经网络的原理、方法、改进、应用为主线，解析卷积神经网络背后的方法论。第 5 章主要讲解生成式对抗网络的原理、方法、改进方向等内容。第 6 章在讲解循环神经网络的原理、方法、改进等重点知识的同时，对自然语言处理的相关技术也进行了讨论。第 7 章主要讲解深度强化学习所涉及的关键理论、重要方法模型，并着重对深度 Q 网络进行分析。

本篇中，第 4 章、第 6 章分别从空间维度、时间维度对以卷积神经网络、循环神经网络为代表的深度学习方法进行讲解，第 5 章、第 7 章涉及博弈、决策的重要理论。因此，通过对深度学习关键方法的解析，读者可以轻松构建起深度学习知识体系的“四梁八柱”，对下衔接坚实的理论基础，对上撑得起前沿应用。

第三篇为实战应用篇，包括第 8～12 章，针对人体姿态估计、智能游戏、人群数量计算、垃圾分类、图像翻译等场景，将基于卷积神经网络的 2D 人体姿态估计、基于强化学习的游戏控制、面向边缘智能的人群数量计算、边缘计算场景下的垃圾识别分类、基于生成式对抗网络的图像生成与翻译进行程序实现，与基础入门、方法解析相呼应，构成符合学习规律的全周期闭合回路。其中，第 8 章以计算机视觉前沿应用中的 2D 人体姿态估计为例，讲解姿态估计的研究现状、基础理论、应用场景、主要代表算法和具体实现过程。第 9 章以开源项目 OpenAI Gym 中的 CartPole - v0 游戏为例，从强化学习在游戏领域的应用现状出发，通过编程开发对深度 Q 网络智能体、基于策略梯度的神经网络游戏应用进行实践。第 10 章以边缘智能场景下的城市安防为例，以人群数量计算为应用，对目标检测模型 YOLO V3 算法、人脸识别 CenterFace 算法进行实现。第 11 章以智能垃圾分类为背景，对预训练中文语音识别模型和图像分类模型进行编程实现。第 12 章将两种生成式对抗网络应用于图像翻译和图像生成，对图像“魔术”进行编程实现。

本篇是从综合案例实践角度对全书知识点的总结与提升，以期让人工智能技术不只是“上层建筑”，更是实实在在有温度、接地气的落地应用。

预期读者

1. 人工智能技术初学者

人工智能技术体系庞大、知识点极多，可选资源又很丰富，所以，初学者经常无从下手。希望通过学习本书，初学者可以厘清知识脉络，找到适合自己的技术学习和发展路线。

2. 人工智能程序开发者

技术的生命在于应用转化，尤其在计算机科学领域，没有落地应用，技术很难有长远持续的发展。因此，希望本书的实战案例讲解可以辅助具有一定开发基础的程序员、工程师获得思路上的启发和实际应用场景的共鸣，为其所写代码赋予“有场景”的生命力，促进其对实际问题场景创造性地程序化描述，进而推动社会信息化、自动化、智能化的发展。

3. 人工智能爱好者

开源是人工智能发展的必经之路，希望本书能为AI爱好者提供共享技术、共享理念的交流平台，对开源社区建设、人工智能知识普及起到一定的推动作用。

学习建议

希望通过本书的学习，读者可以从方法的角度对人工智能的本质进行思考，尤其要重点理解两句话：

(1) 人工智能的终极目标是让机器可以像人一样具有学习的本领，可以像人一样思考，进而促进人类的发展。

(2) 人工智能的本质是学习，而“学习”的关键是联合，即“架构联合、数据联合、模型联合、资源联合”。

第一句话易于理解，在此不做赘述。关于第二句话的理解，可以将这一观点放在新一代信息技术发展的大背景下，从算法、算力、数据等对AI发展的推动作用角度去思考，即可获得其中“真意”。具体讲，架构联合是基于“云—边—端”进行统一的架构设计，即将云计算、边缘计算、智能终端进行通盘考虑，进而为人工智能的发展提供架构体系支撑；数据联合是对多源跨域异构数据进行深度安全融合，进而打破“数据孤岛”，为人工智能发展提供充足的数据支撑；模型联合是面向“云—边—端”一体化架构在分布式、集中式、混合式人工智能实现模式下的具体化呈现，是实现高性能人工智能推理、训练的重要方式；资源联合是整合“云—边—端”所涉及的网络通信、计算、存储等资源的重要途径，是促进人工智能落地应用的重要保障。

此外，本书各章节从知识前沿、领域关注、理论深度等角度分别设计了相应的习题，可以帮助读者巩固相关基础知识、启发研究思路。同时，在参考资源部分，整理了大量开源代码、教学视频等学习资料，以期帮助读者提高动手实践能力。

最后，“纸上得来终觉浅，绝知此事要躬行”，想要深入理解深度学习，还需读者自己动手去尝试一些实验，真正形成学习的“闭合回路”。

综上所述，本书内容的组织结构如下图所示：

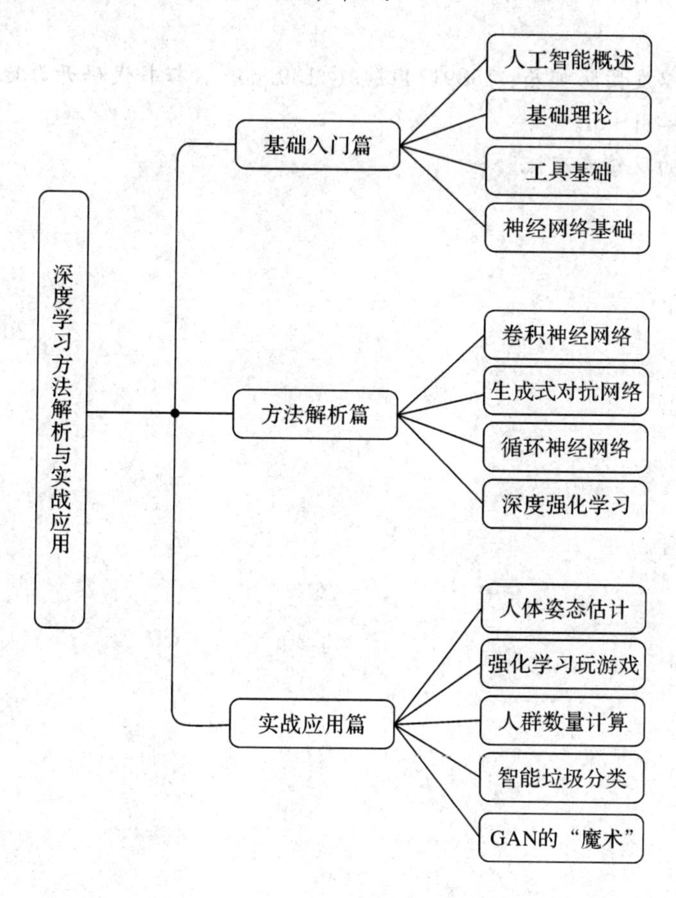

致谢

感谢本书的合作者，感谢团队的成员们，感谢我们的家人，希望我们可以一起做更多有意义的事，并且做得更好。

感谢编辑的辛劳，感谢你们在选题、校对、排版等环节的付出与辛勤工作。

感谢为本书提出宝贵建议、促进本书质量提高的所有朋友及同行。

感谢奋战在抗击新冠病毒一线的各类人员，以及为抗击新冠病毒做出贡献的所有人。希望人工智能技术可以推动社会发展，增加社会的“抵抗力”“免疫力”；同时，也希望社会为人工智能技术的发展提供更广阔的舞台，让人工智能技术承担更多的社会责任，并将有温度、有场景的成果反馈于我们的生活。

勘误与交流

由于作者水平有限，编著时间仓促，书中纰漏在所难免，恳请读者多提宝贵意见，批评指正，以促提高。

相关问题可以发团队邮箱：15891741749@139.com。本书代码开源地址为：https://github.com/book4ai-dl。

再次感谢您的反馈与交流。

编　者

2020年7月于西安

目录

Contents

第一篇　基础入门篇

第二篇 方法解析篇

第三篇 实战应用篇

第一篇　基础入门篇

本篇以人工智能概述为总领，讲解人工智能的理论基础、工具基础、神经网络基础，以期夯实初学者的学习基础，为其打开人工智能之门。本篇定位为既是人工智能基础入门的“知识图谱”，更是进阶提升的“第一踏板”。

第 0 章　人工智能概述

人工智能(Artificial Intelligence，AI)是计算机科学的重要分支。1956 年，以约翰·麦卡锡、马文·明斯基、内森·罗切斯特和克劳德·香农等人为代表的十位具有远见卓识的年轻科学家在美国达特茅斯学院(Dartmouth)开启了人工智能研究的序幕，这次“头脑风暴”首次提出了“人工智能”概念，标志着“人工智能”学科的正式诞生。此后，人工智能进入了起起落落的研究与发展周期。目前，人工智能已广泛应用于计算机视觉、无人驾驶、自然语言理解、区块链等领域。

本章主要讲解人工智能的定义、历史脉络、适用领域、发展前景及存在的问题，主要涉及的知识点及预期目标为：

- 了解人工智能的起源，理解人工智能的定义及关键支撑技术。
- 梳理人工智能的流派、研究进展、面临的挑战及国家层面的政策。
- 展望人工智能的前沿与应用。

0.1　人工智能的定义与学派

人工智能也称机器智能(Machine Intelligence)，是研究如何实现模拟和扩展人类智能的理论和应用科学，是计算机科学与技术的重要分支与前沿领域。具体讲，人工智能不仅涉及计算机科学，还涉及数学、信息论、控制理论、系统工程、脑科学、神经科学、心理学、语言学、逻辑学、认知科学、行为科学等许多学科领域。如图 0-1 所示，人工智能是一个综合性的交叉学科。

0.1.1　人工智能定义

广义上讲，人类对人工智能的研究最早可以追溯到古希腊的启蒙时代，但对人工智能真正意义上的实现要从计算机的诞生说起，有了计算机才有可能迈出以机器模拟人类智能的第一步。在 1956 年的达特茅斯(Dartmouth)会议上，科学家们首次提出人工智能，并研究和探讨用机器模拟人类智能的一系列问题。下面从模拟人类思维和模拟人类行为两个角度梳理人工智能的定义。

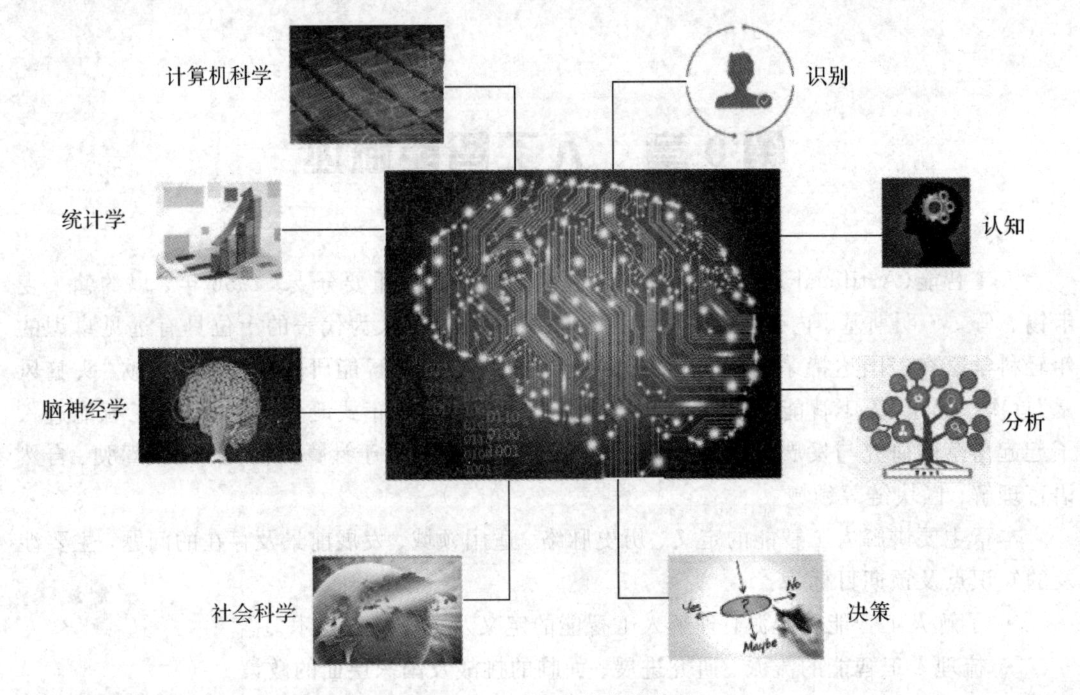

图 0-1　人工智能的学科范畴

1. 从模拟人类思维角度定义

(1) 人工智能是那些与人的思维、决策、问题求解和学习等有关的活动的自动化过程。(Bellman，1978)

(2) 人工智能是一种使计算机能够思维、使机器具有智力的试验过程。(Hangeland，1985)

(3) 人工智能是研究提升理解、推理和行为可能性的计算模式。(Winston，1992)

2. 从模拟人类行为角度定义

(1) 人工智能是用计算模型进行研究的智能行为。(Charniak & Mcdermott，1985)

(2) 人工智能是一种能够执行人类智能的创造性机器学习技术。(Kurzweil，1990)

(3) 人工智能是通过计算过程理解和模仿人类智能的行为科学。(Schalkoff，1990)

(4) 人工智能研究如何利用计算机让人类更好地完成任务。(Rich & Knight，1991)

(5) 人工智能是计算机科学中侧重于智能行为的自动化领域分支。(Luger & Stubblefield，1993)

此外，对于"智能"，《韦氏大词典》的解释为"理解和各种适应性行为的能力"，《牛津词典》的定义为"观察、学习、理解和认识的能力"，《新华字典》的诠释为"智慧和能力"。《人工智能——一种现代方法(第三版)》一书中将已有的一些人工智能定义分为四类：像人一样思考，像人一样行动，理性地思考，理性地行动。维基百科定义人工智能就是“具有某种或某些智能特征或表现的机器”。大英百科全书定义人工智能是“计算机或者计算机控制的机器在执行特定任务时，具备智能生物体才有的解决问题的能力”。百度百科定义人工智能是“研究、开发用于模拟和扩展人类智能的理论、方法、技术及应用的一门新的技术科学”。从现代的观点讲，人工智能就是人类智能在计算机上的实现。还有一种形象的表述——人工智能就是利用“硅基大脑”模拟或重现“碳基大脑”的智能过程。

目前，人工智能可以分为弱人工智能和强人工智能两类。弱人工智能只是在某一方面具有智能属性，达不到与人类相当的智力水平和思维能力，不是能真正实现推理和解决问题的智能机器，它们只是表面上看像是智能的，但是并不真正拥有智能，也不会有自主意识。而强人工智能则强调机器可以像人类一样，具有自我意识和独立推理、思考、判断的能力，是指真正能思维的智能机器，或者可以产生和人类完全不一样的知觉和意识。即使目前人工智能在人脸识别、无人驾驶、智能问答等方面广泛应用，但其发展仍处于弱人工智能阶段，独立的思维能力、自我认识与情感方面依旧薄弱与匮乏。要实现强人工智能需要做什么呢？需要实现记忆、总结、生成、推导等更高层次的智能。

但从人类自身文明发展角度看，伴随着云计算、大数据、物联网等技术的发展，算力、数据、算法的爆发与融合，人工智能的发展已成为社会重要的推动因素。尤其，随着 2012 年深度卷积神经网络以“舍我其谁”的状态在 ImageNet 竞赛中“蟾宫折桂”，以深度学习为代表的人工智能方法再次引燃了人类对机器智能的无限期待与不断探索。

0.1.2　人工智能学派

1956 年，人工智能研究正式起步，经过 60 多年的发展，人工智能的研究主要分为符号主义学派、连接主义学派、行为主义学派，他们分别关注人工智能不同侧面的部分特征。

1. 符号主义学派

符号主义学派(Symbolism)又称逻辑主义学派(Logicism)，以逻辑学为基础，以符号为基本认知单元，结合相关运算操作，从逻辑推理、归纳、论证等角度进行智能过程的模拟与实现，其核心是用符号进行逻辑与机器推理，实现一些知识的机器证明，处理知识表示、知识推理和知识运用等问题，在人工智能领域一直处于主导地位，代表人物包括参加达特茅斯会议的 Herbert Simon、Allan Newell 等，主要成果包括启发式程序、专家系统等。但由于很多事物不能形式化表达，因此其建立的模型存在一定的局限性。

2. 连接主义学派

连接主义学派(Connectionism)又称仿生学派(Bionicsism)，仿造如图 0-2 所示的生物神经网络构造人工神经网络，以神经元为人类思维的基本单位，利用大量简单结构及其连接模拟大脑的智能活动，并通过模拟人脑的神经元及其连接构成的网络结构、学习机制进行人类智能的研究，其核心是用大量神经元的组合实现人脑功能，期望创造一个通用网络模型，然后通过数据训练，不断改善模型中的参数，直到达到预期的输出结果。连接主义学派的奠基人是 Marvin Lee Minsky，代表人物有 McCulloch、Pitts、Rumelhart 以及 2018 年图灵奖获得者 Geoffrey Hinton、Yoshua Bengio 和 Yann LeCun 等，成果包括 McCulloch 和 Pitts 创立的 MP 脑模型，Rumelhart 等人提出的反向传播(Back Propagation，BP)算法，以及 Geoffrey Hinton、Yoshua Bengio 和 Yann LeCun 在深度神经网络方面的大量重要贡献等。

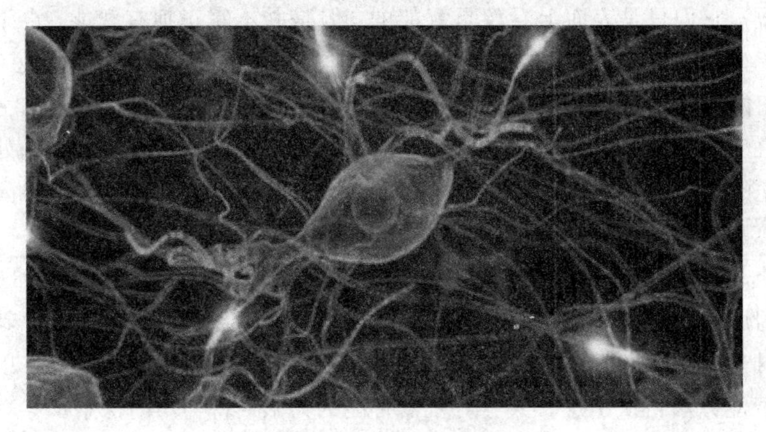

图 0-2　生物神经网络

3. 行为主义学派

行为主义学派(Behaviorism)又称进化主义学派(Evolutionism)或控制论学派(Cyberneticsism)，通过“感知-动作”的模式去模拟智能，认为智能来源于感知与行为，其核心是强调智能在工程实践中的可实现性和控制论思想。图灵测试也可以称作是行为主义的体现。行为主义学派的代表人物有 Norbert Wiener、McCulloch、钱学森等，代表理论包括 Norbert Wiener 提出的控制论、McCulloch 提出的自组织系统、钱学森提出的工程控制论。目前火热的深度强化学习也属于行为主义学派的延伸范畴。

0.2　人工智能简史

虽然人工智能一词正式提出于 1956 年，但是人类对于人工智能的思考和探索可追溯到希腊神话中人类对人工智能及生命的幻想。然而，直到 20 世纪，人工智能的理论研究才正式展开。

0.2.1　早期的人工智能

1. 古代传说

从广义上讲，图 0-3 中黄帝的“指南车”、图 0-4 中诸葛亮的“木牛流马”都具有一定的“智能”意味。

图 0-3　指南车

图 0-4　木牛流马

2. 萌芽阶段

公认的人工智能思维基础来自公元前 350 年亚里士多德建立的逻辑思维模式，从那时直到 1956 年都可划分为人工智能的萌芽阶段，其间涉及概率论、统计学、信息论等相关理论的发展，并以各类计算机器的发明为主线，重要的工作包括法国物理学家 Blaise Pascal(1623—1662)发明如图 0-5 所示的自动进位加法器 Pascalene，德国数学家 Leibniz 制成如图 0-6 所示的全能的四则运算计算器，1936 年英国数学家 Turing 提出图灵机模型，1946 年美国诞生第一台电子数字计算机 ENIAC(Electronic Numerical Integrator And Computer)。

图 0-5　Pascal 的加法器

图 0-6　Leibniz 的四则运算计算器

不得不提1950年，Alan Turing在《计算机器与智能》中对人工智能的思考——著名的“图灵测试”，即如图0-7所示，在不接触对方的情况下，通过特殊的方式与对方进行一系列问答，如果在一段时间内，无法根据这些作答判断对方是人还是机器，则可认为该机器具有人类相当的智力，并具备思维能力。

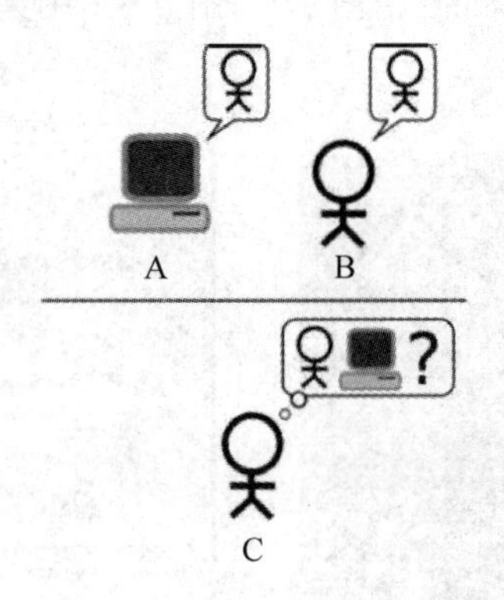

图0-7　机器思维与图灵测试

0.2.2　人工智能的波浪式前进

用现代的眼光审视，早期的人工智能只能算是计算机器罢了，而如何才能让机器真正地智能起来呢？1956年的美国达特茅斯会议揭开了人工智能学科波浪式前进的序章。

1. 黄金阶段

从达特茅斯会议之后，人工智能迎来了黄金阶段。1958年，麦卡锡发明了适用于人工智能领域的Lisp编程语言。同年，美国负责高级科技研发应用的国防先进技术计划署(Defense Advanced Research Project Agency，DARPA)成立，揭开了未来几十年美国乃至全世界军民高端科技引领者的面纱。1959年，遵循图灵机模型，Newell、Shawn和Simon发明了第一个博弈跳棋程序。同年，Arthur Samuel提出了机器学习概念，推动了人工智能的研究。1968年，美国斯坦福研究所(Stanford Research Institute，SRI)研发了如图0-8所示的移动机器人Shakey，该机器人可以自主感知、分析环境、规划行为并执行某些任务。1970年，美国斯坦福大学计算机教授Terry Winograd开发了自然语言理解系统SHRDLU，它能够使用语义、分析指令、响应命令。

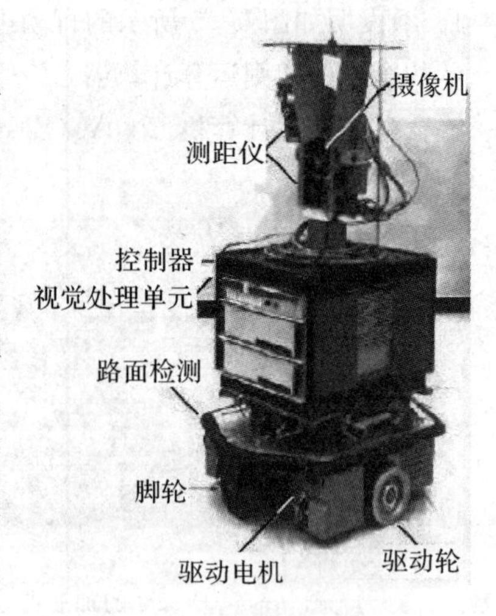

图0-8　移动机器人Shakey

2. 第一次低谷

经过了初始的火热后，“冷静下来”的人工智能不得不正视当时“回避”的三个方面的技术瓶颈：

(1) 计算机性能不足导致大量程序无法应用。

(2) 人工智能程序只能解决特定的问题，针对复杂问题性能急剧下降。

(3) 数据量严重不足，无法支撑机器程序的智能化学习。

因此，大量人工智能项目计划停滞不前，甚至失败，人工智能进入了第一次低谷。

3. 繁荣时期

“专家系统”的出现再次给人工智能带来繁荣。1965 年，斯坦福大学的 Edward Feigenbaum 等设计的 DENDRAL 系统，可实现基于质谱图鉴定火星土壤未知化合物，表明了专家系统的可行性。1980 年，卡内基梅隆大学设计包含 10 000 条规则的专家系统 XCON，该系统具有完整的专业知识和经验。此外，1982 年，物理学家 John Hopfield 提出了新型神经网络 Hopfield 网络，David Rumelhart 提出了经典的神经网络训练方法——反向传播算法，解决了早期感知机的局限问题。多层人工神经网络研究方面的突破，也为人工智能的再次繁荣奠定了基础。

4. “AI 之冬”

然而，随着 Apple 和 IBM 等公司推出的台式机性能不断超越 Symbolics 等厂商的通用计算机，加之专家系统在知识获取、推理能力等方面的不足，以及大量专家系统的维护费用、开发成本居高不下，人工智能之冬到来。

5. “AI 之春”

“If winter comes, can spring be far behind.”

“当问题无法逾越时，时间会告诉你答案。”

随着大数据的积聚、理论算法的创新、计算能力的大幅提升，人工智能在大量应用领域取得了突破性进展。如图 0-9 所示，1997 年 IBM 的“深蓝(Deep Blue)”计算机系统战胜了国际象棋世界冠军 Garry Kasparov，比赛结果为 2 胜 1 负 3 平。2006 年，加拿大多伦多大学教授 Geoffrey Hinton 在深度神经网络算法及其训练方法上取得突破，提出了深度学习的概念，标志着连接主义学派的新一轮复苏。2011 年，IBM 开发了 Watson 机器人程序，并参加知识问答节目，成功击败了人类选手。2012 年，当时就职于

图 0-9　IBM 的“深蓝”计算机系统

谷歌的 Andrew Ng(吴恩达)通过构建深度神经网络从海量 YouTube 视频中成功学习并识别出一只猫。2014 年，微软公司发布全球第一款个人智能助理 Cortana。2015 年，Google 开源了深度学习框架 Tensoflow，极大地推动了人工智能的产业化落地应用。2016 年，Google DeepMind 团队开发的人工智能围棋程序 AlphaGo 战胜了世界围棋冠军李世石。2017 年，AlphaGo Zero 利用启发式搜索、强化学习、深度神经网络等技术，再次横扫围棋界。

依据中国电子技术标准化研究院发布的《人工智能标准化白皮书(2018 版)》，可将人工智能发展史梳理如图 0－10 所示。

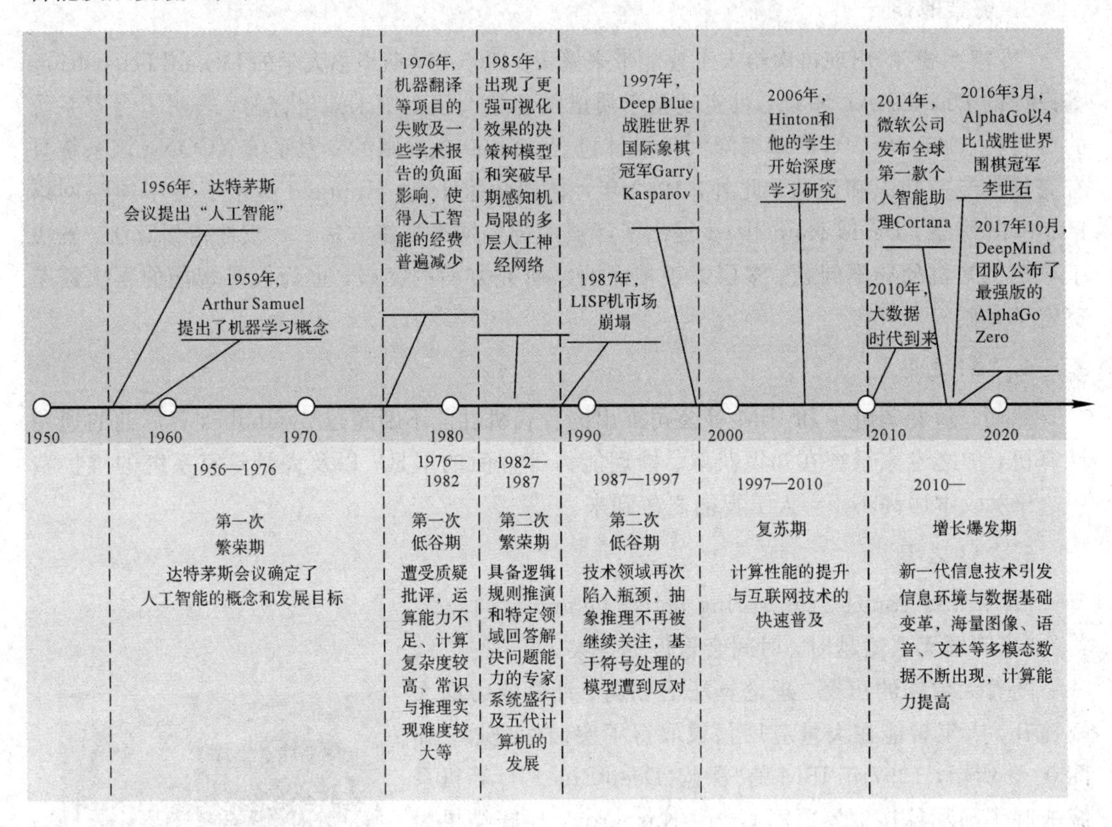

图 0－10　人工智能发展史

0.3　人工智能的关键支撑技术

2016 年被称作“人工智能元年”，是 AlphaGo 推开了人工智能在新时代的大门。人工智能的特征可以归纳为：

(1) 由人类设计、为人类服务、本质为计算、基础为数据。

(2) 能感知环境、能产生反应、能与人交互、能与人互补。

(3) 有适应特性、有学习能力、有演化迭代、有连接扩展。

而实现上述人工智能，需要在算法、数据、算力三方面同时发力。

0.3.1　算法——深度神经网络

在人工智能领域发挥关键作用的深度神经网络，从本质上讲，是一种机器学习方法，而机器学习(Machine Learning)是一门涉及统计学、系统工程、最优化理论、计算机科学、脑科学等诸多领域的交叉学科。传统的机器学习以发现传统原理分析方法难以获得的规律为目标，基于已有训练样本，对数据行为或趋势进行预测，包括逻辑回归、支持向量机、浅层人工神经网络、集成学习、贝叶斯推断等方法。

如图 0-11 所示，深度神经网络是具有深层结构的重要机器学习方法，包括深度置信网络、卷积神经网络、循环神经网络、生成式对抗网络、图神经网络、胶囊网络等。此外，重要的人工智能方法除了深度学习，还包括强化学习、自动机器学习、主动学习、增量学习、迁移学习、联邦学习等。目前主流的开源算法框架有 TensorFlow、Caffe、MXNet、Paddle Paddle、PyTorch 等。

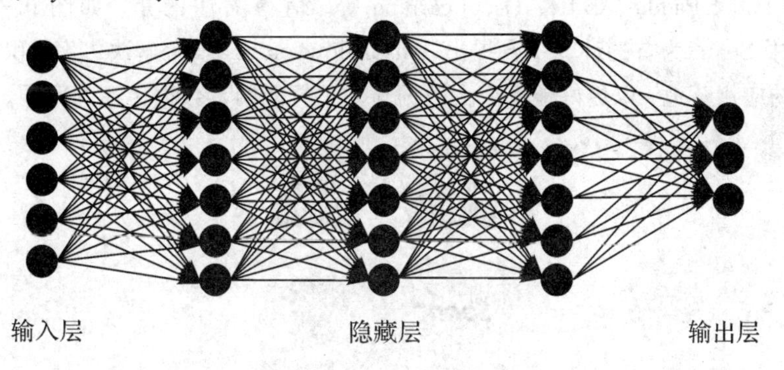

图 0-11　深度神经网络

0.3.2　数据——多源异构大数据

随着物联网、智能传感器、边缘计算等技术的发展，多源异构大数据正处于前所未有的爆发式增长时期。从 2005 年 Hadoop 框架的诞生开始，大数据采集与传输、数据存储与管理、计算处理、查询与分析、可视化展现已覆盖大数据的全生命周期，如图 0-12 所示。众所周知，大数据是人工智能发展的重要推动力，是信息化发展的重要阶段，是推动人工智能技术进步的“生产资料”，为人工智能提供丰富的数据样本。

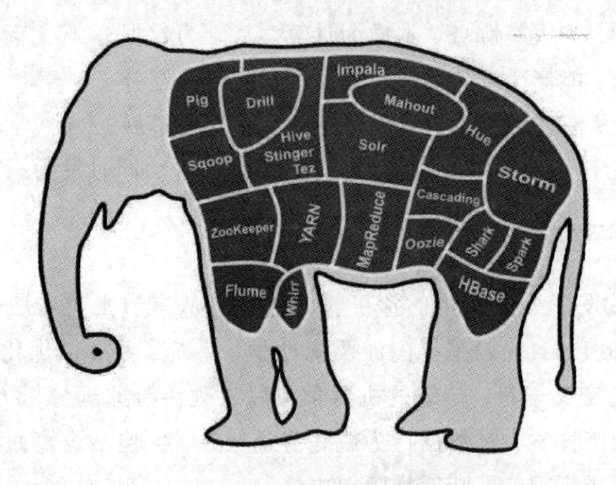

图 0-12　Hadoop 生态

面对海量的数据处理、复杂的多源异构数据分析，常规的单机计算模式已经无法应对。因此，计算模式必须将巨大的计算任务按照分布式单机可承载的方式调整，进而为云计算、边缘计算、大数据技术的实现提供基础计算框架。目前流行的分布式计算框架包括 Hadoop、Storm、Spark、Flink 等。同时，各种适配人工智能的开源深度学习框架也不断涌现，例如 TensorFlow、PaddlePaddle、Caffe、DeepLearning 等。值得关注的是，如图 0-13 所示，以 Hadoop生态中 Spark 为首的计算平台提出 TensorFlow on Spark 等解决方案，积极探索支持深度神经网络的应用落地，以更好地解决大数据与人工智能两者数据传递的问题。

图 0-13　TensorFlow on Spark

0.3.3　算力——高性能计算芯片

在人工智能快速发展的背后，无论是深度神经网络的实现，还是海量数据的处理与存储，都离不开高性能计算芯片的支撑。有句戏言，“无高性能芯片不 AI 处理”，因此，超高运算性能、符合各类应用场景需求的芯片，已成为各国人工智能领域发展的重要因素。人工智能芯片主要进行 AI 计算，包括人工智能算法的训练和推断，其处理对象涉及视频、图像及语音等非结构化数据，同时需要大量的张量处理等线性代数运算，而且面临巨大的过程参数存储、通信开销。目前，高性能人工智能芯片可分为三类：

(1) 经过优化的通用芯片，例如 GPU。

(2) 针对神经网络等机器学习算法加速的专用芯片，是目前最多的 AI 芯片。

(3) 受生物脑启发设计的神经形态计算芯片，如清华大学团队开发的类脑芯片——“天机”。

0.4　人工智能的应用与面临的挑战

0.4.1　人工智能的应用领域

如图 0-14 所示，人工智能涉及的领域包括机器学习、数据挖掘、机器人学、信息检索、语言识别、神经网络等，并可以应用于解决计算机视觉、自然语言理解、逻辑推理与定理证明、模式识别、智能控制、数据挖掘与知识发现等问题。

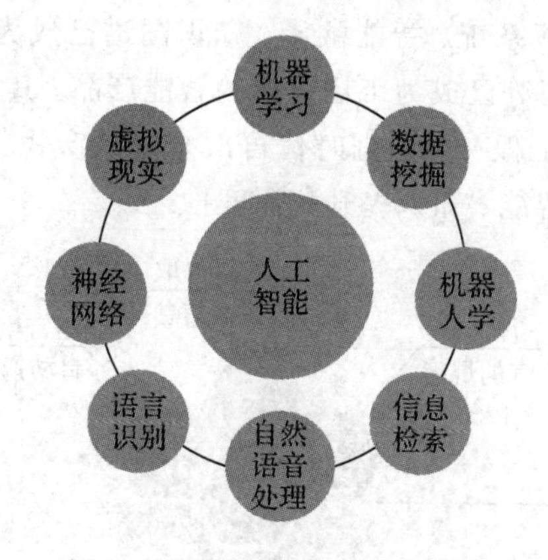

图 0-14　人工智能涉及的领域

1. 计算机视觉

如图 0-15 所示，计算机视觉(Computer Vision，CV)是利用计算机模仿人类视觉系统的学科，其目标为让计算机拥有处理、理解图像及图像序列的能力。尤其，随着深度神经网络技术的发展，计算机视觉领域基本形成了端到端的人工智能方法体系。目前，人工智能方法在计算机视觉领域可以解决计算成像学中图像去噪、去模糊、暗光增强、去雾霾、超分辨率等问题；在图像理解方面，可以实现图像边缘、图像特征点、纹理元素等浅层理解，物体边界、区域与平面等中层理解，物体识别、检测、分割、姿态估计、图像文字说明等高层理解；广泛应用于移动支付、智慧安防、图像检索等领域。

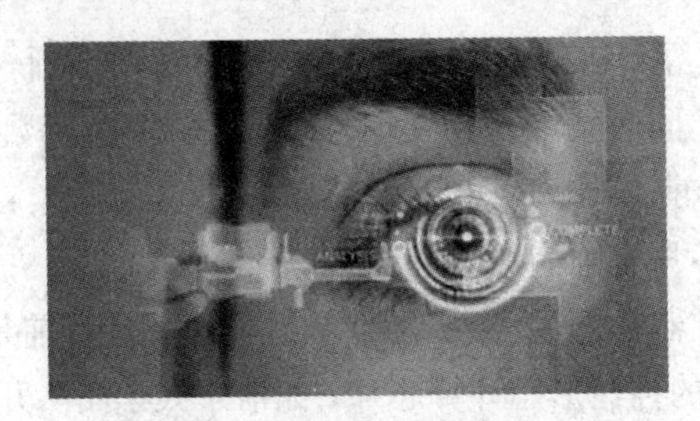

图 0-15　计算机视觉

计算机视觉主要面临的问题包括：

(1) 如何通过与不同应用领域技术深度结合，提高算法精度。

(2) 解决大量数据人工标注问题，提高开发效率并降低人工成本。

(3) 结合计算机视觉任务需求和算法特点，加快设计与开发新型人工智能芯片。

2. 自然语言处理

如图 0-16 所示，自然语言处理(Natural Language Processing，NLP)涉及机器翻译、信息提取、语言生成、情感分析、智能问答、文本分类等方面，同时，可将语音、文本识别纳入自然语言处理范畴。问答系统、智能翻译、知识图谱已成为自然语言处理中的重要应用，个人语音助理、智能音箱等已成为市场火爆的智能产品。其中，知识图谱以自动化知识获取为其根本特征，是知识工程在大数据时代再次复现的产物，可以让机器结合数据驱动模式，实现语言认知、人工智能、知识提升与深度推理。

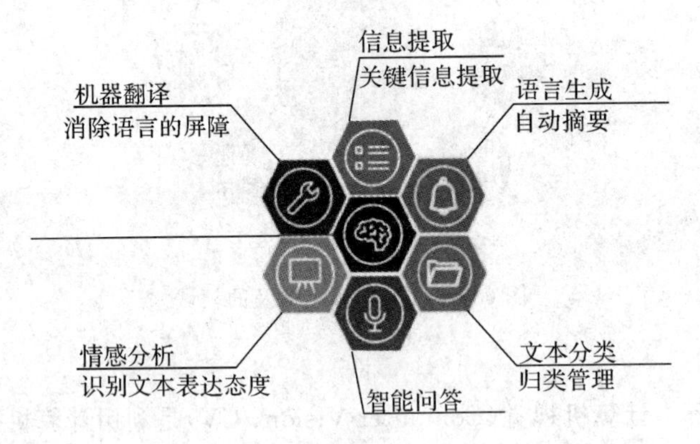

图 0-16　自然语言处理分类

目前自然语言处理仍面临如下问题：

(1) 自然语言在词法、句法、语义及语用等结构和认识层面存在大量不确定性。

(2) 语言中存在的大量新词汇、术语等未知语言现象增加了不可预测性。

(3) 不充分的标注数据难以满足复杂的自然语言处理需求。

(4) 自然语言存在的模糊表达与复杂关联性需要参数庞大的非线性计算模型及求解方法。

3. 边缘赋能

随着移动互联网和智能终端的发展，人工智能应用生态从云端向边缘端不断拓展，在边缘端设备上的开发和部署智能应用呈爆炸式增长，边缘赋能已成为趋势。加之时延、带宽和隐私等约束条件，在边缘节点执行人工智能计算中的推断过程甚至训练过程正在成为边缘赋能的重要组成。

尤其，自动驾驶、城市级大规模高清智能摄像头的图像识别等高带宽、低时延需求任务不可能全交由云端完成。具体讲，边缘端设备主要关注功耗、响应时间、体积、成本、传输时延和隐私安全等问题。目前，随着边缘端设备计算能力的增强，计算负载不断向边缘设备倾斜，并且，边缘赋能将计算更靠近数据源头，利用数据本地处理解决数据安全问题已成为云计算与边缘计算协同的重要优势。云计算与边缘计算的关系如图 0-17 所示。

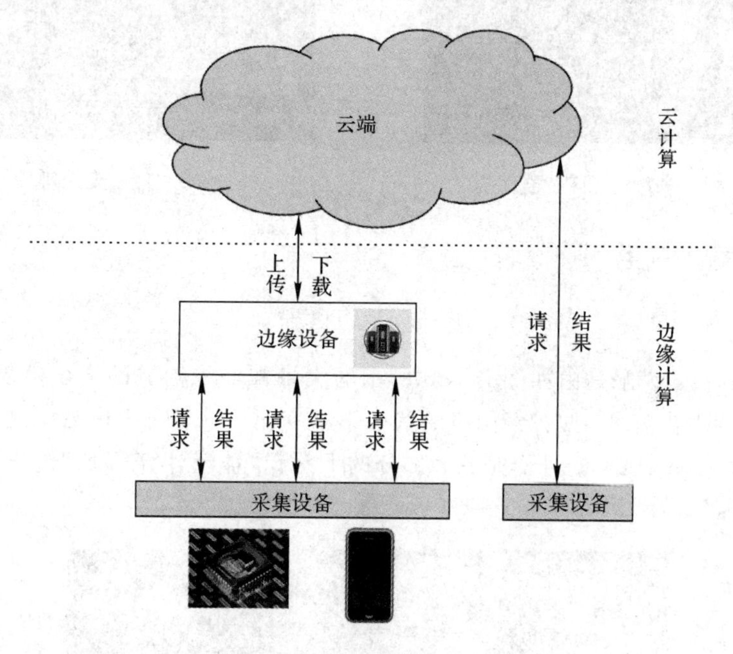

图 0-17 云计算与边缘计算

4. 综合应用场景

随着“AI+”概念的提出，人工智能的应用场景综合化趋势明显：

(1) 如图 0-18 所示，在智能家居中，可利用智能硬件、边缘计算网关、网络环境、云计算平台构成一套完整的家居生态圈。

(2) 在智能零售领域，无人便利店、智慧供应链、客流统计、无人仓储等都是热门方向。

(3) 智能交通系统通过对交通中的车辆流量、行车速度进行采集和分析，实施监控和调度，有效提高通行能力、降低环境污染等。

(4) 智能医疗领域广泛应用计算机视觉和自然语言处理技术，实现辅助诊疗、疾病预测、医疗影像辅助诊断、药物开发。

(5) 如图 0-19 所示，无人驾驶是人工智能技术应用的系统工程，惯导、视觉传感器、激光雷达等硬件设备与深度神经网络、强化学习等技术的融合正在将无人驾驶从 L4 级推进到 L5 级。

图 0-18　智能家居

图 0-19　无人驾驶

0.4.2　人工智能前沿

1. 类脑科学

脑科学家认为，人脑是由如图 0-20 所示的大量神经元构成的大规模复杂神经网络，通过不断传递的生物信号，使神经网络的状态不断变化，用不同的状态构建不同的神经表征(Neural Representation)，进而完成大部分的下意识“神经计算”和少部分与思考对应的意识层面的“神经计算”。

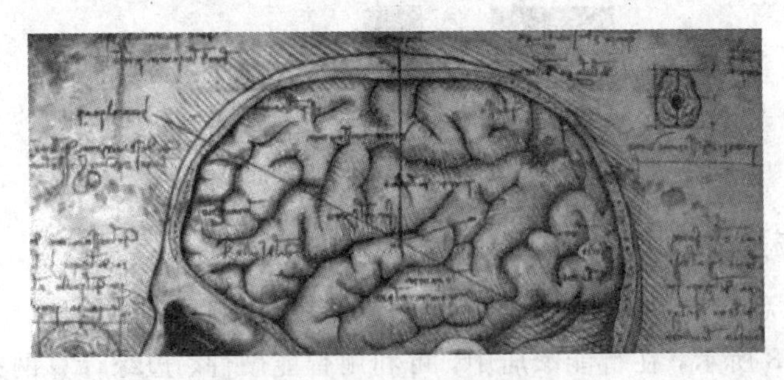

图 0-20　类脑科学

人的思考可定义为在意识中产生视觉、听觉、运动表象(image)的神经计算。类脑科学主要涉及：

(1) 以探索大脑秘密、攻克大脑疾病为导向的脑科学研究。

(2) 以建立和发展人工智能技术为导向的类脑研究。

尽管，人类已经知道大脑约有1 000亿个神经元，然而，其奥秘尚待探索。欧美各国率先于2013年开始探索大脑奥秘的科研计划，中国于2015年启动"中国脑计划"，以期解决大脑在感官、意识、语言三个层面的认知问题。在类脑芯片开发方面，目前有IBM的TrueNorth(真北)、神经突触计算芯片SyNAPSE(2014年)、中国浙江大学牵头研发的脉冲神经网络类脑芯片"达尔文"等。

此外，人脑的思维模式并未受限于神经脉冲的带宽，而目前研发的AI芯片却需要大量带宽资源，主要原因为：人类大脑的神经计算具有良好的并行性，同时，人脑神经网络的学习方法是去中心化的，比基于梯度下降的算法简单易行，易于大规模并行化。

2. 人工智能芯片

人工智能芯片是人工智能的"硅基大脑"，是推动人工智能进步的重要"生产力"。从应用角度划分，人工智能芯片涉及训练和推理两类。从宏观部署场景划分，人工智能芯片包括云端和设备端两类。训练过程要处理海量训练数据，并运行复杂的深度神经网络程序，需要大规模的人工智能芯片集群；而推理过程只涉及一定量的矩阵运算。云计算模式下，训练和推理都在云端执行；边缘计算模式下，尤其对实时性要求高的场景中，推理任务可能会下沉到边缘服务器或者智能终端。除了计算性能的要求之外，功耗和成本也是边缘设备端AI芯片必须面对的重要约束。

从技术架构角度划分，人工智能芯片分为通用类芯片(CPU、GPU、FPGA)、基于FPGA的半定制化芯片、全定制化ASIC芯片、类脑计算芯片等。此外，为适应不同场景和功能需求，出现了DPU、BPU、NPU、EPU等新型专用芯片。其中，2019年8月1日，清华大学类脑计算研究中心施路平团队研发的第三代"天机"芯片登上了《自然》(Nature)封面，实现了中国在芯片和人工智能两大领域在该刊零的突破，"天机"芯片如图0-21所示。2018年，百度发布首款国内云端通用处理芯片——"百度昆仑"。2018年，Google发布了如图0-22所示的机器学习专用芯片TPU 3.0(Tensor Processor Unit，TPU)。2017年，中科院的寒

图0-21　"天机"芯片

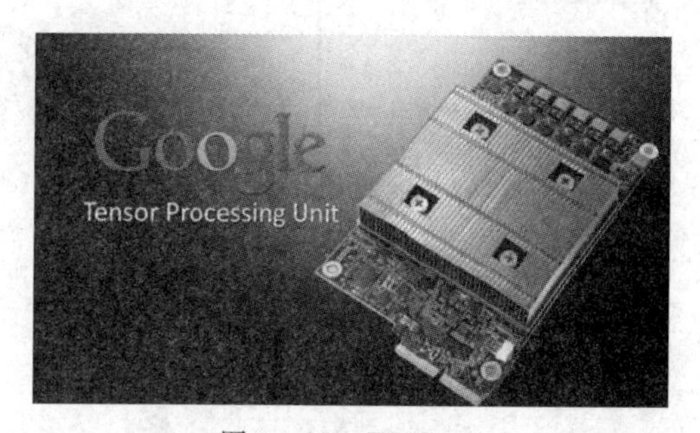

图0-22　TPU 3.0

武纪发布神经元网络单元(Neural-network Processing Unit，NPU)，搭载于华为海思麒麟970处理器。2018年，华为发布基于自研达芬奇AI架构的昇腾910和昇腾310两款NPU芯片。此外，未来人工智能芯片正朝着类脑芯片和量子芯片方向发展。

3. 深度强化学习

作为引爆人工智能大潮的关键事件，谷歌DeepMind团队提出了AlphaGo和AlphaGo Zero，其关键支撑技术为深度强化学习(Deep Reinforcement Learning，DRL)，因此，强化学习与深度神经网络的结合是人工智能历史上新的里程碑。其中，强化学习通过与环境的交互来使智能体(即模型)不断学习，并定义了智能应用问题优化的目标，而深度神经网络给出问题的解决方式。强化学习最初来源于对Markov过程的研究，在不确定的固定环境中，智能体通过奖励或惩罚机制来学习最优策略。相比于复杂的多智能体强化学习，在单智能体的情况下，强化学习方法是可证明收敛的。

谷歌的强化学习大牛David Silver曾给出这样的定义：

深度学习(DL)＋强化学习(RL)＝深度强化学习(DRL)＝人工智能(AI)

如图0-23所示，深度强化学习是通过对未知环境的不断试错和最大化累计奖励函数来寻找最优策略，最终得到能够解决复杂问题的能力——通用智能。因此，深度强化学习有助于推动人工智能朝向更高级理解能力的自主系统迈进。目前，深度强化学习已在游戏、机器人、无人驾驶、博弈等领域发挥重要作用。

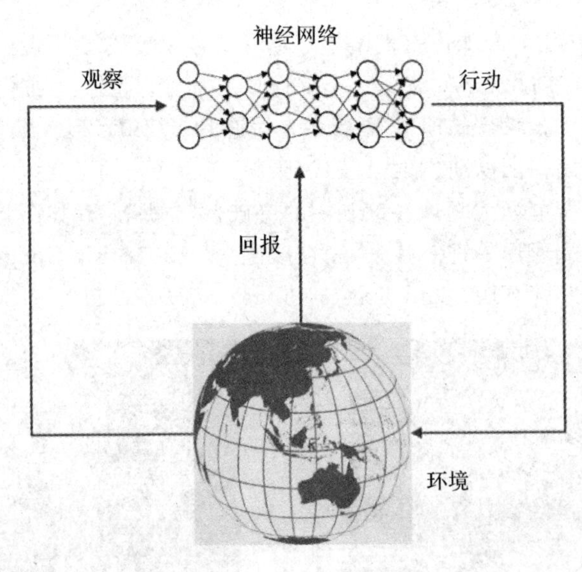

图0-23　深度强化学习

4. 人工智能＋区块链

区块链(Block Chain，BC)是去中心化的分布式账本，已成为新型的数据安全解决方案，集成了P2P网络、分布式账本、共识机制、密码学技术，可以在保持准确的记录、认证和执行过程基础上，实现信任、跨业务生态透明度和跨业务生态价值交换，在保护个人隐私和数据安全方面，可提供重要的开放、协作支撑。

人工智能通过深度神经网络等技术解决单个(或某个领域)机器的智能，是助力于机器赋能、辅助决策、提高“生产力”的重要模式。另一方面，区块链旨在实现数据共享、安全、信任，因此，人工智能可以通过区块链的信任机制，解决多个机器(团队、领域等)的数据共享问题。可以说，大数据是新型的“生产资料”，人工智能是新型的“生产力”，而区块链是新型的“生产关系”，其深度融合必将推动人工智能的大步前进，如图0-24所示。

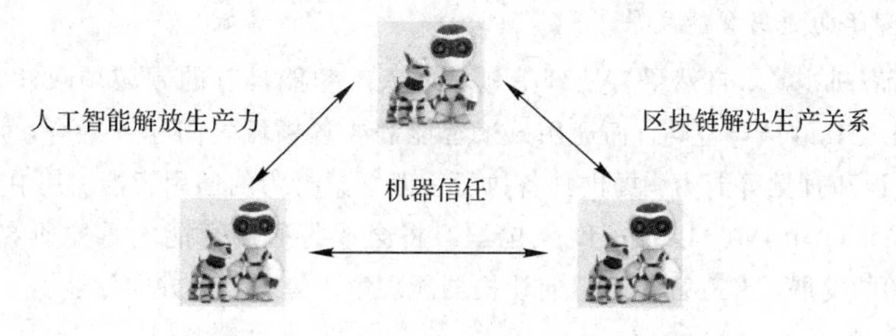

图0-24 人工智能＋区块链

人工智能能通过深度学习、机器学习、数据挖掘和神经网络等解决单一智慧和生产力；区块链能通过去中心化、智能合约、共识机制等解决集体智慧和价值关系。人工智能和区块链相辅相成，区块链为人工智能提供新的解决问题的思路，促进人工智能功能的健全、稳定和安全。

0.4.3 发展趋势与面临的挑战

1. 发展趋势

1) 人工智能技术平台开源化

人工智能技术的大力发展得益于开源框架及平台的重要推动力。在专家系统盛行的时期，单一的以知识库和推理机等闭源本地化系统进行人工智能研究，不可能实现今天“百花齐放”的人工智能开源生态，谷歌的TensorFlow、百度的PaddlePaddle、伯克利视觉和学习中心的Caffe等强大的开源框架，为多场景下人工智能问题的解决提供了底层技术支持。

基于已有开源框架，初学者可以尽快上手入门人工智能，从业者可以高效资源共享，减少二次开发的时间浪费，极大提高开发效率。在国外，2015年，OpenAI开源OpenAI

Gym，拉开了深度学习技术平台开源的序幕；在国内，百度AI开放平台全面开放百度大脑216项技术能力、解决方案与软硬一体组件，深圳鹏城实验室启动了“启智开源开放平台(OpenI)1.0”。鹏城汇智(ihub.org.cn)是鹏城实验室于2019年7月18日发布的开源托管平台，主要服务以汉语为母语的开发者，推出U+计划面向全球征集优秀的AI和RISC-V项目，以期发展我国AI开源生态链，逐步形成我国自主的AI和RISC-V开源生态。此外，对标Google的TensorFlow，2019年华为发布人工智能开源计算框架Mindspore，可见，人工智能技术平台开源化已成为势不可挡的大趋势。

然而，开源也带来严重的负面效应，中国人工智能发展面临核心算法缺位等“卡脖子”窘境，中国制造有从“硬件组装厂”向“软件组装厂”蔓延的趋势。因此，在享受开源算法降低AI上手门槛的福利的同时，加强相关研究的深度、广度等应引起各方面的重视。

2）专用智能向通用智能发展

目前，计算机视觉、自然语言处理等领域的人工智能具有的领域局限性，隶属于专用智能与自动化工具的结合范畴。而通用人工智能需要各领域之间相互融合，并高度集成感知、知识、意识和直觉等能力，提供具备执行一般智慧行为的通用智能。其中，谷歌提出的自动化学习系统(AutoML)以及深度强化学习将会成为通用智能的重要研究方向。同时，随着类脑科学的发展，人工智能必然向让机器能理解、会思考的方向发展。

3）单一领域向其他学科领域交叉融合

人工智能是综合性的交叉复合型科学，其研究需要广泛而深度地与计算机科学、数学、神经科学和社会科学等融合。尤其，随着脑科学与认知科学、大数据技术、区块链等领域的发展，人工智能的研究将会迈进新的大融合式的发展时期。

2. 面临挑战

尽管我国在人工智能技术应用方面走在世界前列，但作为我国人工智能相关领域的研究者，我们要清醒地认识到，我国人工智能的开源生态和技术创新与美国等国家存在一定差距，自主可控形势严峻，尤其在新型开放创新生态、核心关键技术与器件、高端综合应用系统与平台、具有重大原创意义和技术带动性的基础理论与方法等方面亟须加强。

本书在人工智能面临的挑战方面主要强调数学基础薄弱和伦理与安全两方面。

1）数学基础薄弱

人工智能技术本质上是以数学算法为核心，辅以计算机技术实现的产品。任正非强调“人工智能的本质就是数学”。2019年，“徐匡迪院士之问”引发了一系列思考，没有数学模型支撑的智能就不能真正叫智能，没有统计、概率、伦理、逻辑做支持的智慧就不能真正叫智慧。徐宗本院士指出，人工智能与数学之间是融通共进的关系。

人工智能的通用研究方法为“先结构，后功能”，但其可解释性、数学理论分析方面相对薄弱，从“可以用”到“很好用”还有很多数学问题需要解决。尤其，如下基础问题尚待回答：① 大数据的统计学基础；② 大数据计算基础算法；③ 深度学习的数学原理，如可解释性、深度学习中结构和性质的关系问题；④ 非常规约束下的输运问题(类似于迁移学习问题)，如基于数据的“公共不变量”实现不同语言间转换的问题；⑤ 学习方法论的建模与函数空间上的学习理论。

从认识论和方法论角度讲，徐宗本院士指出 AI 与数学未来的“融合共通”是“模型驱动”与“数据驱动”的结合，可以采用“数据不够模型补，模型不精数据上”和“物理机理启发，知识融入”两种策略。

2) 伦理与安全

人工智能安全(AI Security)是人工智能在物联网、云计算、微服务(Microservices)等各种应用场景及智能空间中潜在的安全风险。如图 0-25 所示，Gartner 发布的 2020 年十大战略科技发展趋势将人工智能安全列入其中。因此，保护人工智能赋能系统、利用人工智能提升安全防御机制具有重要意义。尽管以深度神经网络为代表的人工智能方法已在多领域实现了前所未有的成功，但其带来的不可靠、不安全、不可信问题亟待解决，尤其，大量涉及个人隐私、伦理道德、安全标准的人工智能应用存在较高安全风险。尽管人工智能以实现无人类干预的智能为目标，但伦理与安全问题不可逾越。也许随着区块链技术的发展，在解决数据共享难题的同时，人工智能领域的伦理与安全问题也可以迎刃而解。

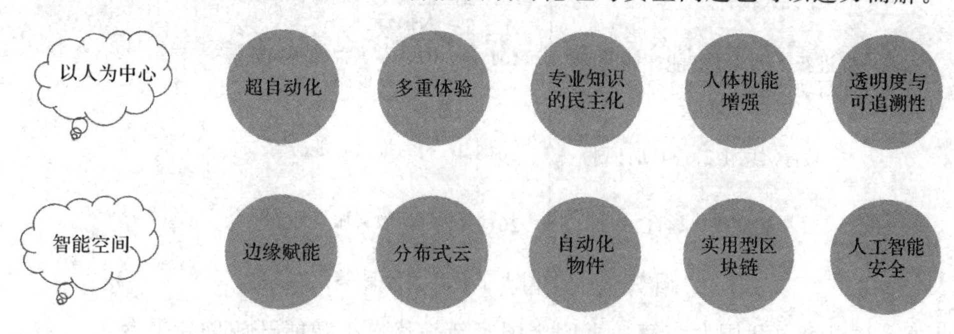

图 0-25　2020 年十大科技发展趋势

0.5　国家战略与政策下的人工智能

0.5.1　国内政策及战略规划

近年来，我国政府高度重视人工智能的发展，相继出台多项战略规划，鼓励指引人工智能的发展。2015年,《国务院关于积极推进“互联网+”行动的指导意见》颁布,提出“人工智能作为重点布局的11个领域之一”;2016,在《国民经济和社会发展第十三个五年规划纲要(草案)》中提出“重点突破新兴领域人工智能技术”;2017年,人工智能写入十九大报告,报告提出推动互联网、大数据、人工智能和实体经济深度融合;2018年,李克强总理在政府工作报告中再次谈及人工智能,提出“加强新一代人工智能研发应用”;2019年,习近平主席主持召开中央全面深化改革委员会第七次会议并发表重要讲话,会议审议通过了《关于促进人工智能和实体经济深度融合的指导意见》。相关政策汇总情况如图0-26所示。

图0-26 中国人工智能发展政策汇总

此外,2017年,我国发布第一批四个国家新一代人工智能开放创新平台:

(1) 依托百度公司建设自动驾驶国家人工智能开放创新平台。

(2) 依托阿里云公司建设城市大脑国家人工智能开放创新平台。

(3) 依托腾讯公司建设医疗影像国家人工智能开放创新平台。

(4) 依托科大讯飞公司建设智能语音国家人工智能开放创新平台。

2019年,在上海世博中心世界人工智能大会(World Artificial Intelligence Conference,WAIC)上,科技部发布第二批十个国家人工智能开放创新平台:

(1) 依托依图公司的视觉计算平台。

(2) 依托明略科技公司的智能营销平台。

(3) 依托华为公司的基础软硬件平台。

(4) 依托中国平安公司的普惠金融平台。

(5) 依托海康威视公司的视频感知平台。

(6) 依托京东公司的智能供应链平台。

(7) 依托旷视公司的图像感知平台。

(8) 依托 360 公司的安全大脑平台。

(9) 依托好未来公司的智慧教育平台。

(10) 依托小米公司的智能家居。

0.5.2　国外战略与政策

国外关于人工智能的战略与政策大事记如下：

2016 年 5 月，美国白宫发表了《为人工智能的未来做好准备》《国家人工智能研究与发展战略规划》，并成立“人工智能和机器学习委员会”，将人工智能提升到国家战略高度。

2016 年 12 月，英国发布《人工智能：未来决策制定的机遇和影响》。

2017 年 4 月，法国制定了《国家人工智能战略》。

2017 年 5 月，德国颁布了第一部自动驾驶法。

2017 年，日本政府制定了人工智能产业化路线图。

2018 年 3 月，法国总统宣布启动 15 亿欧元的人工智能计划。

2019 年 2 月，美国总统特朗普签署行政令，启动“美国人工智能倡议”。

0.6　习　题

习题 0-1　“欲戴皇冠，必承其重”。人工智能近年来取得了压倒性的成功，但在人工智能的发展过程中也遇到了不可避免的问题，如机器学习中的偏见，甚至导致应用 AI 的招聘系统中存在性别和种族歧视；在 AI 技术滥用问题上，基于生成式对抗网络的 Deepfake 被用到虚假新闻传播、诈骗、欺凌等违法场景。因此，如何让 AI 在不断服务社会、服务人类的同时，能保持其“初心”呢？请谈谈你的思考。

习题 0-2　2019 年 3 月，全球最大的专业计算机协会 ACM 宣布人工智能界三位先驱 Geoffrey Hinton、Yann LeCun 和 Yoshua Bengio 获得 2019 年图灵奖。请完成以下工作：

(1) 了解图灵奖，梳理历年图灵奖获得者的重要科技贡献；

(2) 了解 2019 年图灵奖获得者 Geoffrey Hinton、Yann LeCun 和 Yoshua Bengio 的研

究成果，结合人工智能简史、学派分支，思考人工智能先驱们对人工智能发展的重要意义。

习题0-3　2019中国人工智能产业年会重磅发布《2019人工智能发展报告》(Report of Artificial Intelligence Development 2019)。报告内容涵盖人工智能13个子领域，包括：机器学习、知识工程、计算机视觉、自然语言处理、语音识别、计算机图形学、多媒体技术、人机交互、机器人、数据库技术、可视化、数据挖掘、信息检索与推荐。请结合你关注的领域，对相关概念进行阐释，梳理其发展历史以及该领域的前沿进展。

参考资源

1. 台湾大学李宏毅博士的机器学习资源主页，地址：http：//speech. ee. ntu. edu. tw/~tlkagk/index. html.

2. 人工智能、机器学习、深度学习领域的国际顶级会议，包括：IJCAI、AAAI、COLT、CVPR、ICCV、ICML、NIPS、SIGKDD.

3. 所有机器学习问题的当前最优结果，地址：https：//github. com // RedditSota/state-of-the-art-result-for-machine-learning-problems.

4. 10 Breakthrough Technologies 2018，MIT Technology Review. URL：https：//www. technologyreview. com/lists/technologies/2018/.

5. https：//github. com/baidu-research/NCRF.

6. https：//ichallenge. baidu. com.

7. 全球人工智能发展白皮书. 德勤有限公司. www. deloitte. com/cn/about.

第1章 理论基础

机器学习是人工智能的核心，也是计算机获得学习能力和智力的方法或途径。而深度学习是现代机器学习中最有效、最前沿的方法之一，其研究与数学、统计学、概率论等领域知识密切相关，主要方法为通过数学等基础理论描述人类的思维模式及决策过程。因此，以数学为代表的理论基础对推动人工智能前进至关重要。要学好人工智能的前沿方法，必须要有包括数学在内的理论基础，也要有一定的代码能力(下一章讲解)。

深度学习的理论基础包括数学基础、算法基础、机器学习基础、大数据基础。数学基础包括线性代数与矩阵论、概率论与统计学、博弈论、最优化理论；算法基础涉及数据结构与算法；机器学习基础包括监督学习、无监督学习、强化学习、联邦学习；大数据基础包括数据挖掘、Hadoop开源生态框架体系。

本章主要涉及的知识点有：

- 数学基础：线性代数与矩阵论、概率论与统计学、博弈论、最优化理论。
- 算法基础：数据结构与算法。
- 机器学习基础：监督学习、无监督学习、强化学习、联邦学习。
- 大数据基础：数据挖掘、Hadoop开源生态框架体系。

1.1 数学基础

数学最本质的特征是抽象，一切事物都可以通过某种法则映射到数上，通过讨论数的关系描述事物的关系。

1.1.1 线性代数与矩阵论

线性代数是数学的分支，主要研究对象是向量、向量空间(或称线性空间)、线性变换和有限维的线性方程组。其中，向量及其运算是机器学习算法输入的基本形式，例如，样本的特征向量。向量空间及其线性变换，以及与此相联系的矩阵理论，构成了线性代数的核心内容。

1. 向量

物理量分为矢量和标量，相应地，数学上对应为向量(Vector)和标量。其中，标量是只有大小没有方向的量，而向量是既有大小又有方向的量。向量的形式为一行或一列数字的排列，可以用数组表示，数组的大小为向量的维数。

向量的基本运算中，内积与外积尤为重要。

向量 $\boldsymbol{a}$ 与 $\boldsymbol{b}$ 的内积为 $\boldsymbol{a}\cdot\boldsymbol{b}=|\boldsymbol{a}||\boldsymbol{b}|\cos\angle(\boldsymbol{a},\boldsymbol{b})$，可以表征或计算两个向量之间的夹角；$|\boldsymbol{b}|\cos\angle(\boldsymbol{a},\boldsymbol{b})$叫作向量 $\boldsymbol{b}$ 在向量 $\boldsymbol{a}$ 方向上的投影。

向量的外积为 $\boldsymbol{a}\times\boldsymbol{b}$，是一个垂直于 $\boldsymbol{a}$ 和 $\boldsymbol{b}$ 所构成的平面的向量，其长度 $|\boldsymbol{a}\times\boldsymbol{b}|=|\boldsymbol{a}||\boldsymbol{b}|\cdot\sin\angle(\boldsymbol{a},\boldsymbol{b})$，其方向正交于 $\boldsymbol{a}$ 与 $\boldsymbol{b}$。此外，在二维空间中，外积的模 $|\boldsymbol{a}\times\boldsymbol{b}|$ 在数值上等于向量 $\boldsymbol{a}$ 和 $\boldsymbol{b}$ 构成的平行四边形的面积。

2. 矩阵

在数学中，矩阵(Matrix)是一个按照长方阵列排列的复数或实数集合，19 世纪英国数学家 Cayley 最早利用矩阵来描述方程组的系数方阵。直观地讲，矩阵就是 m 行 n 列的数字方阵，可以看作是 n 个 m 维列向量由左至右并排组成，也可以看作是 m 个 n 维行向量从上到下排列构成。

在深度神经网络的训练中，最基本的操作就是矩阵求导。在高等数学中，导数(Derivative)是函数的局部性质。一个函数在某一点的导数描述了这个函数在这一点附近的变化率。如果函数的自变量和取值都是实数，函数在某一点的导数就是该函数所代表的曲线在这一点上的切线斜率。导数的本质是通过极限的概念对函数进行局部的线性逼近。在机器学习中，需要对多元函数求偏导，即关于其中一个变量的导数而保持其他变量恒定。

为了便于理解矩阵求导，先给出函数梯度概念。设 $f(\boldsymbol{X})$是定义在 Rn 上的可微函数，则函数 $f(\boldsymbol{X})$在 $\boldsymbol{X}$ 处的梯度$\nabla f(\boldsymbol{X})$为

$$\nabla f(\boldsymbol{X})=\left(\frac{\partial f(\boldsymbol{X})}{\partial x_1},\ \frac{\partial f(\boldsymbol{X})}{\partial x_2},\ \cdots,\ \frac{\partial f(\boldsymbol{X})}{\partial x_n}\right) \tag{1}$$

梯度方向是函数 $f(\boldsymbol{X})$在点 $\boldsymbol{X}$ 处增长最快的方向，即函数变化率最大的方向；负梯度方向是函数 $f(\boldsymbol{X})$在 $\boldsymbol{X}$ 处下降最快的方向。

1）行(列)向量对元素求导

设$\boldsymbol{y}^{\mathrm{T}}=[y_1,\ \cdots,\ y_n]$是 n 维行(列)向量，x 是元素，则

$$\frac{\partial \boldsymbol{y}^{\mathrm{T}}}{\partial x}=\left[\frac{\partial y_1}{\partial x},\cdots,\ \frac{\partial y_n}{\partial x}\right] \tag{2}$$

2）矩阵对元素求导

设 $\boldsymbol{Y}=\begin{bmatrix} y_{11} & \cdots & y_{1n} \\ \vdots & & \vdots \\ y_{m1} & \cdots & y_{mn} \end{bmatrix}$是 $m\times n$ 矩阵，x 是元素，则$\dfrac{\partial \boldsymbol{Y}}{\partial x}=\begin{bmatrix} \partial y_{11}/\partial x & \cdots & \partial_{1n}/\partial x \\ \vdots & & \vdots \\ \partial y_{m1}/\partial x & \cdots & \partial y_{mn}/\partial x \end{bmatrix}$。

其他的矩阵基本操作，请参见本书附录及相关书籍，在此不做赘述。

1.1.2　概率论与统计学

1. 基本概念

概率论(Probability Theory)是研究随机现象数量规律的数学分支，主要研究在已知随机变量服从某种分布的情况下，随机变量分布(如分布函数、分布律、分布密度等)的性质和随机变量的数字特征(如数学期望、方差、相关系数等)的性质及其应用。在概率论部分，初步明确如下与深度神经网络直接相关的概念，其余概念请读者参考相关资料。

(1) 统计概率。统计概率建立在频率的理论基础上，对于相互独立的 n 次随机试验，其相对频率的极限值则为统计概率。

(2) 条件概率。在事件 B 确定发生后，事件 A 会发生的概率为 B 之于 A 的条件概率。

(3) 概率分布。概率分布(Probability Distribution)是指用于表述随机变量取值的概率规律。试验的全部可能结果及各种可能结果发生的概率，即为随机试验的概率分布。

作为统计学的重要方法，回归分析(Regression Analysis)是确定两种或两种以上变量间相互依赖的定量关系的一种统计分析方法。其中，线性回归(Linear Regression)通过使用最佳的拟合直线，建立因变量和一个或多个自变量之间的关系，也可以表达为线性回归采用一个多维的线性函数来尽可能地拟合所有的数据点，最简单的想法就是最小化函数值与真实值误差的平方；岭回归(Ridge Regression)通过给目标函数加入二范数正则项，来降低标准误差，在保证最佳拟合误差的同时，增强模型的泛化能力(即不过分拟合训练数据)；Lasso(Least Absolute Shrinkage and Selection Operator)回归采用一范数约束，其约束空间为正方形，使得非零参数最少。

随机过程(Stochastic Process)是依赖于时间参数的一组随机变量的集合。其中，马尔可夫过程(Markov Process)是研究离散事件动态系统状态空间的重要方法，是深度强化学习等领域的重要分析工具。马尔可夫链代表的是事件概率之间相互关联的序列，无记忆性是其重要性质，可以模拟和描述变量的长期趋势。此外，马尔可夫链蒙特卡洛方法可以通过在概率空间中随机采样，来近似参数的后验分布。

2. 统计模型与机器学习

统计学是基于数学理论的重要数据分析技术，常用的统计特征包括偏差、方差、平均值、中位数、百分数等。经典的统计模型与机器学习之间的联系如表 1-1 所示。

表 1-1 统计模型与机器学习间的联系

	机器学习	统计模型
目的	旨在实现最准确预测	以推断变量间的关系为目标
效果	会牺牲可解释性以获得强大的预测能力	预测效果较差
框架	基于统计学框架实现，因其所需数据必须基于统计学框架来进行描述	完全基于概率空间
基础	基于统计学习理论	无训练集和测试集之分，具备闭合形式的最优解，无需选择可能函数的收敛结果

1.1.3 博弈论

博弈论又称对策论(Game Theory)，既是现代数学的一个新分支和运筹学的一个重要学科，也是生成式对抗网络的关键支撑理论，其基本要素如表 1-2 所示。

表 1-2 博弈论的基本要素

要素	解释
参与者	博弈的主体。既可以是自然人也可以是团体，但必须要有可以选择的行动以及相应的偏好函数，使其收益最大化
行动	博弈主体的决策变量。与行动顺序无关的博弈称为静态博弈，行动顺序对博弈结果有影响的称为动态博弈
信息	参与者在博弈过程中掌握的信息，如其他参与者的特征、行动知识等。根据博弈各方对信息的了解程度，可分为“完美信息”博弈和“完全信息”博弈
战略	既定信息下的行动规则。战略是行动的完备集，即战略包含任何一种情况下博弈参与者的所有行动规则
支付	参与者通过选择相关战略使自身期望效益值最大化，一般采用效用函数来计算，其中，均衡是所有参与者的最优战略组合

在人工智能领域，博弈论可应用于多代理 AI 系统、模仿和强化学习、生成式对抗网络中的对抗训练等。

1.1.4 最优化理论

最优化理论是与实际应用结合最紧密的学科之一，几乎所有问题都可以归结为最优化问题的求解，尤其在现代人工智能领域发挥了重要作用。最优化问题是机器学习的核心任务，而最优化方法是机器学习的灵魂，用于确定模型的参数或预测结果。而且，以梯度下降为代表的深度神经网络参数训练方法就是最优化领域中的经典方法。最优化研究的数学传统问题包括：全局优化、超参数问题和适配性问题。一般的最优化问题由三要素构成，即目标函数、方案模型、约束条件。

定义1-1(最优化问题的数学模型) 最小化最优化问题基本数学模型(最小化问题与最大化问题互为对偶问题)可表述如下：

$$V-\min\ \boldsymbol{y}=F(\boldsymbol{x})=[f_1(\boldsymbol{x}),\ f_2(\boldsymbol{x}),\ \cdots,\ f_m(\boldsymbol{x})]^{\mathrm{T}}$$

$$s.t.\begin{cases} g_i(\boldsymbol{x})\geqslant 0,\ i=1,\ 2,\ \cdots,\ p \\ h_j(\boldsymbol{x})=0,\ j=1,\ 2,\ \cdots,\ q \end{cases} \tag{3}$$

其中，$\boldsymbol{x}=(x_1,\ x_2,\ \cdots,\ x_n)\in\boldsymbol{X}$是决策空间中可行域的决策变量，$\boldsymbol{X}$是实数域中的$n$维决策变量空间；$\boldsymbol{y}=(y_1,\ y_2,\ \cdots,\ y_m)\in\boldsymbol{Y}$是待优化的目标函数，$\boldsymbol{Y}$是$m$维目标变量空间。目标函数向量$F(\boldsymbol{x})$定义了必须同时优化的$m$维目标函数矢量；$g_i(\boldsymbol{x})\geqslant 0(i=1,\ 2,\ \cdots,\ p)$为定义的$p$个不等式约束；$h_j(\boldsymbol{x})=0(j=1,\ 2,\ \cdots,\ q)$为定义的$q$个等式约束。

求解单目标最优化问题，关键是如何构造搜索方向和确定搜索步长。在多目标优化问题求解中，涉及非劣解排序问题和帕累托最优等概念。在机器学习中，需要预先定义一个损失函数，通常被称作优化问题的目标函数。依据惯例，优化算法通常只考虑最小化目标函数。常用的最优化方法包括梯度下降法、随机梯度下降法、最速下降法及其改进型，在后续章节会依次介绍。

1.2 算法基础

算法是推动人工智能发展的三大动力之一，是计算思维的重要工具，而数据结构是数据的计算思维重塑。如图1-1所示，通过问题分析、数学模型建立、算法设计与数据设计、程序化等一系列流程，即可完成计算思维下的问题求解，该思路同样适用于人工智能问题求解。

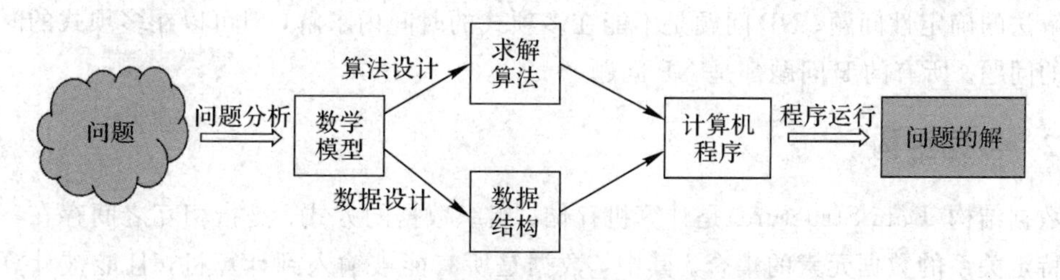

图1-1 计算思维求解问题的流程

1.2.1 算法概论

算法(Algorithm)出自《周髀算经》，是指解题方案的准确而完整的描述，是一系列解决问题的清晰指令，具有有穷性、确定性、可行性、输入、输出等五个特性。

在算法性能分析中，把算法中基本操作重复执行的次数(频度)作为算法的时间复杂度，把运行完一个程序所需内存的大小定义为空间复杂度。常见的时间复杂度有常数复杂度 $O(1)$、对数复杂度 $O(\log n)$、线性复杂度 $O(n)$、平方复杂度 $O(n^2)$、指数复杂度 $O(2^n)$、阶乘复杂度 $O(n!)$。

在算法思想中，动态规划(Dynamic Programming)作为强化学习的重要理论基础，是求解决策过程最优化的数学方法。美国数学家 Bellman 等人在研究多阶段决策过程(Multi - step Decision Process)优化问题时，提出了著名的最优化原理(Principle of Optimality)——利用贝尔曼方程将动态最优化问题的多阶段决策过程化为一系列单阶段问题，并逐个求解。该过程具有最优子结构，即不论过去状态和决策如何，余下的决策必须构成最优策略。同时，无后效性满足各阶段状态无法直接影响其未来决策，即每个状态都是过去历史的一个完整总结。其中，重要的算法思想动态规划与贪心算法如表 1 - 3 所示。

表 1 - 3　动态规划与贪心算法

算法思想	动态规划	贪心算法
优化过程	整体优化过程可以分解为若干局部优化，需具备最优子结构和无后效性	问题的整体最优解通过一系列局部最优选择实现
选择机制	会保存之前的运算结果，并根据之前的结果对当前进行选择，有回退功能	局部最优选择
求解顺序	通常以自底向上的方式求解各子问题	以自顶向下的方式进行，并以迭代的方式做出相继的贪心选择

此外，算法涉及 P 问题与 NP 问题两类重要问题。P 问题是可以在多项式的时间内找到其解法的确定性问题；NP 问题是不能在多项式的时间内求解，但可以在多项式的时间内验证的问题。所有的 P 问题都是 NP 问题。

1.2.2 数据结构

数据结构(Data Structure)是计算机存储、组织数据的方式，是指相互之间存在一种或多种特定关系的数据元素的集合。其中，数据是所有能被输入到计算机，且能被计算机处理的符号集合，是计算机操作对象的总称。数据元素是数据的基本单位，包括若干个不可分割的数据项，与程序设计语言中的整型、浮点型、字符型等数据类型对应。

数据结构中，逻辑结构通过线性结构、非线性结构描述数据间的关系，包括栈、队列、链表、线性表等线性结构，二维数组、树等非线性结构。此外，存储结构是计算机语言对逻辑结构的实现，包括顺序存储、链式存储、索引存储以及散列存储。值得注意的是，神经网络可作为一种分布式数据存储结构。数据结构的知识体系如图1-2所示。

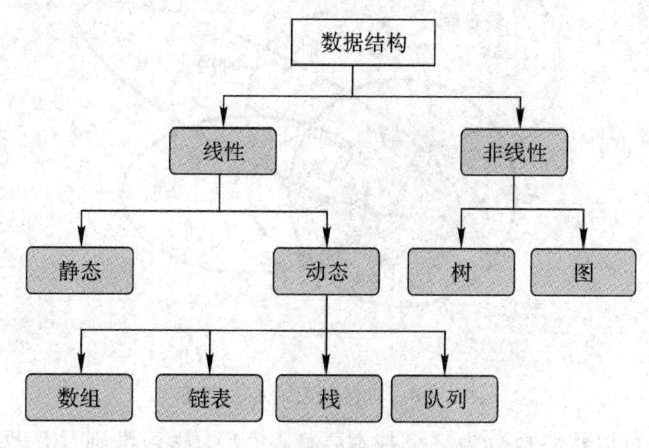

图1-2 数据结构的知识体系

1.3 机器学习基础

机器学习已经成为当今的热门话题，但是从机器学习这个概念诞生到机器学习技术的普遍应用经过了漫长的过程。在机器学习发展的历史长河中，众多优秀的学者为推动机器学习的发展做出了巨大的贡献。从1642年Pascal发明手摇式计算机，到1949年Hebb提出赫布理论——解释学习过程中大脑神经元所发生的变化，都蕴含着机器学习思想的萌芽。

1.3.1 机器学习概述

机器学习(Machine Learning)是人工智能的重要实现方式，是涉及概率论、统计学、逼近论、凸分析、计算复杂性理论的交叉学科，可以从数据中自动分析获得规律，并实现对未知数据的预测。事实上，1950年图灵在关于图灵测试的文章中就已提及机器学习的概念。1952年，被誉为“机器学习之父”的Samuel设计了一款可以学习的西洋跳棋程序，并认为“机器学习是在不直接针对问题进行编程的情况下，赋予计算机学习能力的一个研究领域”。此后，有着“全球机器学习教父”之称的Mitchell则将机器学习定义为：对于某类任务T和性能度量P，如果计算机程序在T上以P衡量的性能随着经验E而自我完善，就称这个计算机程序从经验 E 中学习。

如图 1－3 所示，机器学习是人工智能的子集，与数据挖掘、知识发现、数据库、模式识别、统计学、神经元计算等概念相关。具体讲，机器学习是从有限的观测数据中学习或“猜测”出具有一般性的规律，并利用这些规律对未观测样本进行预测的方法。

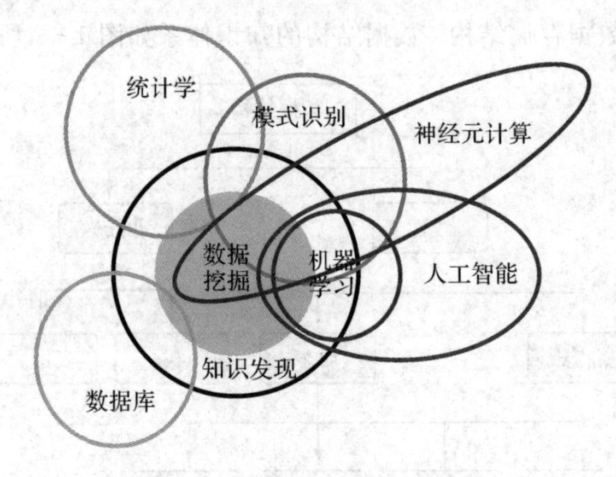

图 1－3　机器学习的相关概念

机器学习方法可以粗略地分为三个基本要素：模型、学习准则、优化算法，并可分为训练和测试两个阶段，在训练阶段以寻找一个好的函数为目标。利用特征抽取，机器学习算法对训练数据集进行分类或预测，并通过性能度量函数不断迭代优化机器学习模型，形成完整闭合回路。机器学习的基本过程如图 1－4 所示。

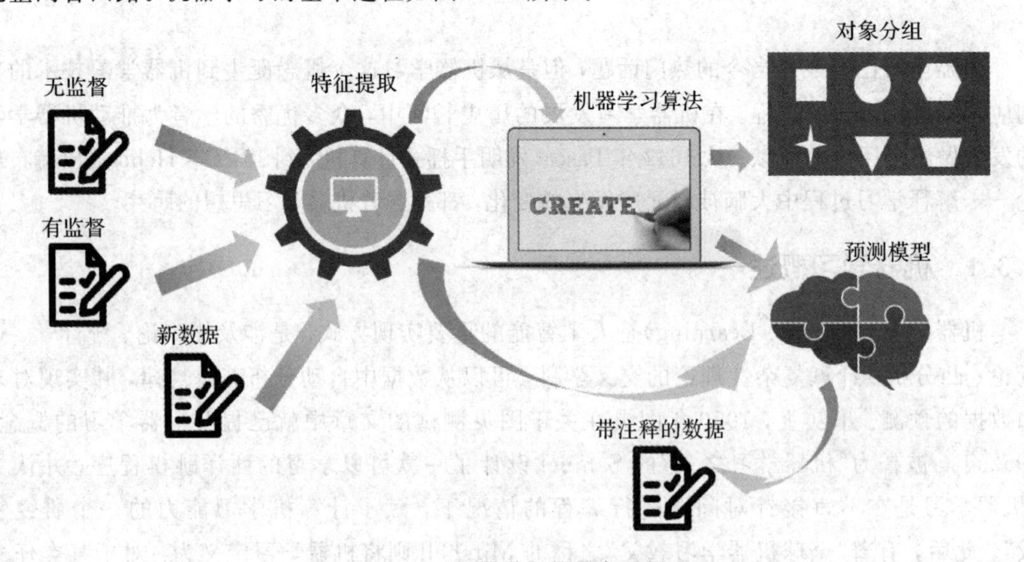

图 1－4　机器学习的基本过程

在机器学习中，数据集(Data Set)分训练集(Training Set)、测试集(Test Set)、交叉验证集(Cross - Validation)，其中的每一条数据被称为样本(Sample)，每个样本都具有属性(Attribute)或特征(Feature)，其取值为特征值(Feature Value)，其空间为特征空间(Feature Space)和样本空间(Sample Space)。

此外，按照徐宗本院士对机器学习的基本概念的解释，“智能就是模拟人的一种行为或者说能力，即在给定环境中，能通过与环境的交互和自省来提高自身解决问题的能力，而采用一个机器或者软件来模拟这种智能时，就是机器学习。从数学的维度看，机器学习表示的是一个函数空间或参数空间的优化问题”。他认为，无论是机器学习还是数学，二者在解决问题上都可以用如图1-5所示的这一框架来描述，其中包括两个最重要的部分：一个是智能体，一个是环境。其中，智能体指含参数、可调节的任务求解器，其形态可以是深度网络，也可以是机器人、无人系统或算法。环境有两个基本性质：

(1) 环境是可以描述的，如果用数据来描述就是人工智能方法，如果用模型来描述就是数学方法或物理方法，如果是用知识来描述就可能是知识工程方法，等等。

(2) 环境是可以对其进行建模的，能够借以对智能体的行为作出判断，即可作为修正智能体行为的指标。

环境对智能体的优化方向进行修正，同时智能体又为环境预报当前输入的反应。

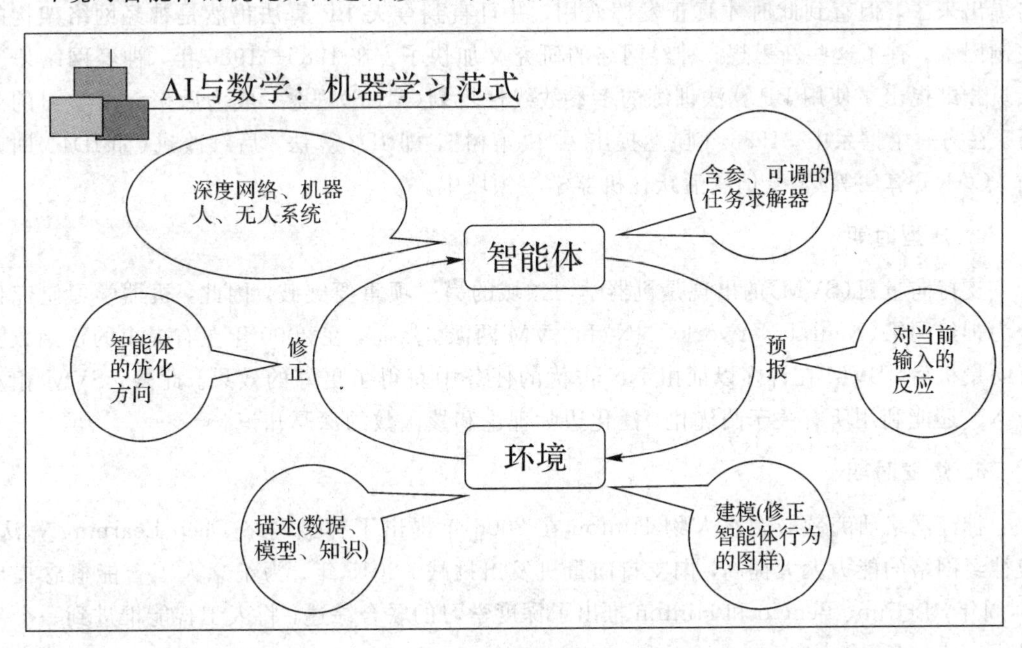

图1-5 机器学习的基本框架

为更好地理解机器学习的概念，下面简述机器学习发展历史。

1. 奠基时期

1950 年，图灵创造了图灵测试来判定计算机是否智能。图灵测试认为，如果一台机器能够与人类展开对话(通过电传设备)而不能被辨别出其机器身份，那么称这台机器具有智能，说明了“思考的机器”是可能的。1952 年，IBM 科学家塞缪尔开发的跳棋程序，驳倒了普罗维登斯提出的机器无法超越人类的论断，他创造了“机器学习”这一术语。

2. 瓶颈时期

从 60 年代中期到 70 年代末，机器学习的发展步伐几乎处于停滞状态。无论是理论研究还是计算机硬件限制，使得整个人工智能领域的发展都遇到了很大的瓶颈。虽然这个时期 Winston 的结构学习系统和 Roth 等人的基于逻辑的归纳学习系统取得较大的进展，但只能学习单一概念，而且未能投入实际应用。此外，神经网络学习因理论缺陷也未能达到预期效果而转入低潮。

3. 重振时期

Werbos 在 1981 年的神经网络反向传播(BP)算法中提出了多层感知机模型。虽然 BP 算法早在 1970 年就已经以“自动微分的反向模型(Reverse Mode of Automatic Differentiation)”为名提出来了，但直到此时才真正发挥效用，并且直到今天 BP 算法仍然是神经网络架构的关键因素。有了这些新思想，神经网络的研究又加快了。在 1985—1986 年，神经网络研究人员相继提出了使用 BP 算法训练的多参数线性规划(MLP)理念，成为后来深度学习的基石。在另一个谱系中，1986 年昆兰提出了“决策树”，即 ID3 算法，后续改进(如 ID4、回归树、CART 算法等)至今仍然活跃在机器学习领域中。

4. 成型时期

支持向量机(SVM)的出现是机器学习领域的另一项重要突破，因此，机器学习研究也分为神经网络(Neural Network，NN)和 SVM 两派。然而，在 2000 年左右提出的核函数支持向量机后，SVM 在许多以前由 NN 占优的任务中获得了更好的效果。此外，SVM 相对于 NN 还能利用所有关于凸优化、泛化边际理论和核函数的深厚知识。

5. 爆发时期

神经网络研究领域领军人物 Hinton 在 2006 年提出了神经网络 Deep Learning 算法，使神经网络的能力大大提高，向支持向量机发出挑战。2015 年，为纪念人工智能概念提出 60 周年，LeCun、Bengio 和 Hinton 推出了深度学习的联合综述，将人工智能推进到一个新时代。

1.3.2　监督学习

监督学习(Supervised Learning)指利用已知类别的样本训练分类器的参数，使其达到所要求性能的过程，即建立样本特征与样本标签映射关系的过程。根据标签类型差异，监督学习可分为分类问题和回归问题。监督学习算法包括决策树、朴素贝叶斯分类器、最小二乘法、逻辑回归、支持向量机、k-近邻算法、人工神经网络、集成学习、朴素贝叶斯等。监督学习的基本流程如图1-6所示。

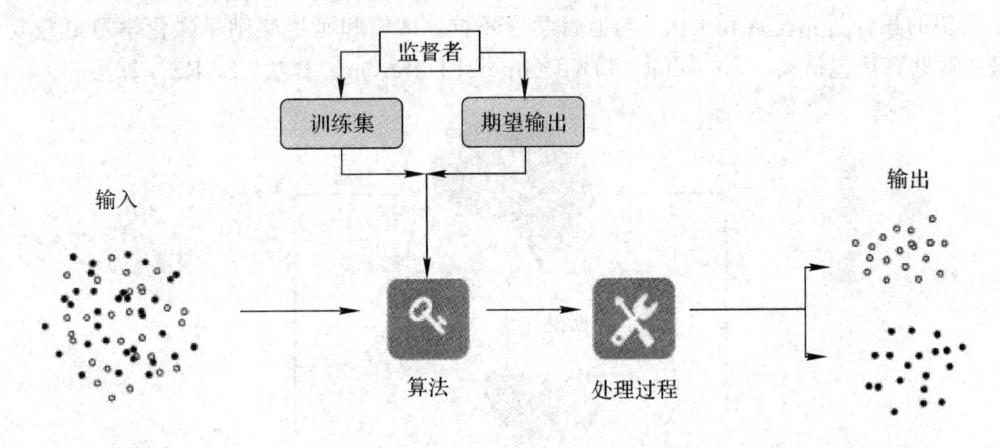

图1-6　监督学习的基本流程

1.3.3　无监督学习

与监督学习不同，无监督学习(Unsupervised Learning)指训练样本没有标签，需要直接对数据进行建模，依据相似样本空间距离较近假设，将样本进行分类。常用算法包括自编码器、主成分分析、K-Means算法等，可以解决关联分析、聚类和维度约减等问题。

无监督学习的基本流程如图1-7所示，原始数据在无监督者干预的情况下，利用无监督算法，进行数据处理，最终得到关联分析、聚类、降维等输出。

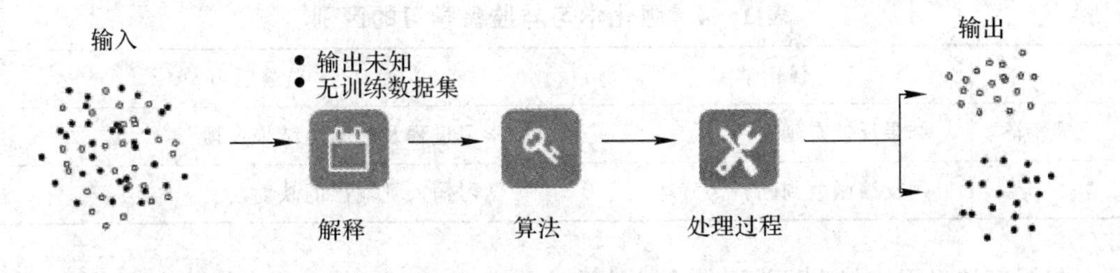

图1-7　无监督学习的基本流程

1.3.4 强化学习

强化学习(Reinforcement Learning)由 Minsky 首次提出，其思想来源于人类对动物学习过程的长期观察，可用来解决连续的自动决策问题。强化学习主要包含四个元素：Agent、环境状态、行动、奖励，是一种通过 Agent 与动态环境间的交互作用来进行决策的学习机制，如果 Agent 行为策略导致环境正的奖赏(强化信号)，那么 Agent 以后产生这个行为策略的趋势便会加强。如图 1-8 所示，Agent 的目标是在每个离散状态发现最优策略以使期望的累计折扣奖赏和最大。与监督学习不同，试错和延迟奖励是强化学习最重要的特征。常见算法包括 Q-Learning、TD(Temporal Difference)算法、SARSA 算法等。

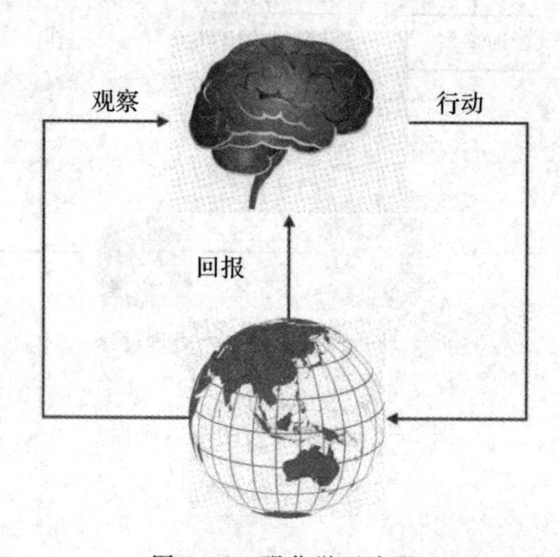

图 1-8 强化学习流程

强化学习算法通过反复试验来学习最优的动作。这类算法在机器人学科中被广泛应用。在与障碍物碰撞后，机器人通过传感器收到负面的反馈从而学会避免冲突。在视频游戏中，我们可以通过反复试验采用一定的动作，获得更高的分数。强化学习与监督学习的区别如表 1-4 所示。

表 1-4 强化学习与监督学习的区别

	强化学习	监督学习
反馈特征	结果反馈有延时	学习过程及时给出结果反馈
学习结果	用反馈函数判断行为好坏	学习输入到输出的映射

将深度神经网络与强化学习结合，就可以得到 AlphaGo 的重要支撑技术——深度强化学习。深度强化学习的基本思想是用深度神经网络拟合强化学习中的动作价值函数和策略

函数，进而可以处理各种复杂的状态和环境。例如，滴滴出行通过深度强化学习来解决司机和乘客的匹配调度问题。

在机器学习中，监督学习是学习输入到输出的映射关系；无监督学习是学习输入的模式；而强化学习则通过少量输入不断获得反馈，最后构建完整的闭环反馈。

1.3.5 联邦学习

在大数据时代，数据是以机器学习为基础的人工智能技术的“血液”；而通常情况下，数据并非同时聚集于统一的数据中心，而是分布在不同的地理区域，因此，分布式机器学习应运而生。与传统集中式机器学习不同，分布式机器学习是涉及数据、模型、算法、通信、硬件等方面的复杂体系，而联邦学习(Federated Learning)是满足数据隐私、安全和监管要求的分布式机器学习框架，它能实现高效的数据共享，是解决数据孤岛问题的可行解决方案，为深度学习的实际部署、数据量不足等问题的解决带来希望。联邦学习具有如下特征：

(1) 各方数据都保留在本地，不泄露隐私也不违反法规。

(2) 多个参与者联合建立虚拟的共有模型。

(3) 各个参与者的身份和地位相同。

(4) 联邦学习的建模效果与聚集整个数据集的建模效果相同，或相差不大。

如图1-9所示，联邦学习的具体步骤分为：

(1) 基于加密技术，对齐用户样本，并不公开各自数据。

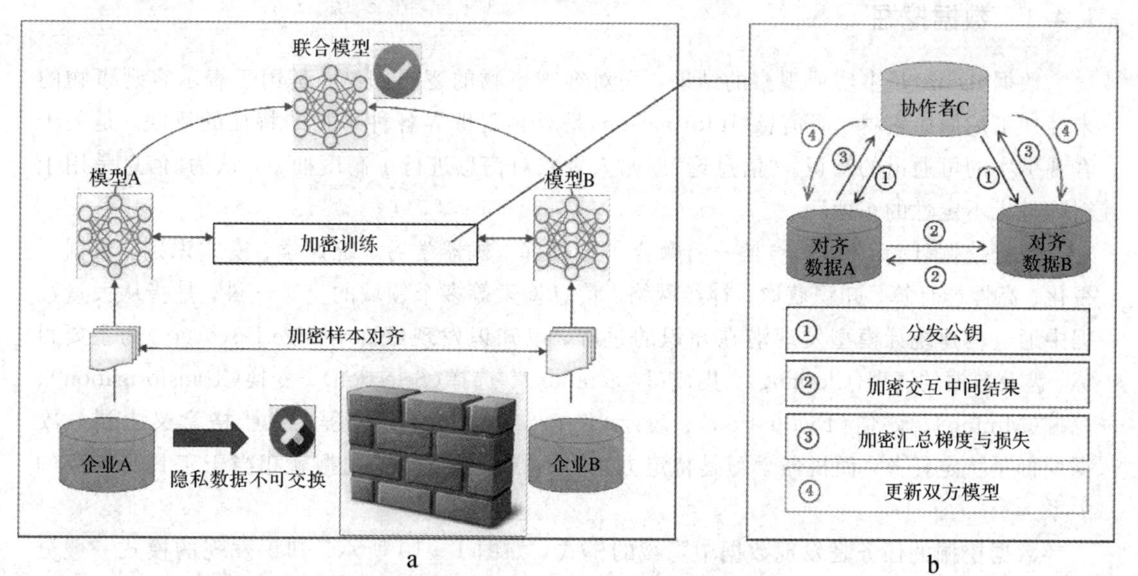

图1-9 联邦学习的步骤

(2) 模型加密训练。

(3) 通过共识、永久记录等方式进行效果激励，以鼓励更多机构加入数据联邦。

广义地讲，联邦学习是指数据拥有方不用上传数据即可结合多方数据进行统一模型训练的方法，所得到的模型效果和直接整合数据后进行训练得到的模型效果足够接近，进而达到避免隐私泄露的风险，并实现共建机器学习模型的目的。因此，联邦学习的目标是利用分布在多个节点的数据共同建立一个联合机器学习模型，包括模型训练和模型推理两部分。在模型训练中，联合参与方可以交换模型参数，但不能交换私有数据，最终训练模型可以多方共享。在模型推理中，多个参与方联合作出预测，并按照公平的价值分配机制获得相应奖励。根据数据特征空间和样本空间差别，联邦学习可分为横向联邦学习(HFL)、纵向联邦学习(VFL)和联邦迁移学习(FTL)三类。同时，联邦学习是一个开放、活跃、持续的研究领域，也是机器学习、信息安全等领域的交叉产物，为推动人工智能发展、解决数据隐私保护、数据安全合规、破除数据孤岛等问题提供了新思路。

1.4 大数据基础

在 1.3.5 小节中提到，数据是人工智能技术发展的重要基础，因此，有必要梳理以数据挖掘、成熟大数据框架为代表的大数据基础知识，为读者构建宏观、完整的知识体系。

1.4.1 数据挖掘

数据(Data)是事实或观察的结果，是对客观事物的逻辑归纳，是用于表示客观事物的未经加工的原始素材。而信息(Information)是对客观世界各种事物的特征的反映，是关于客观事实的可通讯的知识。“信息论”创始人香农对信息进行了高度抽象，认为“信息是用于消除随机不定性的东西”。

数据挖掘(Data Mining)是一门融合了数据库、机器学习、统计学、模式识别、数据可视化、高性能计算、知识获取、神经网络、信息检索等多个领域的交叉学科，是指从大量数据中通过构建统计模型发现潜在知识的过程，以知识发现(Knowledge Discovery)为主要目标，涉及数据的清理(Cleaning)、集成(Integration)、选择(Selection)、变换(Transformation)、挖掘(Mining)、评估(Evaluation)、表示(Representation)等过程，从严格意义上讲，数据挖掘是特定任务，而机器学习是特定方法，机器学习与数据挖掘就相当于工具与任务的关系。

数据挖掘的任务是发现数据中隐藏的模式，如图 1-10 所示。知识发现的模式一般分为描述型(Deseriptive)模式和预测型(Predictive)模式。描述型模式包括关联分析、聚类、序列分析、离群点等；预测型模式分为回归和分类两类。

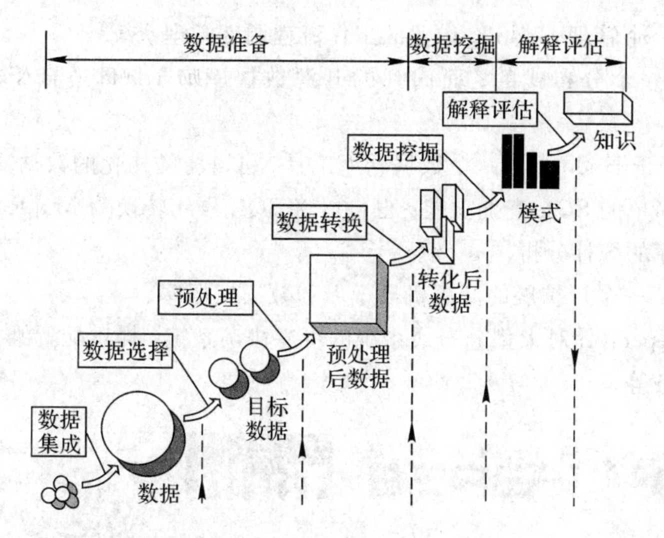

图 1-10 数据挖掘

1.4.2 Hadoop 开源生态框架体系

大数据包括三种类型：以关系数据为主的结构化数据、以 XML 数据为代表的半结构化数据、以音视频及文本等为代表的非结构化数据。

Hadoop 是 Apache 基金会开源的分布式系统基础架构，为公认的行业大数据标准开源软件，具备分布式环境下的海量数据的处理能力，其核心设计为 HDFS 和 MapReduce。其中，HDFS 为海量的数据提供了分布式文件存储，而 MapReduce 则为海量的数据提供了计算引擎。如图 1-11 所示，整体的 Hadoop 体系包括如下重要组件：

(1) Sqoop：开源的数据抽取工具，主要用于在 Hadoop、Hive 与传统的关系型数据库间进行数据传递，可将关系型数据库数据导进 Hadoop 的 HDFS 中，也可将 HDFS 数据导入关系型数据库中。

(2) Flume：Cloudera 的日志采集、聚合和传输的系统，支持在日志系统中定制各类数据发送、收集。

(3) Kafka：一种高吞吐量的分布式发布订阅消息系统，可以支持每秒数百万的消息、Hadoop 并行数据加载等功能。

(4) Storm：用于对数据流进行连续计算查询，计算时就将结果以流的形式输出给用户。

(5) Spark：当前最流行的开源大数据内存计算框架，可以对基于 Hadoop 框架存储的大数据进行计算。

(6) Oozie：一个管理 Hadoop 作业的工作流程调度管理系统。

(7) Hbase：一个分布式的、面向列的开源数据库。HBase 适合于非结构化数据的存储。

(8) Hive：基于 Hadoop 的一个数据仓库工具。可以将结构化的数据文件映射为一张数据库表，并提供简单的 SQL 查询功能；也可以将 SQL 语句转换为 MapReduce 任务进行运行，适合数据仓库的统计分析。

(9) Mahout：一个可扩展的开源机器学习和数据挖掘库。

(10) ZooKeeper：针对大型分布式系统的可靠协调系统，提供配置维护、名字服务、分布式同步、组服务等。

图 1－11　Hadoop 生态

1.5　温故知新

本章总结了深度学习的入门基础知识，涉及数学、算法、机器学习、大数据，知识点较多，理论性较强。为便于读者掌握，学完本章，读者需要掌握如下知识点：

(1) 算法是指解题方案的准确而完整的描述，是一系列解决问题的清晰指令。算法代表着用系统的方法描述解决问题的策略机制，具有五个特性：有穷性、确定性、可行性、输入、输出。

(2) 数据结构是计算机存储、组织数据的方式，是指相互之间存在一种或多种特定关系的数据元素的集合。

(3) 机器学习算法是一类从数据中自动分析获得规律，并利用规律对未知数据进行预测的算法，是研究如何使用机器来模拟人类学习活动的一门学科。

（4）数据挖掘涉及数据清理、集成、选择、变换、挖掘、模式评估、知识表示等过程，目的是通过构建统计模型来发现数据模式并挖掘有趣的知识。

在下一章中，读者会了解到：

（1）深度学习的编程语言基础。

（2）深度学习的开源框架基础。

（3）深度学习的硬件基础。

1.6　习　题

习题1-1　如图1-12所示，2017年12月权威期刊《Science》上发文指出机器学习适合做八类工作，包括：

图1-12　《Science》上关于机器学习的研究成果

（1）具有明确的输入和输出，能通过学习分类或预测功能来完成的任务，但机器学习的很可能不是因果关系，而是一种统计关联关系。

（2）具有大型数据集或可以创建包含输入-输出对的大型数据集的任务。

（3）具有明确的目标和度量标准，并可以提供清晰反馈的任务。

（4）不需要大量背景知识或长逻辑链推理的任务，比如围棋等。

(5) 不需要对于决策过程进行解释的任务，这是因为目前深度学习属于可统计而不可解释范畴。

(6) 不需要完全精确，即能够容忍错误的任务。

(7) 不需要随时间迅速变化的任务，即训练样本与测试样本(现实应用的实际样本)之间差异不大的任务。

(8) 不需要灵巧、运动或机动性的任务。

通过学习，请谈谈你准备利用机器学习做什么，并思考如何提高机器学习服务人类的效果。

习题1-2　习近平总书记曾强调，“要加强人工智能发展的潜在风险研判和防范”。作为人工智能发展的重要基础，大数据无疑是其性能提升的关键，但数据涉及安全、隐私、伦理等多层面挑战，请结合联邦学习技术，分析数据安全、隐私保护、人工智能算法可能的融合解决途径。

习题1-3　如图1-13所示，人工智能的关键技术涉及机器学习、知识图谱、自然语言处理、生物特征识别、计算机视觉、智能语音等多个领域，请从理论基础角度，分析支撑各个领域所涉及的关键基础理论，为下一步的深入研究梳理脉络。

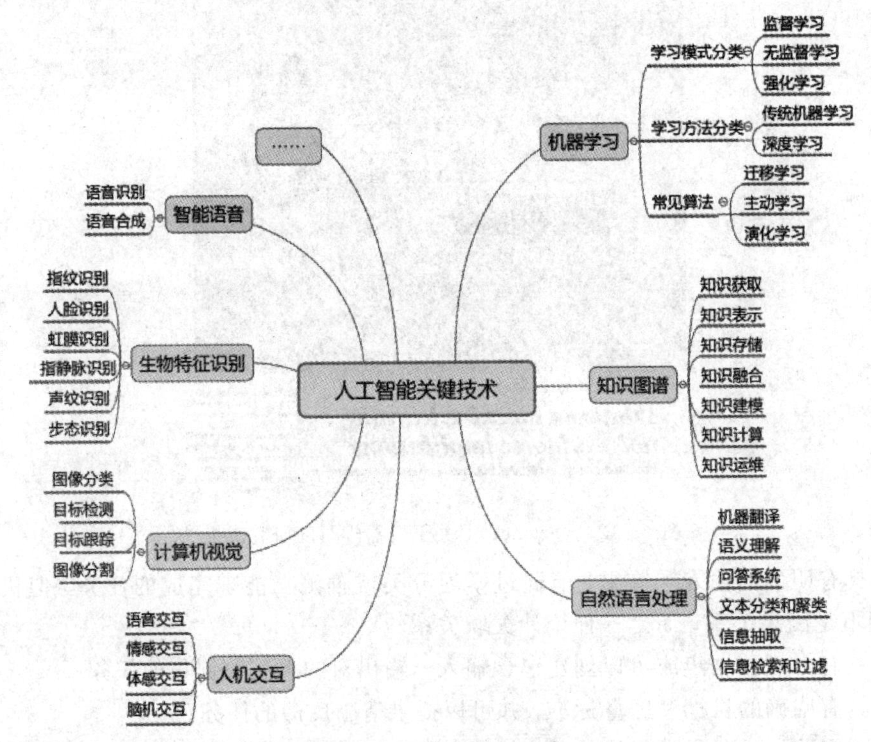

图1-13　人工智能关键技术

参考资源

1. 数据科学的基本资源 Awesome Data Science，地址：https：// github. com/ bulutyazilim/ awesome-datascience.

2. 机器学习/深度学习中常用的工具与技术，Machine Learning / Deep Learning Cheat Sheet，项目地址：https：// github. com/ kailashahirwar/ cheatsheets-a.

3. 线性代数知识的参考《Introduction to Linear Algebra》《Differential Equations and Linear Algebra》《Introduction to Applied Linear Algebra-Vectors，Matrices，and Least Squares》.

4. 微积分知识的参考《Calculus》《Thomas Calculus》.

5. 数学优化知识的参考《Numerical Optimization》《Convex Optimization》.

6. 概率论知识的参考《数理统计学教程》《概率论与数理统计》.

7. 信息论知识的参考《Elements of Information Theory》《Information Theory，Inference，and Learning Algorithms》.

第2章 工具基础

“重剑无锋，大巧不工。”在人工智能的学习上，要注重基本理论、基本方法、基本工具等基本功的培养，不能停留于表面文章。因此，“工欲善其事，必先利其器”，深度学习的工具基础涉及编程、开源框架、硬件、操作系统，其中，编程基础包括编程理论、Python 基础；开源框架基础包括国外主流的 Pytorch、TensorFlow 框架，国内的 PaddlePaddle 框架等；硬件基础涉及 CPU、GPU 等芯片；操作系统基础包括 Linux 系统和国产操作系统及其发展情况。

本章主要涉及的知识点有：

- 编程语言基础：Matlab 基础和 Python 基础。
- 开源框架基础：Pytorch、TensorFlow 和百度 PaddlePaddle(飞桨)框架等。
- 硬件基础：CPU、GPU 等硬件概述。
- 操作系统基础：Linux 及国产操作系统。

2.1 编程基础

编程是人工智能实现的重要途径。编程就是让计算机代为解决某个问题，对某个计算体系规定一定的运算方式，使计算体系按照该计算方式运行，并最终得到相应结果的过程。为了使计算机能够理解人的意图，人类就必须将需解决的问题的思路、方法和手段通过计算机能够理解的形式告诉计算机，使得计算机能够根据人的指令一步一步去工作，完成某种特定的任务。这种人和计算体系之间交流的过程就是编程。编程语言包括机器语言(机器指令)、汇编语言(使用助记符)、高级语言。高级语言包括面向过程的语言(如 C 语言)和面向对象的语言(如 C++)，其中，面向对象的语言是具有封装性、继承性和多态性等特征的程序设计思维方式。用汇编语言或高级语言编写的程序称为源程序。

2.1.1 编程理论

1. 程序设计

程序设计(Program design)是指设计、编制、调试程序的方法和过程，是给出解决特定问题程序的过程。1965年，Dijikstra提出面向过程的结构化程序设计应遵循自顶向下、逐步求精及模块化的程序设计方法，包括三种基本结构：顺序结构、选择结构、循环结构。可以归纳为：

程序设计＝数据结构＋算法

1）控制结构

（1）顺序结构：程序中的各操作是按照它们出现的先后顺序执行的。

（2）选择结构：程序的处理步骤出现了分支，它需要根据某一特定的条件选择其中的一个分支执行。选择结构有单选择、双选择和多选择三种形式。

（3）循环结构：程序反复执行某个或某些操作，直到某条件为假（或为真）时才可终止循环。在循环结构中最主要的是：什么情况下执行循环？哪些操作需要循环执行？循环结构的基本形式有两种：当型循环和直到型循环。

2）设计方法

结构化程序设计采用自顶向下、逐步求精及模块化的程序设计方法。

（1）自顶向下：程序设计时，先考虑总体，后考虑细节；先考虑全局目标，后考虑局部目标。从最上层总目标开始设计，不拘泥于众多细节，逐步使问题具体化。

（2）逐步求精：对复杂问题，通过设计一些子目标作为过渡，逐步细化。

（3）模块化：一个复杂问题，肯定是由若干稍简单的问题构成。模块化是把程序要解决的总目标分解为子目标，再进一步分解为具体的小目标，每一个小目标即为一个模块。

2. 面向对象

面向对象程序设计（Object Oriented Programming，OOP）是在计算机中通过编制程序的方式来模拟现实世界事物运行方式的一种程序设计方法。早期的计算机程序设计是面向过程的，如C语言就是面向过程的程序设计语言。

面向过程是一种以过程为中心的开发方法，就是分析出解决问题的步骤，然后用函数把这些步骤一一实现，使用的时候一个一个依次调用就可以了。其程序结构是按照功能划分为若干个基本模块，而程序流程在写程序时就已经决定。面向对象就是基于对象概念，以对象为中心，以类和继承为构造机制，来认识、理解、刻画客观世界和设计、构建相应的软件系统。

1）对象（Object）

在现实世界中，对象是特征和行为的结合体，对象随处可见。在开发软件的信息世界中，对象定义为相关属性和方法的集合。

2）类（Class）

类是对一组具有相同属性和相同方法的对象的抽象描述，即类是对象的模板。同时，通过类可以生成一个有特定属性值和方法的实例(Instance)，即对象。

3) 消息(Message)

面向对象使用消息传递机制来联系对象，消息传递是对象之间进行交互的主要方式。

面向对象具有封装(Encapsulation)、继承(Inheritance)及多态(Polymorphism)三个基本特征。其中，封装是指利用抽象数据类型将数据和基于数据的操作打包，使其构成不可分割的独立实体，用户只能看见该实体具有的公共方法，看不到方法实现的细节，只能通过接口进行访问。继承是指根据既有类派生出新类的机制。通过继承创建的类被称为“子类”或“派生类”，被继承的类被称为“父类”或“超类”。子类无须重新定义父类中已经定义的属性和方法，而且自动地拥有其父类的全部属性和方法。子类除了具有继承下来的属性和方法，还可以自己添加新的属性和方法。多态是事物的多种形态。不同的对象收到同一消息可以产生完全不同的行为(即方法)，这一现象叫作对象的多态性。

继承是多态的基础，没有继承，就没有多态。封装可以隐藏实现细节，使得代码模块化；继承可以扩展已存在的代码模块(类)：其目的都是为了实现代码重用。而多态是为了实现接口重用。在面向对象中，类是对某一类事物的描述，包括属性和方法两方面。其中，把事物的特征当作类的属性，把事物的行为当作类的方法。而对象是类的实例化，是根据类创建出来的一个个具体实例，所以对象也称实例。同一个类的对象都拥有相同的方法，但各自的属性值不尽相同。

2.1.2 Python 基础

Python，由荷兰人 Guido van Rossum 于 1989 年开发设计，是一种面向对象的解释型计算机程序设计语言，也被称为“胶水语言”，具有跨平台的特点，可以在 Linux、Mac OS 及 Windows 等平台上运行，代码的编写、运行方便，其 logo 如图 2-1 所示。

图 2-1　Python Logo

1. Python 工具

1) Anaconda

Anaconda 是用于科学计算的 Python 发行版本，支持 Linux、Windows 系统，提供了包管理与环境管理功能，可以方便地解决多版本Python并存、切换以及各种第三方包安装的问题。Anaconda利用工具conda进行package和environment的管理，并且已经包含了Python及其相关的配套工具，集成了大多数主流python库，如NumPy、SciPy等科学计算包，如图2-2所示。

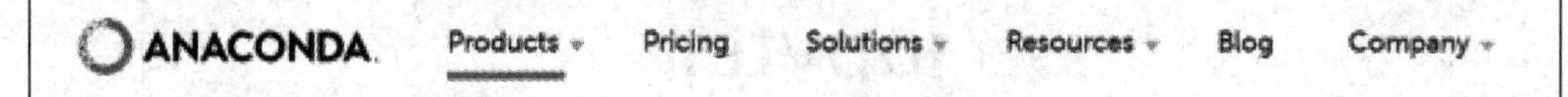

图2-2 Anaconda资源

conda可以理解为一个工具，也是一个可执行命令，其核心功能是包管理与环境管理。包管理与pip的使用类似，环境管理则允许用户方便地安装不同版本的Python并可以快速切换。conda的设计理念是将几乎所有的工具、第三方包都当作package对待，甚至包括Python和conda自身。因此，conda打破了包管理与环境管理的约束，能非常方便地安装各种版本的Python、各种package并方便地切换。

另外，Spyder(Scientific Python Development Environment)是Python的一个科学计算工具，可以模仿MATLAB的“工作空间”功能，方便地观察和修改程序的变量值。

2）Jupyter Notebook

Jupyter Notebook是一个开源的交互式Web应用程序，以浏览器作为Web笔记本界面，向后台服务器发送请求，并显示结果，支持文本、代码、方程、可视化的创建和分享，可以实现数据清理和转换、数值模拟、统计建模、数据可视化、机器学习等功能，如图2-3所示。

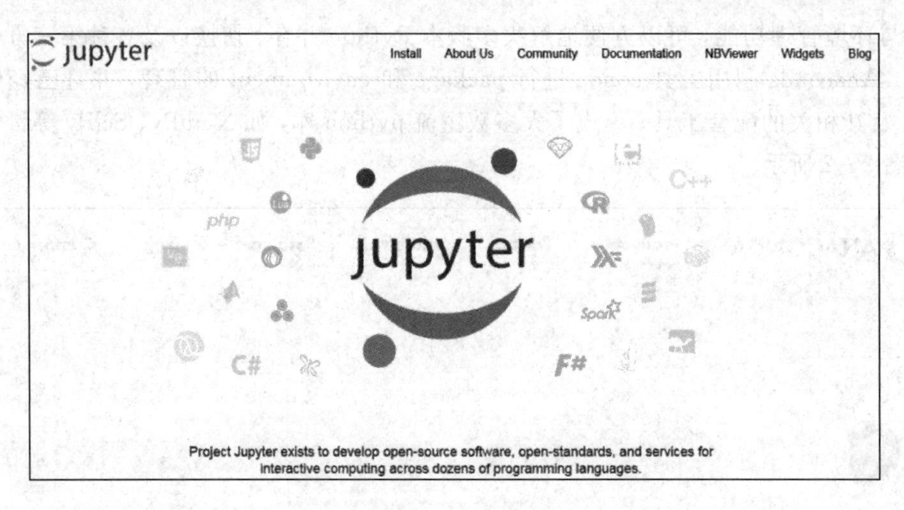

图 2-3　Jupyter

Jupyter Notebook 的安装方式可以通过 Anaconda 打包集成，也可由官方 Python 通过 pip 安装，注意离线环境与在线环境的操作系统与 Python 的版本要一致。

3) PyCharm

PyCharm 是由捷克的软件公司 JetBrains 开发的集成开发环境 IDE（Integrated Development Environment），支持 Windows、Linux、Mac OS 等系统，具有程序调试、语法高亮、项目管理等功能，同时支持 Django 框架 Web 开发，下载界面如图 2-4 所示（下载地址为 https://www.jetbrains.com/pycharm/download/）。

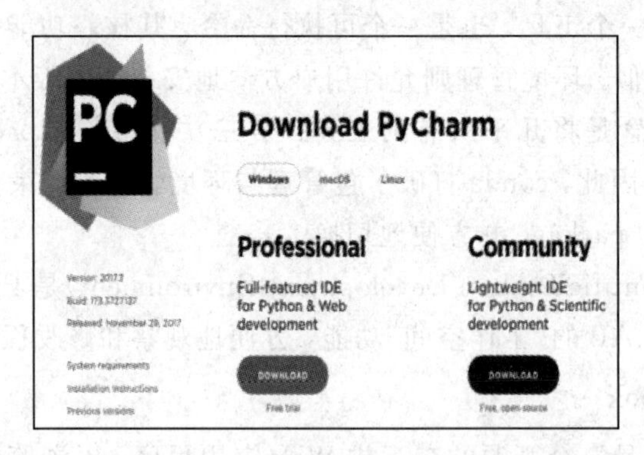

图 2-4　PyCharm 下载

PyCharm 的特点包括功能强大、界面友好、操作便捷、能显示所有变量、方便调试、支持 Jupyter Notebook（IPython Notebook）文件格式等，但版本较低，并已停止维护。需要注意的是，PyCharm Professional 版需要收费，有 30 天的免费试用期。

4）模块和包的操作

（1）模块。在 Python 中，模块（module）就是一个包含变量、函数、类及其他语句的程序（脚本）文件。

模块的导入主要有以下形式：

import 模块名称

import 模块名称 as 别名

from 模块名称 import *

from 模块名称 import 导入对象名称

from 模块名称 import 导入对象名称 as 别名

import 语句用于导入整个模块，可用 as 为导入的模块指定一个新的名称。使用 import 语句导入模块后，模块中的对象均以“模块名称.对象名称”的方式来引用。from 语句用于导入模块中的指定对象，导入的对象直接使用，不需要使用模块名称作为限定符。要注意导入的变量和函数不要与当前文件中的重复。使用星号（*）时，可导入模块顶层所有的全局变量和函数。

在作为导入模块使用时，模块_name_属性值为模块文件名。当模块作为主程序独立运行时，_name_属性值为“_main_”。通过检查_name_属性值否为“_main_”，可以判定该模块文件是作为模块被调用，还是作为主程序独立运行。

（2）包。包就是一个包含名为“_init_.py”文件的目录，可以嵌套，其所在顶层目录应包含在 Python 的搜索路径中，使得 Python 能够找到该包。

在第一次导入包中的模块时，会执行“_init_.py”中的代码，其中的变量和函数等也会自动导入。“_init_.py”文件中可以包含执行包初始化工作的代码，可以设置_all_变量指定包中可导入的模块。

2. Python 库

1）Scikit-learn

Scikit-learn 由 David Couranapeau 发起，是一个开源的机器学习 Python 库，建立在 NumPy、SciPy 和 matplotlib 之上，功能包括分类、回归、聚类、数据降维、数据预处理、模型选择，算法包括支持向量机、随机森林、梯度提升、k 均值和密度聚类算法，如图 2-5 所示（http://scikit-learn.org/stable）。而且，Scikit-learn 和 Python 的数值处理库能够互通，如 Numpy 和 SciPy。

2）NumPy

NumPy（Numerical Python）是 Python 的开源科学数值计算扩展库，在 Anaconda 和 Python 中已预安装，如图 2-6 所示。NumPy 支持矩阵数据、矢量处理、线性代数、傅立叶变换、随机数生成等功能，提供了多维数组的计算和操作。此外，NumArray 是 Python 中主要用于处理任意维数的固定类型数组的矩阵库，与 NumPy 的名字比较像。

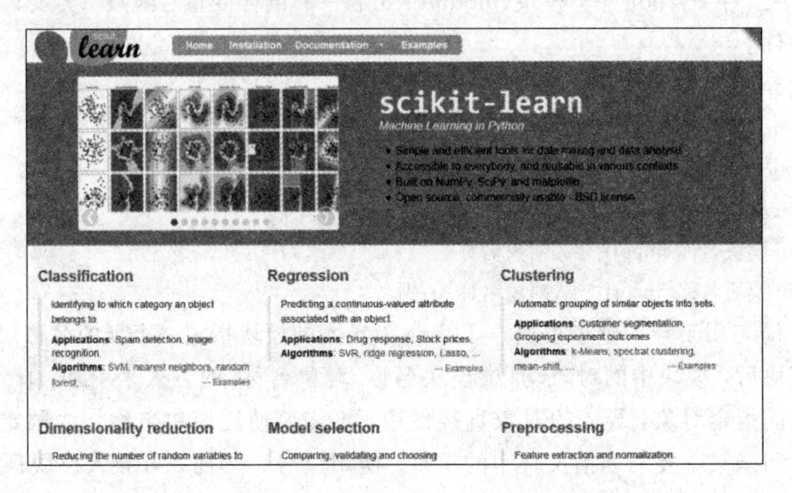

图 2-5　Scikit-learn

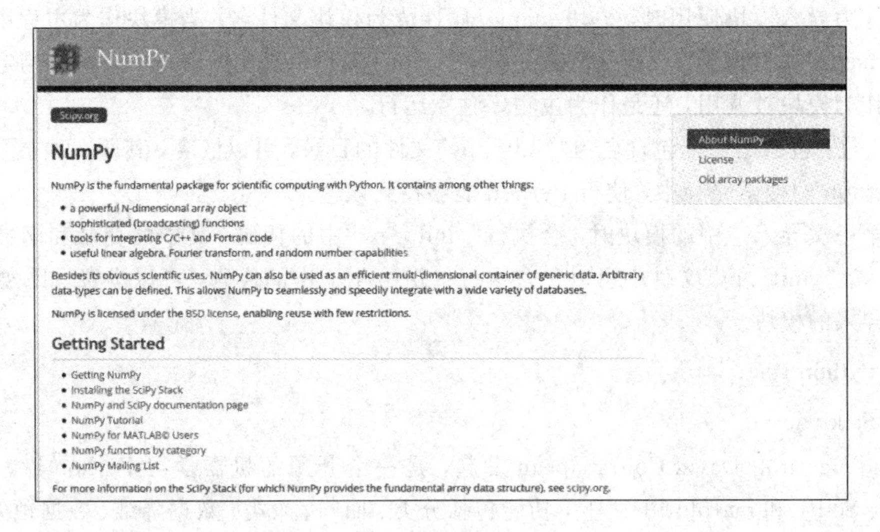

图 2-6　NumPy

3) Pandas

Pandas(Python Data Analysis Library)库是基于 NumPy 的一种工具，2008 年 4 月开发，2009 年开源，可实现数据统计分析，擅长数据预处理，用来处理多维度的结构化的数据。其名称来自面板数据(Panel Data)和数据分析(Data Analysis)，Panel Data 是一个经济学的多维数据集术语。Pandas 具有与 NumPy 中 array 及 Python 中 List 类似的一维数组

Series、二维表格 DataFrame、三维数组，如图 2－7 所示（http://pandas.pydata.org/）。

图 2－7　Pandas

4）SciPy

SciPy 是集 NumPy、Pandas 等于一体的 Python 开源生态系统，基于 NumPy 的数组的对象构建，包括 Matplotlib、Pandas、SymPy，与其他科学计算工具如 MATLAB、GNU Octave、Scilab 很像。NumPy 的技术栈也叫作 SciPy 技术栈。SciPy 支持文件输入输出、线性代数运算、傅里叶变换、微积分、数理统计与随机过程、图像处理等，如图 2－8 所示（https://www.scipy.org/）。

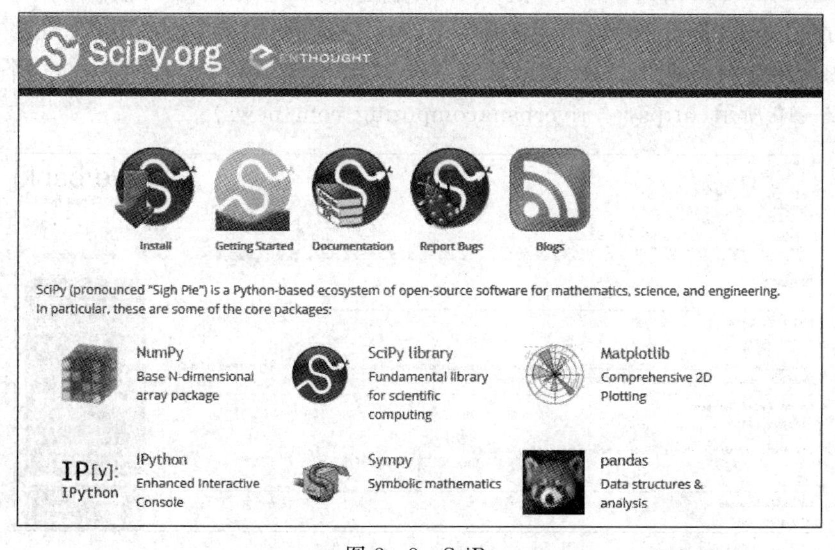

图 2－8　SciPy

5）Matplotlib

Matplotlib 是一个基于 Python 的画图工具，用于数据可视化，可以画图线图、散点图、等高线图、条形图、柱形图、3D 图形、图形动画等，提供了面向对象的 API、pyplot 作为 matplotlib 的模块，是一个与 MATLAB 类似的专业绘图工具库，由 John Hunter 等人开源，如图 2－9 所示（https://matplotlib.org/）。

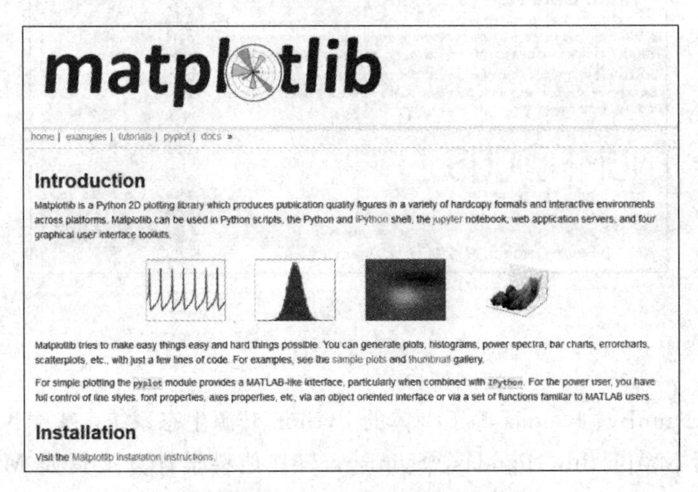

图 2－9　Matplotlib

6）PyQt

PyQt 由 Phil Thompson 开发，是 Python 创建 GUI 应用的 Qt 开发库，其中，Qt 是一个跨平台的 C＋＋图形用户界面应用程序框架。PyQt 由大量模块构成，如 qt、qtcanvas、qtgl、qtnetwork、qtsql、qttable、qtui and qtxml 等，包含 300 个类和近 6 000 个函数与方法，如图 2－10 所示（https：//riverbankcomputing.com/news）。

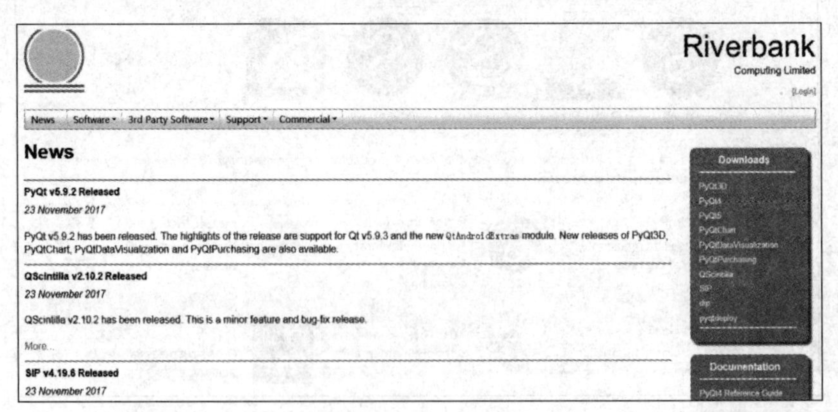

图 2－10　PyQt

7）Scrapy

Scrapy 是用于网页抓取的开源 Python 库，适合于大规模网页抓取，并可以自行确定存储数据的结构和格式。Scrapy 可与网页抓取自动化浏览器工具 Selenium 一同使用，如图 2 - 11所示。

图 2 - 11　Scrapy

此外，著名的数值计算与仿真工具 MATLAB 一直保留神经网络工具箱，并从 2016 版本开始，可以支持深度学习的算法研究任务。尤其，由丹麦的 Rasmus Berg Palm 博士贡献的深度学习工具箱可以作为深度学习的入门级 MATLAB 工具，如图 2 - 12 所示(下载地址为 https：//github. com/rasmusbergpalm/Deep-Learn-Toolbox)。

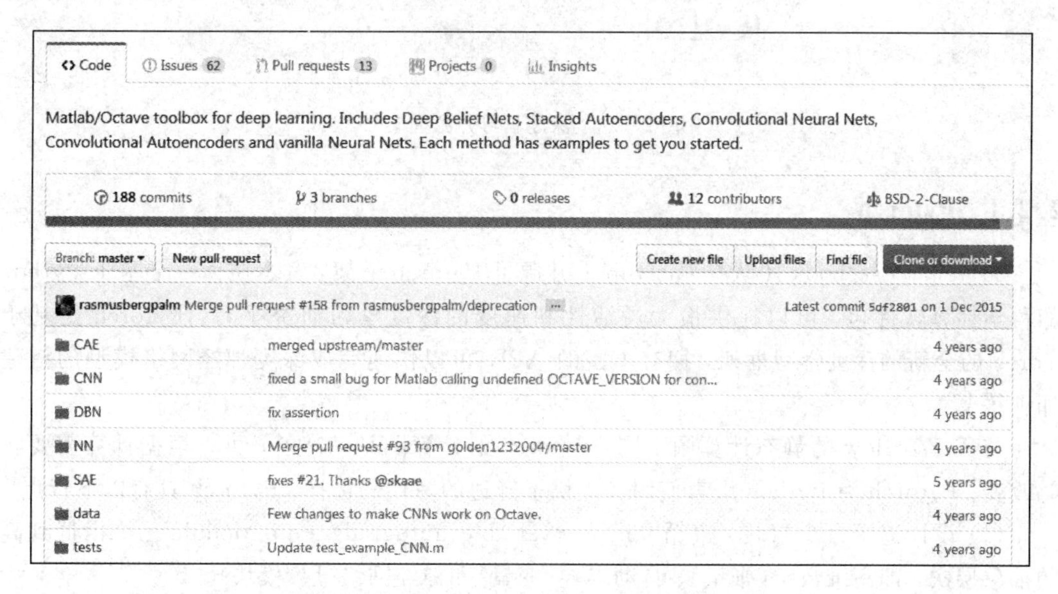

图 2 - 12　GitHub 上 MATLAB 深度学习资源

2.2　开源框架基础

深度学习的开源框架可以实现简易和快速的原型设计、自动梯度计算、无缝 CPU 和

GPU 切换，为开发者入门降低了门槛，可以说，开源项目是推动人工智能技术发展的重要环节，如图 2-13 所示。

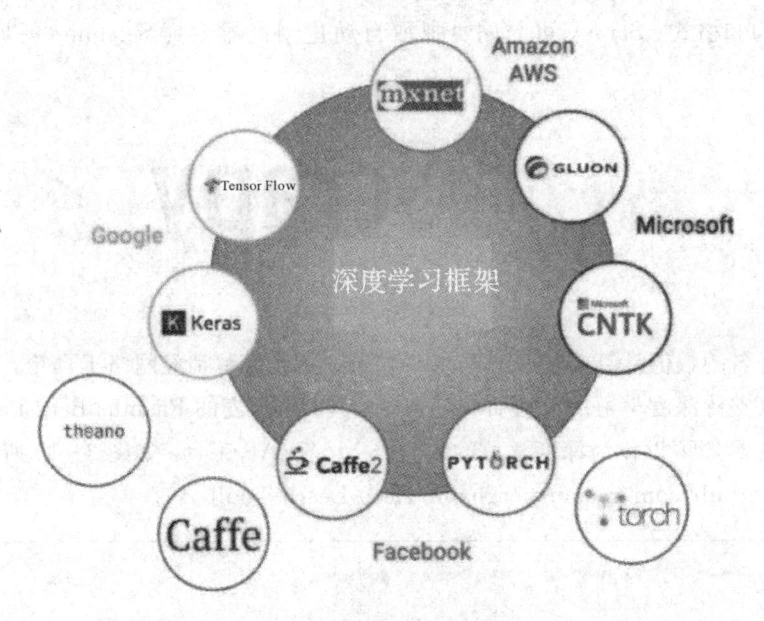

图 2-13　深度学习开源框架

2.2.1　Pytorch

2017 年，Facebook 团队在 GitHub 上开源了 Pytorch 框架，其本质为一个基于 Python 的科学计算软件包，可以提供最大灵活性和速度的深度学习研究平台。Pytorch 是基于 Torch 的全新的深度学习框架，拥有丰富的 API，可以快速完成深度神经网络模型的搭建和训练。

与 Tensorflow 的静态计算图不同，Pytorch 的计算图是动态的，可以根据计算需要实时改变。Pytorch 为 Python 语言使用者提供了舒适的写代码选择。Pytorch 具有以下特点：

(1) 设计追求最少封装，遵循 tensor→variable(autograd)→nn. Module 三个由低到高的抽象层次，即高维数组(张量)、自动求导(变量)和神经网络(层/模块)。

(2) Pytorch 的灵活性、速度表现胜过 TensorFlow 和 Keras 等框架。

(3) 其面向对象的接口设计来源于 Torch，API 的设计和模块的接口都与 Torch 高度一致，灵活简易。

(4) Pytorch 具有活跃的社区和完整的文档、指南，同时，Facebook 人工智能研究院对 Pytorch 的持续开发、更新提供支撑。

2.2.2 TensorFlow 框架

TensorFlow 是 Google 于 2015 年开源的第二代人工智能系统(第一代是 DistBelief)，广泛用于语音识别或图像识别等深度学习领域。TensorFlow 是端到端开源机器学习平台，拥有一个包含各种工具、库和社区资源的全面灵活的生态系统，可以使用 Keras 等直观的高阶 API 轻松地构建和训练机器学习模型，也可以在云端、本地、浏览器或终端设备上轻松地训练和部署模型，同时，采用数据流图(data-flow graph)进行数值计算。其中，Tensor 代表数据张量，即多维数组；Flow 代表使用计算图进行运算。数据流图用结点(node)和边(edges)组成的有向图进行数学运算。结点表示数学操作，也可表示数据输入的起点和输出终点，或者读取/写入持久变量(persistent variable)的终点。边表示结点之间的输入/输出关系。这些数据边可以传送维度可动态调整的张量。在 Tensorflow 中，所有不同的变量和运算都储存在计算图中。TensorFlow 的主要特色有：

(1) 具有独立的 web 可视化工具 TensorBoard。

(2) 支持 Python、Java、C++、R 等语言，并且可以在 AWS 等云上运行。

(3) 支持 Windows10 操作系统并可在基于 ARM 的移动设备上编译和优化。

(4) 支持分布式训练。

TensorFlow 和 Keras 都支持 Python 接口，因此可以将 TensorFlow 的搭建理解为搭建面向 Python 的深度学习环境。Keras 是对 TensorFlow 或者 Theano 的二次封装，即其后端支持为 TensorFlow 或 Theano，通常默认后端为 TensorFlow，也可以将其后端改为 Theano。TensorFlow 环境搭建包括资源准备(操作系统、安装包)、Tensorflow 与 Keras 等具体安装与测试步骤，如图 2-14 所示。

图 2-14 TensorFlow 中文社区

2.2.3 PaddlePaddle 框架

2019 年 10 月 16 日，在首届世界科技与发展论坛上，百度发布了飞桨产业级深度学习开源开放平台。飞桨(PaddlePaddle)是目前国内唯一功能完备的端到端开源深度学习平台，其前身是百度于 2013 年自主研发的深度学习平台 Paddle，其 logo 如图 2－15 所示。

图 2－15 PaddlePaddle 框架 Logo

目前，PaddlePaddle 已覆盖搜索、图像识别、语音语义识别理解、情感分析、机器翻译、用户画像推荐等多领域的业务和技术。其相关项目包括：飞桨、PaddleHub、Paddle-Lite、飞桨模型库、ERNIE、飞桨深度学习教程、VisualDL、X2Paddle、PARL、AutoDL、PGL。

1. PaddleHub

PaddleHub 是飞桨预训练模型管理和迁移学习工具，可以结合预训练模型更便捷地开展迁移学习工作。

2. Paddle-Lite

Paddle-Lite 是飞桨端侧推理引擎，支持包括手机移动端在内的轻量化高效部署，兼容支持其他训练框架产出的模型。

3. 飞桨模型库

飞桨模型库覆盖图像、自然语言处理、推荐等多种方向的官方模型。

4. ERNIE

ERNIE 是基于持续学习的语义理解预训练框架，使用多任务学习增量式构建预训练任务，可以进行实体预测、句子因果关系判断、文章句子结构重建等语义任务。

5. VisualDL

VisualDL 是面向深度学习任务设计的可视化工具，包含 scalar、参数分布、模型结构、图像可视化等功能，支持 Python 和 C++。

6. X2Paddle

模型转换工具 X2Paddle 支持将其余深度学习框架训练得到的模型转换至飞桨模型。

7. PARL

PARL 是一个基于飞桨的高性能、灵活的强化学习框架。

8. AutoDL

AutoDL 是基于飞桨的自动化网络结构设计框架。

9. Paddle Graph Learning (PGL)

PGL 是基于飞桨的高效易用的图学习框架。

2.2.4 其他框架

1. SenseParrots

2014 年，商汤科技自主研发了深度学习训练框架 SenseParrots。在 2019 世界人工智能大会上举办的 WAIC 开发者日活动上，商汤科技联合创始人、香港中文大学一商汤科技联合实验室主任林达华对其进行了介绍，其发展历程如图 2-16 所示。

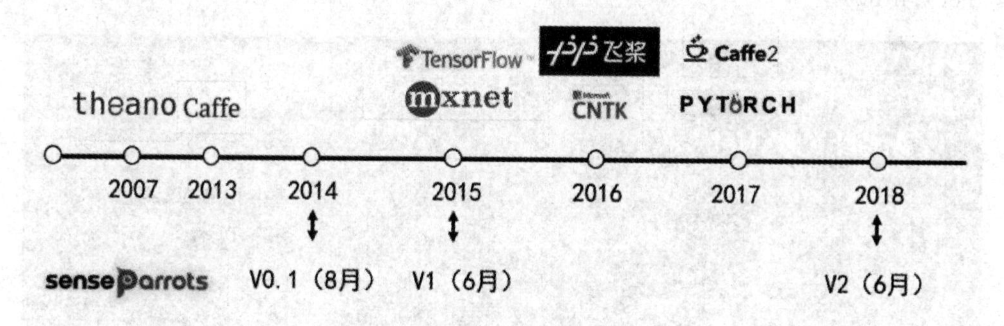

图 2-16　SenseParrots 的发展历程

2. CNTK

微软的 CNTK(Computational Network Toolkit)主要支持循环神经网络和卷积神经网络，是面向语音识别、图像处理的框架，具有 Python 和 C++接口，支持 64 位的 Windows、Linux 系统和跨平台的 CPU/GPU 部署，但不支持移动端的 ARM 架构。CNTK 框架如图 2-17 所示(下载地址为 https://www.microsoft.com/en-us/cognitive-toolkit/)。

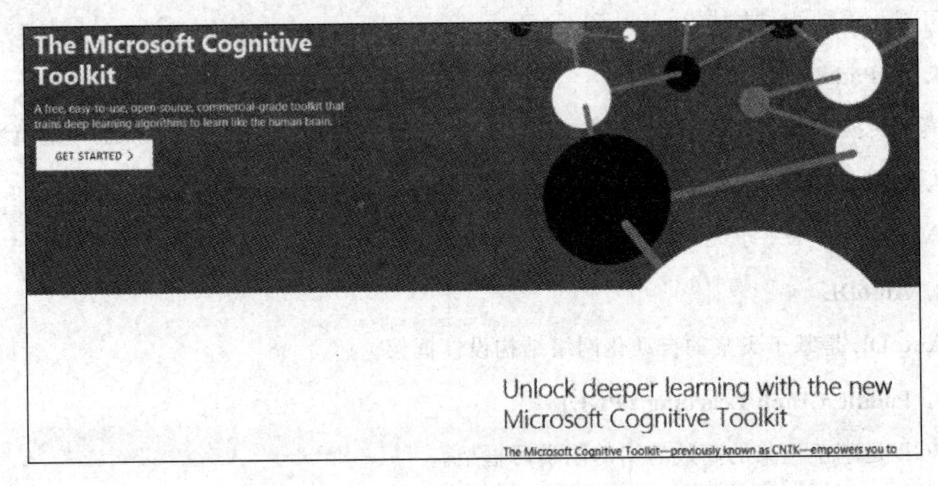

图 2-17　微软的认知工具——CNTK

3. MXNet

亚马逊主推的 MXNet 起源于卡内基梅隆大学和华盛顿大学的实验室，支持卷积神经网络(CNN)、循环神经网络(RNN)和生成式对抗网络(GAN)，尤其在自然语言处理(NLP)领域性能良好，支持 Python、C++、Scala、Matlab 等多种编程语言，2017 年成为 Apache 孵化的开源项目，如图 2-18 所示(下载地址为 http://mxnet.incubator.apache.org/index.html)。

图 2-18　MXNet

4. Caffe

Caffe(Convolution Architecture For Feature Extraction)框架诞生于 2013 年，使用

C++语言编写，提供了Matlab和Python语言接口，支持CNN、RCNN、LSTM和全连接神经网络设计，并支持基于GPU和CPU的加速计算内核库，如NVIDIA cuDNN和Intel MKL，项目托管于GitHub。此外，雅虎将Caffe与Apache Spark集成在一起，创建了一个分布式深度学习框架CaffeOnSpark。2017年4月，Facebook发布Caffe2，其中加入了递归神经网络等新功能。2018年3月底，Caffe2并入Pytorch。Caffe2的作者、同时任职于阿里的贾扬清，获得了UC Berkeley计算机科学博士学位、清华大学本科和硕士学位，同时也是著名深度学习框架TensorFlow的主要作者之一。

5. MegEngine

MegEngine是旷视开源的深度学习算法开发框架，来源于人工智能算法平台Brain++，整体架构如图2-19所示。MegEngine框架具备高性能计算核心，接口兼容Pytorch，支持多种硬件平台和异构计算，既可用于训练又支持推理。尤其，该框架对IoT和视觉任务进行优化，并开发了可部署在云端、边缘侧以及移动端的深度神经网络。例如，高效轻量化的移动端卷积神经网络ShuffleNet在ARM移动设备的性能比AlexNet的速度快20倍，并优于谷歌MobileNet。

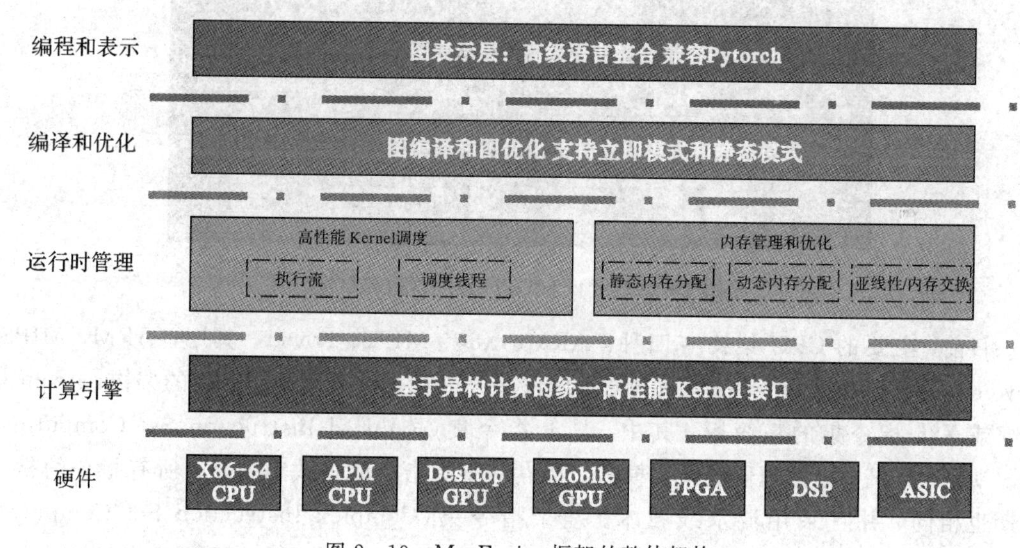

图2-19 MegEngine框架的整体架构

2.3 硬件基础

作为解决人工智能模型训练问题的重要工具，高性能计算芯片的问世，将以AlexNet为代表的深层神经网络推上巅峰，因此，本小节简要介绍以CPU、GPU为代表的服务器端计算资源和以树莓派为代表的智能移动端的人工智能硬件开发工具。

2.3.1 CPU 基础

中央处理器(Central Processing Unit，CPU)作为计算机系统的运算和控制核心，是信息处理、程序运行的最终执行单元。优点在于调度、管理、协调能力强，计算能力则位于其次。CPU 是电脑的心脏，由多个计算单元、控制单元、存储单元构成，工作时按顺序执行指令，也就是一次次地计算、存储的过程，可以极快地进行计算、移位、存储等简单工作。

CPU 的结构主要包括运算器(Arithmetic and Logic Unit，ALU)、控制单元、寄存器、高速缓存器和它们之间通讯的数据、控制及状态的总线。DRAM 即动态随机存取存储器，是常见的系统内存。Cache 存储器是高速缓冲存储器，位于 CPU 和主存储器 DRAM 之间，速度很高。算术逻辑单元 ALU 是能实现多组算术运算和逻辑运算的组合逻辑电路。CPU 与 GPU 处理器内部结构如图 2-20 所示。

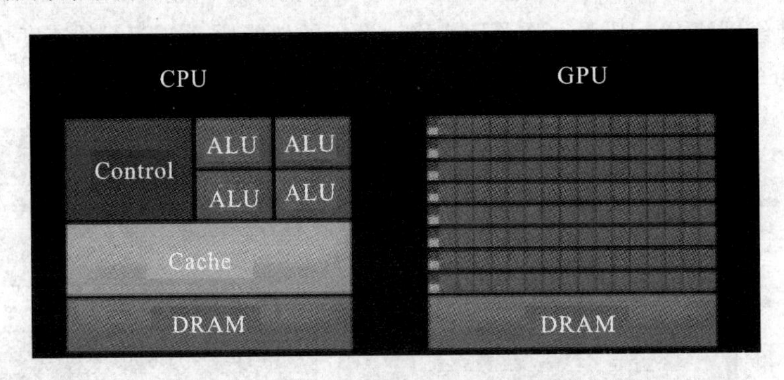

图 2-20　CPU 与 GPU 处理器内部结构

目前，主要的 CPU 架构有四种：ARM、X86、MIPS、Power。其中，ARM、MIPS、Power 均是基于精简指令集机器处理器的架构；X86 则是基于复杂指令集的架构，Atom 是 X86 或 X86 指令集的精简版。其中，精简指令集(Reduced Instruction Set Computing，RISC)是计算机中央处理器的设计模式，特点是所有指令的格式都一致，所有指令的指令周期也相同，并且采用流水线技术。复杂指令集(Complex Instruction Set Computer，CISC)是英特尔生产的 X86 系列 CPU 及其兼容 CPU。全球主要的 CPU 架构如图 2-21 所示。

在国产自主可控芯片方面，“龙芯”系列芯片是由中国科学院中科技术有限公司设计研制的，采用 LoongISA 指令系统，兼容 MIPS 指令。龙芯 1 号频率为 266 MHz，龙芯 2 号最高频率为 1 GHz。龙芯 3A 是首款国产商用 4 核处理器，工作频率为 900 MHz～1 GHz，峰值计算能力达到 16GFLOPS。龙芯 3B 是首款国产商用 8 核处理器，主频 1 GHz，支持向量运算加速，峰值计算能力达到128GFLOPS，具有很高的性能功耗比。

架构名称	授权公司	推出时间	主要被授权企业
X86	Intel、AMD	1978	兆芯、众志、海光（服务器和工作站，国内市场）
ARM	ARM（被软银收购）	1985	苹果、三星、AMD、TI、东芝、微芯、高通、联发科、展讯、飞腾、海思、晶晨、全志等
MIPS	美国MIPS技术公司（后被收购）	上世纪80年代	龙芯、瑞昱、炬力等
SPARC	SUN公司	1987	TI、富士通、飞腾（曾经使用过，后转为ARM）
PowerPC	IBM公司	1991	中晟宏芯
Alpha	DEC公司	1992	申威

图2-21 全球主要的CPU架构及授权情况

飞腾芯片基于ARM架构，拥有FT-1500以及FT-2000系列多款CPU产品。飞腾系列CPU已经应用于服务器、桌面和嵌入式设备。目前业界正在大量使用的飞腾最高端的CPU是64核心的FT-2000+处理器，飞腾FT-2500 CPU将在2020年推向市场。

华为鲲鹏920芯片专门为大数据处理和分布式存储等应用而设计。基于ARM架构授权，华为自研了ARM核，针对大数据、分布式存储以及ARM的原生应用等，通过优化分支预测算法、提升运算单元数量、改进内存子系统架构等一系列微架构设计，大幅提高了处理器核性能，达到了创纪录的930分新高度。

申威处理器简称“SW处理器”，主要用于超级计算机领域的型号为SW26010高性能计算处理器。在通用服务器领域，搭载申威1621(16核通用处理器)的服务器、存储系统、网络安全设备已经得到全面应用。在桌面终端领域，搭载申威4核通用处理器421的PC终端、搭载申威4核通用处理器411的便携式笔记本电脑等设备已经在部队、研究所等关键区域完成了部分国产化设备的替代。

此外，Intel处理器是英特尔公司开发的中央处理器，有移动、台式、服务器三个系列。根据Intel产品线规划，目前Intel九代酷睿有三种产品：i9、i7、i5。AMD处理器是唯一能与英特尔抗衡的CPU厂商，旗下的独立显卡部门也和NVIDIA平分天下。AMD的嵌入式解决方案以个人电脑以外的上网设备为目标市场，包括平板电脑、汽车导航、娱乐系统、家庭与小型办公室网络产品以及通信设备。

2.3.2 GPU 基础

图形处理器(Graphics Processing Unit, GPU)，是一种专门在个人电脑、工作站、游戏机和移动设备上做图像和图形相关运算工作的微处理器，其主要工作就是 3D 图像处理和特效处理。GPU 架构包括 Tesla、Fermi、Kepler、Maxwell、Pascal 等，芯片型号有 GT200、GK210、GM104、GF104 等，显卡系列包括 GeForce、Quadro、Tesla(如图 2-22 所示)等，其中，GeForce 显卡型号包括 G/GS、GT、GTS、GTX 等。GPU 具有如下特点：

(1) 提供了多核并行计算的基础结构，且核心数非常多，可以支撑大量数据并行计算。

(2) 拥有更高的访存速度。

(3) 具有更高的浮点运算能力。

GPU 是推动深度学习性能提高的重要支撑，是"算力"的关键。目前，NVIDIA 公司推出 GeForce 系显卡是目前市场上性能最好的通用 GPU。图 2-22 为 NVIDIA 公司的 Tesla 显卡。

图 2-22 NVIDIA 公司的 Tesla 显卡

2.3.3 树莓派

树莓派(Raspberry Pi)是信用卡大小的微型电脑，其系统基于 Linux 内核，由"Raspberry Pi 基金会"开发，于 2012 年 3 月正式发售，同时，Windows 10 IoT 可运行 Windows 的树莓派。

树莓派基于 ARM 微型电脑主板，以 SD/MicroSD 卡为内存硬盘，有 1/2/4 个 USB 接口和一个 10/100 以太网接口，可连接键盘、鼠标和网线，同时拥有视频模拟信号的电视输出接口和 HDMI 高清视频输出接口，可以执行电子表格、文字处理、玩游戏、播放高清视频等诸多功能。树莓派的主要生产公司为 Element 14/Premier Farnell、RS Components 及 Egoman 等，其主板如图 2-23 所示。

图2-23 树莓派主板

搭建树莓派所需的开发环境包括开发板、树莓派摄像头、电源线、TF卡、读卡器、HDMI线、显示器等。同时，树莓派可以运行深度学习框架，是良好的移动终端应用载体。

2.4 操作系统基础

2.4.1 Linux简介

操作系统(Operating System，OS)是管理计算机硬件与软件资源的计算机程序，同时也是计算机系统的内核与基石，需要处理如管理与配置内存、决定系统资源供需的优先次序、控制输入设备与输出设备、操作网络与管理文件系统等基本事务。操作系统也提供一个让用户与系统交互的操作界面。如图2-24所示，操作系统属于软件的一部分，它是硬件基础上的第一层软件，是硬件和其他软件沟通的桥梁(或者说接口、中间人、中介等)。

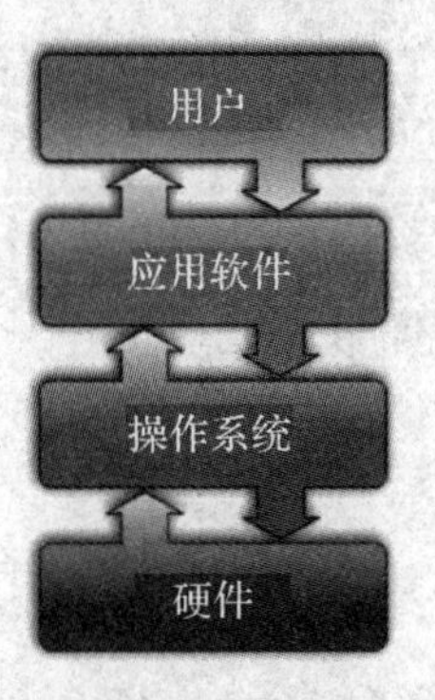

图2-24 操作系统的位置

Linux是一套免费使用的类Unix操作系统，是一个基于POSIX和Unix的多用户、多任务、支持多线程和多CPU的操作系统，能运行主要的Unix工具软件、应用程序和网络协议，支持32位和64位硬件。Linux继承了Unix以网络为核心的设计思想，是一个性能稳定的多用户网络操作系统。Linux内核最初是由李纳斯·托瓦兹(Linus Torvalds)编写的。如图2－25所示，Linux的Logo是一只企鹅。

图2－25　Linux的Logo

Unix是商业软件，Linux是免费的开源软件。Ubuntu Linux的创始人为Mark Shuttleworth，桌面环境KDE(K Desktop Environment)是可运行于Linux、Unix以及FreeBSD等操作系统上的自由图形桌面环境，采用TrollTech公司所开发的Qt程序库。GNOME是GNU网络对象模型环境(The GNU Network Object Model Environment)的简称，目标是基于自由软件，为Unix或类Unix操作系统构造一个功能完善、操作简单以及界面友好的桌面环境。Ubuntu是基于Unity的桌面，其效果图如图2－26所示。

图2－26　Unity桌面环境截图

2.4.2　国产 Linux 操作系统

国产操作系统主要基于开源的 Linux，包括深度 Linux(Deepin)、startOS(起点操作系统)、优麒麟(Ubuntu Kylin)、中标麒麟(NeoKylin)、中兴新支点操作系统、威科乐恩 Linux(WiOS)、凝思磐石安全操作系统、思普操作系统、中科方德桌面操作系统、RT-Thread RTOS、一铭操作系统等。

1. Deepin(深度操作系统)

Deepin 是基于 Linux 的操作系统，原名 Linux Deepin，由武汉深之度科技有限公司开发。Deepin 团队基于 Qt/C++(用于前端)和 Go(用于后端)开发了全新的深度桌面环境(DDE)，以及音乐播放器、视频播放器、软件中心等。

Deepin 专注于日常办公、学习、生活和娱乐操作体验，适合笔记本、桌面计算机和一体机，包含了应用程序、网页浏览器、幻灯片演示、文档编辑、电子表格、娱乐、声音、图片处理软件、即时通讯软件等，如图 2－27 所示。

图 2－27　Deepin 操作系统

2. startOS(起点操作系统)

startOS 是一款安全、稳定、扩展性强的 Linux 操作系统，沿承 Windows 使用习惯，由东莞瓦力网络科技有限公司发行，其前身是由广东雨林木风计算机科技有限公司研发的 ylmfos。它符合中国用户的使用习惯，运行速度快、安全稳定、界面美观、操作简洁。

3. 优麒麟(Ubuntu Kylin)

优麒麟(Ubuntu Kylin)是由中国 CCN(由 CSIP、Canonical、NUDT 三方联合组建)开源创新联合实验室与天津麒麟信息技术有限公司主导开发的全球开源项目，以 Ubuntu 为参考，具有大量开源社区爱好者。

另外，小米的MIUI(如图2-28所示)、华为的EMUI、魅族的Flyme是基于安卓系统的修改版。2019年8月，在华为开发者大会上，华为正式发布操作系统鸿蒙OS。鸿蒙OS是基于微内核的面向全场景的分布式操作系统，它将微内核技术应用于可信执行环境(TEE)，通过形式化方法重塑可信安全。

图2-28　MIUI操作系统

此外，为便于读者掌握Linux的操作技巧，相关重要操作指令参见附录1。

2.5　温故知新

本章介绍了深度学习所需的软硬件基础知识，着重讲解了主流工具Python及其开发工具PyCharm、Jupyter，同时介绍了深度学习框架Pytorch、TensorFlow等及其开发环境配置。

为便于读者掌握，学完本章，读者需要掌握如下知识点：

(1) 为了使计算机能够理解人的意图，必须使用相应的编程语言给机器下达指令。编程语言包括机器语言(机器指令)、汇编语言(使用助记符)、高级语言。高级语言包括面向过程的语言(如C语言)和面向对象的语言(如C++)。

(2) 面向过程是一种以过程为中心的开发方法，就是分析出解决问题的步骤，然后用函数把这些步骤一一实现。

(3) Pytorch是一个基于Python的科学计算软件包，可以提供最大灵活性和速度的深度学习研究平台，是专门针对GPU加速的深度神经网络(DNN)编程，拥有丰富的API，可以快速完成深度神经网络模型的搭建和训练。

(4) TensorFlow是采用数据流图(data-flow graph)进行数值计算的开源软件库。

(5) PaddlePaddle在深度学习框架方面，覆盖了搜索、图像识别、语音语义识别理解、情感分析、机器翻译、用户画像推荐等多领域的业务和技术。

(6) 树莓派只需接通电视机和键盘，就能执行如电子表格、文字处理、玩游戏、播放高清视频等诸多功能。

(7) Linux 是一个基于 POSIX 和 Unix 的多用户、多任务、支持多线程和多 CPU 的操作系统。

2.6 习　题

习题 2-1　习近平主席强调，“核心技术靠化缘是要不来的”“没有网络安全就没有国家安全”。中国工程院院士倪光南指出，“在高性能计算机领域，安装中国自主研发的‘申威26010’众核处理器的‘神威太湖之光’在全球超级计算机500强中排名第一。在移动领域，华为的‘麒麟’也与高通基本旗鼓相当。但在台式机、笔记本领域，中国与国外有3～5年的差距。国产 CPU 很多用28纳米，国外可能是7个纳米或者10个纳米，工艺也更先进。”请结合我国在芯片领域的发展情况，分析自主可控技术的现状，以及人工智能芯片领域的发展前景。

习题 2-2　如图 2-29 所示，数据是人工智能的基础资源，包括数据采集、数据准备、模型训练、测试验证、模型部署、实际数据处理、预测结果输出等主要环节。结合深度学习所需的编程、矿机、硬件、操作系统等工具选型，分析在数据全生命周期的信息流程。

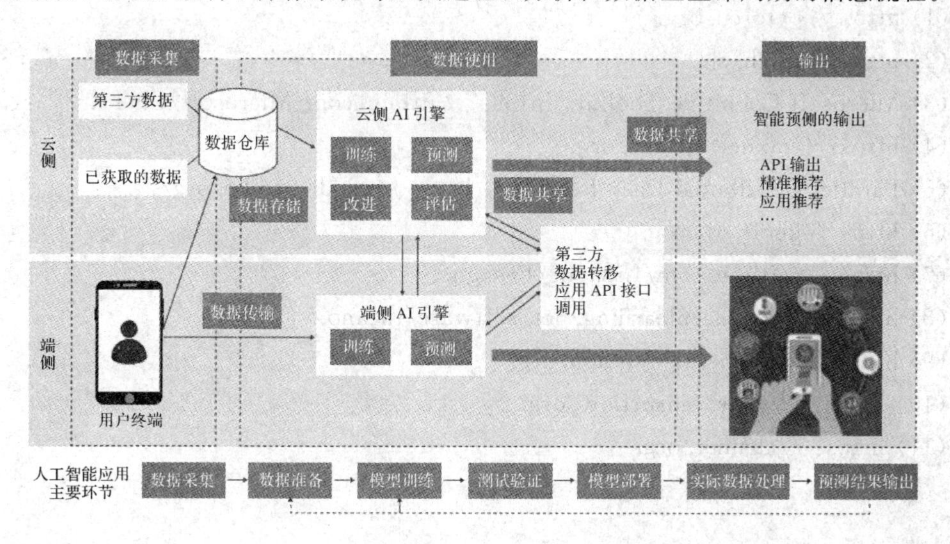

图 2-29　人工智能系统的数据生命周期

习题 2-3　在深度学习中，一般通过误差反向传播算法来进行参数学习。采用手工方式来计算梯度再写代码实现的方式会非常低效，并且容易出错。此外，深度学习模型需要的计算机资源比较多，一般需要在 CPU 和 GPU 之间不断进行切换，开发难度也比较大。

因此，一些支持自动梯度计算、CPU 和 GPU 无缝切换等功能的深度学习框架就应运而生。

请结合本章节内容讲解，深入了解以 TensorFlow、Pytorch、Keras、PaddlePaddle 等为代表的开源框架，比较其优劣，尤其在贸易战背景下可以侧重国产自主可控框架，最终，选择一款适合自己的框架，为下一步深入研究和开发人工智能程序奠定基础。

参考资源

1. 从数据中学习(Learning from Data)，Yaser S. Abu-Mostafa. California Institute of Technology. 2012，地址：https：//sky2learn. com/preview-4sLonxjTQNRtKIrJ6xCkAg.

2. 机器学习(Machine Learning)，Kilian Weinberger. Cornell. 2017，Mobile friendly lecture notes，地址：https：//sky2learn. com/preview-Pq1N3D-lXlencKqqPYxANQ.

3. 机器学习(Machine Learning)，Andrew Ng. Stanford University via Coursera. Founder of Coursera. 2017.

4. 张钹.《迈向第三代人工智能的新征程》，2019 年 9 月.

5. 欧盟.《人工智能伦理准则》，2019 年 4 月.

6. 深度学习框架列表如下：

(1) http：//pytorch. org.

(2) http：//torch. ch.

(3) Microsoft Cognitive Toolkit，https：//github. com/Microsoft/CNTK.

(4) https：//mxnet. apache. org.

(5) Parallel Distributed Deep Learning，http：//paddlepaddle. org/.

(6) http：//keras. io/.

(7) https：//github. com/Lasagne/Lasagne.

(8) http：//www. deeplearning. net/software/theano.

(9) http：//caffe. berkeleyvision. org.

(10) https：//www. tensorflow. org.

(11) https：//chainer. org.

第 3 章　神经网络基础

深度学习是以神经网络模型为基础的机器学习方法。因此，在学习深度神经网络之前，有必要掌握神经网络基础方法。人工神经网络是受生物神经网络启发，由人工神经元连接组成的网络，在工程与学术界直接将其简称为神经网络或类神经网络，其本质上是一个数学模型。每一个神经元节点代表着一种特定的输出函数，并由多个神经元组成的复合函数表征神经网络，节点间的连接代表对通过该连接的信号的加权值。神经网络的特点为拥有大量参数，而参数的估计可以通过在数据上的目标函数优化得到。参数的学习常常使用反向传播算法，只要神经网络的函数可微分，就可以使用该方法。近年来，通过对神经网络的深入研究，使其在生物、医学、经济等领域成功解决了很多问题。

本章在前面讲解的理论和工具基础上，主要介绍神经网络的基础知识，包括神经网络的历史发展、具体的模型介绍以及深度学习的基本概况。主要涉及的知识点有：

- 神经元模型与感知机模型的原理。
- 多隐层前馈神经网络的结构、激活函数及训练。
- 神经网络的优化方法及策略。
- 深度学习的入门知识。

3.1　神经网络概述

神经网络(Neural Network，NN)作为深度学习的基础，经历了“三起三落”。1943 年，心理学家 Mcculloch 和数理逻辑学家 Pitts 首次提出神经元的数学模型。50 年代末，Rosenblatt 设计了可以解决二分类问题的感知机模型，其本质为用于线性分类的多层神经网络模型，是首次将神经网络研究付诸工程实践。然而，由于硬件及算法的局限性，神经网络研究进入了低潮。

1986 年，Rumelhar 和 Hinton 等人提出了反向传播算法 BP(Back Propagation)，该算法解决了神经网络所需要的复杂计算量问题，但计算能力不够、局部最优解、调参等问题仍无法解决。同时，由 Vapnik 等人发明的支持向量机 SVM(Support Vector Machines)算法诞生，其无需调参、高效、全局最优解的优势将神经网络的研究再次推入低谷。

2006 年，Hinton 利用预训练(Pre-training)和微调(Fine-tuning)技术优化神经网络训

练过程，并将多层神经网络的学习方法定义为“深度学习”。深度学习中的“深”，一是体现在网络层数多，二是指神经网络模型可以学到训练数据中深层次、潜在的表征。同时，在具备大规模并行矩阵运算能力的 GPU 加持下，神经网络所需的训练资源问题得以解决。尤其，从 2012 年 ImageNet 大赛中卷积神经网络的超高识别率，再到 2015 年 AlphaGo 在围棋界称霸，神经网络研究的热潮再次掀起。如图 3-1 所示，神经网络经历了三次兴起更迭。

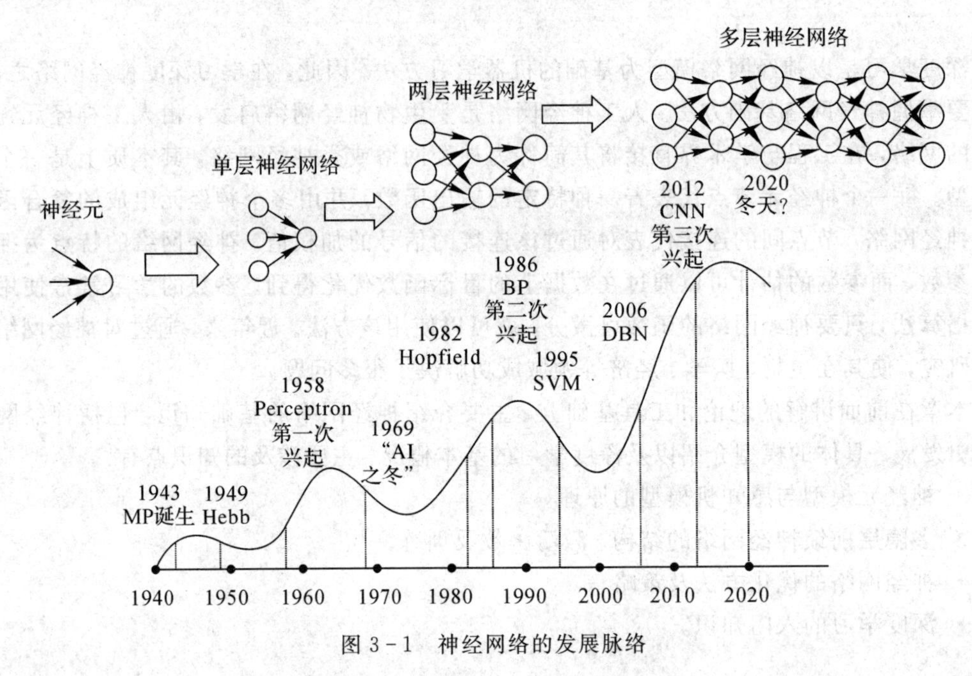

图 3-1　神经网络的发展脉络

神经网络是由大量处理单元互联组成的非线性、自适应信息处理系统。它是一种通过模仿动物神经网络行为特征，建立分布式并行信息处理的数学算法模型。其基本过程可以概述为：外部刺激通过神经末梢，转化为电信号，传导到神经细胞(又叫神经元)；无数神经元构成神经中枢；神经中枢综合各种信号，做出判断；人体根据神经中枢的指令，对外部刺激做出反应。

3.2　神经元模型与感知机模型

3.2.1　MP 神经元

高中时期，我们在课本中学习过神经元模型，其中，神经元形态和功能多种多样，但在结构上大致都可分成细胞体和突起两部分。突起又分轴突和树突。树突可以接受其他神经元传来的信号，然后对这些信号进行处理并传递给下一个神经元。

1943 年，McCulloch 和 Pitts 提出了具有开创意义的神经元数学描述，即 MP 神经元模型。它是一个非常简化的神经元模型，神经元激活与否取决于某一阈值，即当 MP 神经元输入总和大于给定阈值时，神经元被激活，否则信号不输出。因此，MP 神经元模型可用于表示线性可分的布尔函数，其模型如图 3-2 所示。

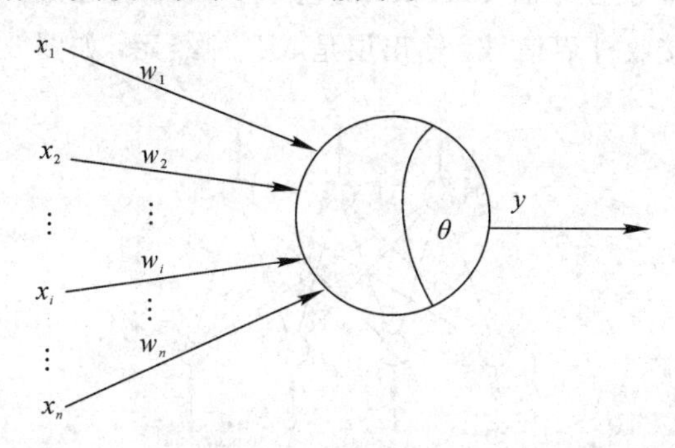

图 3-2　MP 神经元模型

对于某一个神经元，它同时接受了多个输入信号，用 x_i 表示。由于生物神经元具有不同的突触性质和突触强度，所以对神经元的影响不同，引入权值 w_i 来表示对神经元的影响情况(注意在 MP 神经元模型中，所有的权值相等)，其正负则模拟了生物神经元中突触的兴奋和抑制，其大小则代表了突触的不同连接强度。θ 表示神经元激活阈值(Threshold)，或称为偏置(Bias)。由于累加性，我们对全部输入信号进行累加整合，相当于生物神经元中的膜电位。

神经元激活与否取决于某一阈值电平，即只有当其输入总和超过阈值 θ 时，神经元才被激活而发放脉冲，否则神经元不会发生输出信号。整个过程可以用下面这个函数来表示：

$$y=f\left(\sum_{i=1}^{n} w_i x_i-\theta\right) \tag{1}$$

$$f(x)=\begin{cases}1, & x\geqslant 0\\ 0, & x<0\end{cases} \tag{2}$$

二值阶跃函数激活函数，将输入值映射为输出值“0”或“1”，定义“1”对应于神经元兴奋，“0”对应于神经元抑制。这种情况是最符合生物特性的，但是阶跃函数具有不连续、不光滑等不利于网络训练的性质，所以需要在神经网络之后的发展中逐渐引入更多类型的激活函数。

综上，MP 神经元模型的特点为：

(1) 每个神经元都是多输入单输出的信息处理单元。

(2) 神经元输入分兴奋性输入和抑制性输入两种类型。

(3) 神经元具有空间整合特性和阈值特性。

(4) 神经元本身是非时变的，即其突触时延和突触强度均为常数。

3.2.2 感知机

20 世纪五六十年代，美国学者 Rosenblatt 基于 MP 神经元模型，提出了由两层神经元组成的感知机：输入层接收外界信号，输出层是 MP 神经元，如图 3-3 所示。

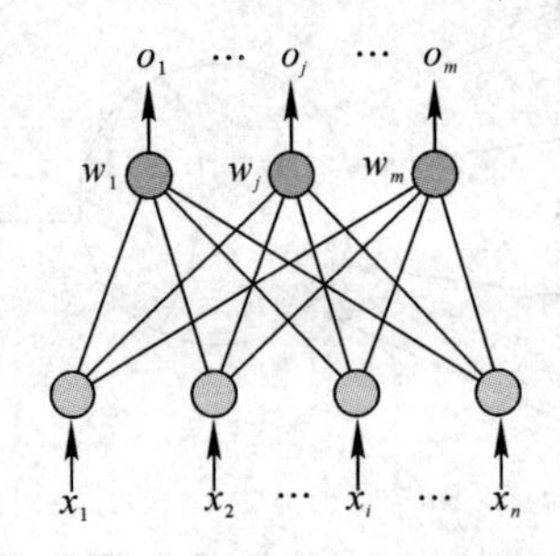

图 3-3 感知机

可以看到，感知机由一个线性组合和 MP 神经元组成。图中输入层也称感知层，有 n 个神经元节点，这些节点只负责引入外部信息，自身没有信息处理的能力。每个节点接收一个输入信号，n 个输入信号构成输入列向量 $\boldsymbol{X}$，感知机的输入是实际的值。

输出层也称处理层，有 m 个神经元节点，每个节点均具有信息处理的能力，m 个节点向外部输出处理信息，构成输出列向量 $\boldsymbol{O}$。两层之间的连接权值用权值列向量 w_j 表示，m 个权向量构成单层感知器权值矩阵 $\boldsymbol{W}$，将得到的值和阈值进行比较后输出"0"或"1"。用数学来表达感知机的最终输出为

$$y=\begin{cases}0, & \boldsymbol{w}^{\mathrm{T}}\boldsymbol{x}+b\leqslant 0\\ 1, & \boldsymbol{w}^{\mathrm{T}}\boldsymbol{x}+b>0\end{cases} \tag{3}$$

同时，Rosenblatt 给出感知机学习未知权值参数的方案，类似于机器学习中的监督学习，若训练数据的输出值比标签低，则增加相应权重，若比标签高，则减少相应权重。该算法如下：

(1) 给权重系数置初值。

(2) 对于训练集中一个实例的输入值，计算感知机的输出值。

(3) 若感知机的输出值和实例中默认正确的输出值不同：若输出值应该为 0 但实际为 1，则减少输入值是 1 的例子的权重；若输出值应该为 1 但实际为 0，则增加输入值是 1 的例子的权重。

(4) 重复迭代训练集数据，直到感知机不再出错为止。

下面我们来看一个利用感知机来解决简单的逻辑电路问题。

表 3－1　二输入与门真值表

x_1	x_2	y
0	0	0
0	1	0
1	0	0
1	1	1

根据表 3－1 与门真值表可知，与门仅在输入都为 1 时，其输出才为 1，否则就为 0。设置参数 $\boldsymbol{w}=[1,1]$，$b=-1$，可以验证满足条件。但答案是否是唯一的呢？回答是否定的，例如，设置参数 $\boldsymbol{w}=[0.5,0.5]$，$b=-0.6$，也满足条件，因而满足条件的参数不是唯一的。感知器的每个输入都带有不同的权重，但最终输出仍然只属于处理线性可分函数，无法解决非线性分类问题，比如简单的异或问题。因此，需要更复杂的计算模型，来解决复杂分类问题。

3.3　多隐层前馈神经网络

3.3.1　网络结构

在经典的感知机模型中，只有输出神经元具有激活函数，即只有一层功能神经元(Functional Neuron)，因此只能解决线性可分的与、或、非等问题，不能解决非线性可分的异或(XOR)问题，这也是直接导致 Minsky 等人将当时的神经网络研究“雪藏”的原因之一。需要注意的是，所谓的功能神经元就是具有信号处理功能的激活函数单元，有了激活函数，神经元就具备了控制模型忍耐阈值的能力，进而可以将处理过的输入映射到下一个输出空间中。

为解决非线性分类问题，需要更复杂的神经网络模型，多隐层前馈神经网络(Multi-layer Feed Forward Neural Networks)应运而生。多隐层前馈神经网络与多层感知机的差异在于激活函数的使用，容易得知，如图 3－4 所示，采用具有两层功能神经元的感知机模型就可以解决异或问题，即在输出层和输入层之间加一个隐藏层，其中，输出层和隐藏层都是拥有激活函数的功能神经元。

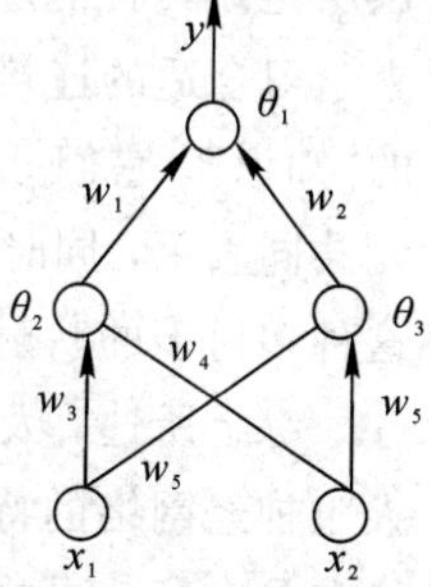

图 3－4　多层感知机

随着反向传播算法、最大池化等技术的发明，神经网络进入了飞速发展的阶段。神经网络就是将许多个单一"神经元"联结在一起，这样，一个"神经元"的输出就可以是另一个"神经元"的输入。典型的多隐层前馈神经网络具有以下三个部分：

(1) 结构(Architecture)。结构指定了网络中的变量和它们的拓扑关系。

(2) 激励函数(Activity Function)。大部分神经网络模型都具有一个短时间尺度的动力学规则，来定义神经元如何根据其他神经元的活动改变自己的激励值。

(3) 学习规则(Learning Rule)。指定了网络中的权重如何随着时间推进而调整。

一个典型的多隐层前馈神经网络结构如图 3-5 所示。

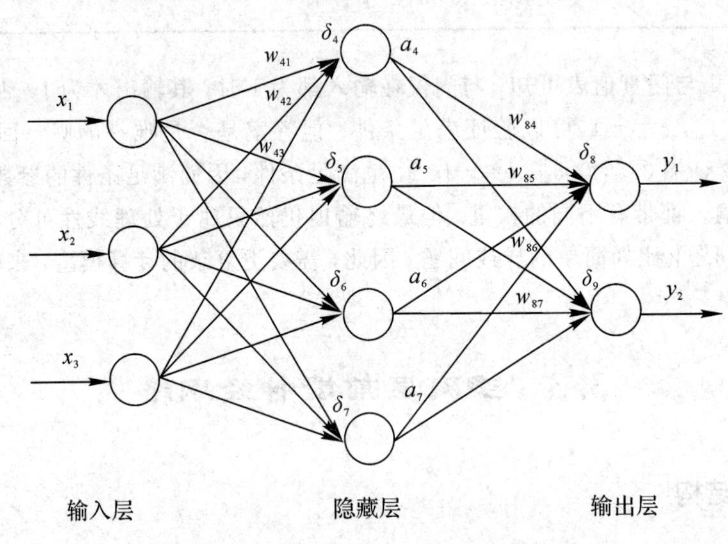

图 3-5 典型的多隐层前馈神经网络

在多隐层前馈神经网络中，以层为功能单位模块，同层神经元之间无连接，上层与下层实现全连接，但无跨层连接。输入层只负责接收信号输入，无数据处理功能，隐藏层和输出层是由具有信号处理功能的神经元构成。总之，神经网络的学习过程就是根据训练数据来学习合适的连接权重和功能神经元的阈值，从宏观看，这些权值和阈值等参数就是学到的"知识"，它们分布式地存储在神经元网络中，简言之，同一个输入特征可以由多个神经元共同表示，同时，单个神经元可以按照不同权重的身份出现在不同的输入特征表示中。这种多对多的映射就是分布式表征的核心，是神经网络发展历程中的一个重要思想。

综上所述，人工神经网络具有四个基本特征：非线性、非局限性、非常定性和非凸性。人工神经网络的特点和优越性，主要表现在三个方面：具有自学习功能、具有联想存储功能和具有高速寻找最优解的能力。此外，通过引入隐藏层及激活函数使得神经网络具有复杂的非线性映射能力。

3.3.2　激活函数

MP 神经元是最基本的神经网络结构，只具有一个功能单元；单层感知机的输入线性组合由单个 MP 神经元构成，只能解决线性的二分类问题。多层感知机具有多个 MP 神经元，可以解决部分非线性分类问题。而多隐层前馈神经网络与前者的差异是什么呢？感知机之前的神经网络模型，其激活函数只是阶跃函数，而多层前馈神经网络在激活函数使用方面有明显的改进和灵活性。因此，激活函数是神经网络中的重要概念，决定神经元是否被激活，判断神经元获得的信息是否有用，并决定是否保留神经元。

总之，激活函数是决定向下一个神经元传递何种信息的单元，即激活函数接收前一个单元输出的信号，并将其转换成某种可以被下一个单元接收的形式。在模仿生物学神经网络的相似性基础上，激活函数和非线性激活函数有助于将神经元的输出值限定在一定的范围内，并增强神经网络的非线性表征能力。激活函数需要具备避免神经网络训练中梯度消失的能力，即不要使梯度逐渐变为零；其输出应对称于零；其计算成本应该要低，并具备可微性。常用的激活函数包括 Sigmoid 函数、Tanh 函数、ReLU 函数及其改进型。

1. Sigmoid 函数

Sigmoid 是常用的非线性激活函数，函数图像为两端饱和的 S 形曲线，具有光滑、连续、易求导等友好的特性。其数学形式如下：

$$f(x)=\frac{1}{1+e^{-x}} \tag{4}$$

Sigmoid 的函数图像如图 3－6 所示。

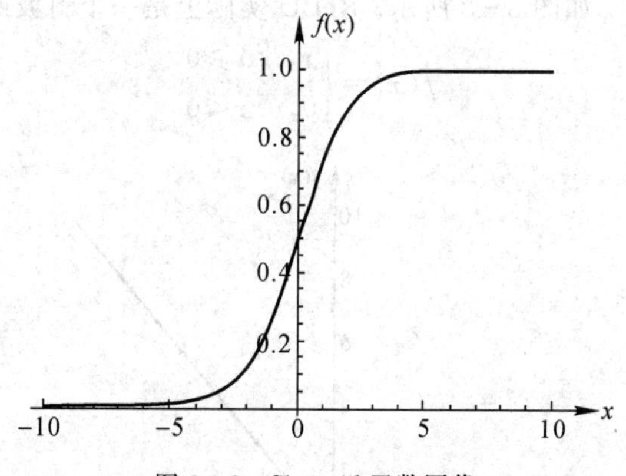

图 3－6　Sigmoid 函数图像

如图 3－6 所示，Sigmoid 函数的输出映射在(0，1)之间，单调连续，输出范围有限，优化稳定；可以输出概率值，能用作输出层；求导容易。其缺点为容易产生梯度消失，且输出不以 0 为中心。此外，机器学习中的逻辑回归使用 Sigmoid 函数。

2. Tanh 函数

如图 3－7 所示，双曲正切函数 Tanh 可以看作是放大并平移的 Logistic 函数，其值域是(－1，1)。相比于 Sigmoid 函数，它仅仅解决了输出以零为中心的问题，但没有改变 Sigmoid 函数的最大问题——由于饱和性产生的梯度消失。Tanh 的数学形式如下：

$$f(x)=\tanh(x)=\frac{e^{x}-e^{-x}}{e^{x}+e^{-x}} \tag{5}$$

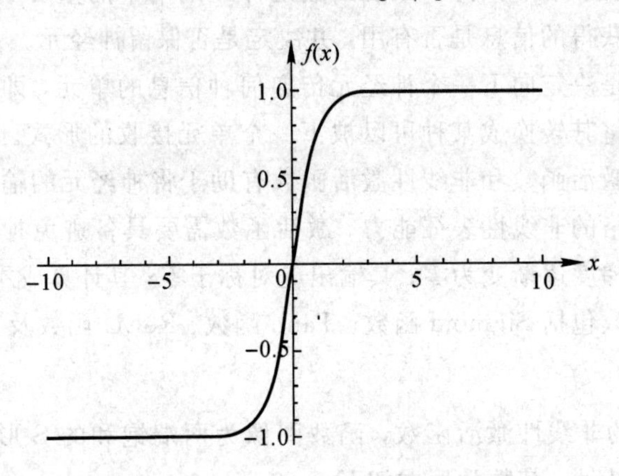

图 3－7　Tanh 函数图像

3. ReLU 函数

修正线性单元 ReLU(Rectified Linear Unit)也叫 Rectifier 函数，是目前深度神经网络中经常使用的激活函数，如图 3－8 所示。ReLU 实际上是一个斜坡函数，其函数式如下：

$$f(x)=\begin{cases}x, & x\geqslant 0\\ 0, & x<0\end{cases} \tag{6}$$

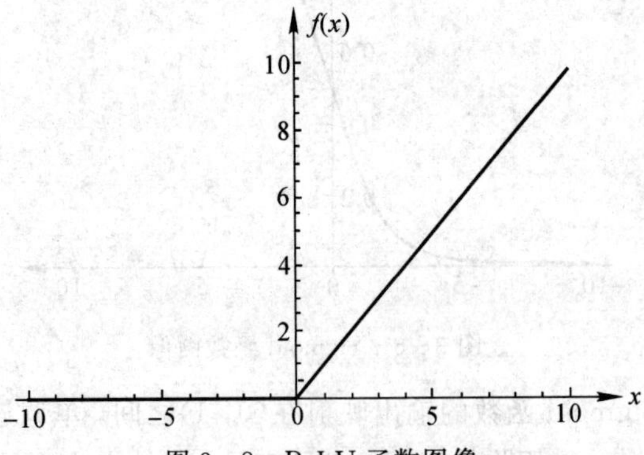

图 3－8　ReLU 函数图像

相比于 Sigmoid 和 Tanh，ReLU 函数在随机梯度下降中能够快速收敛，有效缓解了梯度消失的问题，同时提供了神经网络的稀疏表达能力。采用 ReLU 的神经元只需要进行加、乘和比较的操作，计算上更加高效。同时，ReLU 函数被认为有生物上的解释性，比如单侧抑制、宽兴奋边界。但 ReLU 函数的输出是非零中心化的，给后一层的神经网络引入偏置偏移，而且，训练过程中可能会出现神经元死亡、权重无法更新的情况。

4. Leaky ReLU 函数

为克服 ReLU 的缺点，在 Leaky ReLU 函数中，当输入 $x<0$ 时，保持一个很小的梯度 α。这样当神经元非激活时也能有一个非零的梯度更新参数，避免永远不能被激活。Leaky ReLU 函数的定义为：

$$f(x)=\max(\alpha x,\ x)$$

其中，超参数 α 通常设置为 0.01。Leaky ReLU 在一定程度上解决了神经元死亡的问题。Tanh 和 Sigmoid 函数会引起梯度消失问题，因此一般不推荐使用。此外，Leaky ReLU 会稍微增加计算时间。

3.3.3　网络训练

具备多隐层的神经网络比感知机具备更强的学习能力，即具备表征更多特征的能力。但是，随之而来的大量网络参数，或者说，即将成为网络学习到的“智慧”是怎样“修炼”出来的呢？神经网络的训练主要包括三个要素：数据集、误差、网络训练算法。

1. 数据集

一般情况下，机器学习所需的数据分为训练数据集、测试数据集和验证数据集。对于分类任务，训练数据是带标签数据集；测试集用于对网络模型训练完成后的性能检验；此外，在训练和测试集之外还存在预留数据，预留数据对网络模型进行调参，称为验证数据集。但在实际应用中，验证数据集和测试数据集的界限并不明显，除非有明确的说明，我们一般在使用过程中不过度强调。

由于训练数据集往往较难获得，标注数据的成本也十分昂贵，预留验证数据集的难度就比较大，因此，出现了一种改善该状况的方法——k 折交叉验证。该方法将训练数据集的数据分成 k 个互不重叠的子集，使用这些子集做 k 次模型训练。具体操作方法为依次使用 $(k-1)$ 个数据集进行训练，用一个子数据集进行验证，最终的网络性能用 k 次的结果求平均来表示。

2. 误差

通常我们把分类错误的样本数占样本总数的比例称为“错误率”(Error Rate)，即如果

在 m 个样本中有 a 个样本分类错误，则错误率 $E=a/m$；相应的 $1-a/m$ 称为“精度”(Accuracy)，即“精度=1-错误率”。更一般地，我们把学习器的实际预测输出与样本的真实输出之间的差异称为“误差”(Error)。对于机器学习模型在训练数据集和测试数据集上的表现，如果你改变过实验中的模型结构或者超参数，你也许会发现：当模型在训练数据集上更准确时，它在测试数据集上却不一定更准确。这是为什么呢？因为存在着训练误差和泛化误差。

(1) 训练误差。模型在训练数据集上表现出的误差称为“训练误差”(Training Error)或“经验误差”(Empirical Error)。

(2) 泛化误差。模型在任意一个测试数据样本上表现出的误差的期望，并常常通过测试数据集上的误差来近似，该误差称为“泛化误差”(Generalization Error)。显然，我们希望得到泛化误差小的学习器。

训练误差的期望小于或等于泛化误差。也就是说，一般情况下，由训练数据集学到的模型参数会使模型在训练数据集上的表现优于或等于在测试数据集上的表现。由于无法从训练误差估计泛化误差，所以一味地降低训练误差并不意味着泛化误差一定会降低。机器学习模型应关注降低泛化误差。

3. 网络训练算法

在训练多层神经网络的时候，简单感知机的训练方法不再适用，从而需要更加强大的算法——反向传播算法(Back Propagation，BP)，即 BP 算法。BP 算法的核心为学习过程中信息的正向传播和误差的反向传播，它不仅适用于多层前馈网络，同样也适用于如递归神经网络等各种类型的神经网络。BP 网络即使用 BP 算法训练的多层前馈神经网络。在 1974 年，Werbos 是第一个将反向传播思路用于神经网络方面的研究人员，但未将 BP 算法用于神经网络方面的研究成果进行发表。1986 年，Rumelhart、Hinton 和 Williams 合著的《Learning representations by back-propagating errors》才正式将 BP 算法用于神经网络训练。

使用误差反向传播算法的前馈神经网络训练过程可以分为以下三步：

(1) 前馈计算每一层的净输入 $z(1)$ 和激活值 $a(1)$，直到最后一层。

(2) 反向传播计算每一层的误差项 $\delta(1)$。

(3) 计算每一层参数的偏导数，并更新参数。

使用反向传播算法的随机梯度下降训练过程如图 3-9 所示。

反向传播算法中，对于每一个训练样本，其算法先初始化随机的权值和阈值参数，然后将相关的输入示例提供给输入层神经元，并一层一层将信号向前传递(输入层→隐藏层→输出层)，直到输出层产生输出值；再根据输出值计算输出值的误差，而后将误差逆向传播到隐藏层的神经元；最终根据隐藏层神经元计算得来的误差来调整连接的权值和神经元的阈值。BP 算法不断地迭代循环执行上述步骤，直到达到训练停止的条件。具体的推导过程参见附件 2。

输入: 训练集 $\mathcal{D}=\{(x^{(n)},y^{(n)})\},n=1,\cdots,N$，验证集 $\mathcal{V}$，学习率 α

1 随机初始化 θ;

2 **repeat**

3 　对训练集 $\mathcal{D}$ 中的样本随机重排序;

4 　**for** $n=1\cdots N$ **do**

5 　　从训练集 $\mathcal{D}$ 中选取样本 $(x^{(n)},y^{(n)})$;

　　// 更新参数

6 　　$\theta\leftarrow\theta-\alpha\dfrac{\partial\mathcal{L}(\theta;x^{(n)},y^{(n)})}{\partial\theta}$;

7 　**end**

8 **until** 模型 $f(x,\theta)$ 在验证集 $\mathcal{V}$ 上的错误率不再下降;

输出: θ

图 3-9　反向传播算法训练过程

4. BP 算法的相关问题

BP 算法的目标是最小化训练集上的累积误差。由于每次迭代仅根据一个输入样本更新，因此上述 BP 算法也被称为“标准 BP 算法”。如果推导出的基于累计误差最小化的更新规则，则为“累积误差逆传播算法(Accumulated Error Backpropagation)”，又称累积 BP 算法。

与累积 BP 算法相比，标准 BP 算法每次更新只针对单个样本，由此导致模型的参数更新十分频繁，从而对不同的样例处理的时候会导致不同更新相互抵消的情况。标准 BP 算法为达到最小累计误差，则需要更多次的迭代。而累积 BP 算法不是针对单个样本，而是直接针对累计误差最小化，从而在算法对整个数据集进行遍历之后再进行一次参数的更新，因此算法更新参数的频率更小。但我们并不能片面地评价标准 BP 算法与累积 BP 算法孰优孰劣。因为在累计误差下降到一定地步时，进一步降低累计误差将会很慢。此时累积 BP 算法的计算速度就远不如标准 BP 算法的计算速度了。

事实证明，神经网络算法的表征能力十分强大，只要包含足够多的神经元隐藏层，多层前馈网络就可以以任意精度逼近任意复杂度的连续函数。但是隐藏层的个数需要在实践中不断试验调整。

3.4 神经网络的优化方法

3.4.1 梯度下降法

梯度下降法(Gradient Descent)是最早的常用优化方法，其核心思想为变量在目标函数梯度的相反方向上迭代更新，通过不断迭代，使目标函数逐渐收敛到最优值。其中，学习率决定每次迭代的步长，从而影响达到最优值的迭代次数。目标值沿着梯度的相反方向一直下降，直到到达谷底，就得到了最优解。

在梯度下降法中，当目标函数是凸函数时，得到的解是全局最优的。当变量接近最佳解时，收敛速度通常会较慢，并且需要执行更细致的迭代。由于每次迭代都需要使用所有数据，因此，梯度下降法也常被称为批梯度下降，其迭代公式如下：

$$w'=w-\alpha\frac{\partial L}{\partial w} \tag{7}$$

在神经网络训练部分，已介绍过梯度下降是一种寻找函数极小值的优化方法，在深度学习模型中常常用来在反向传播过程中更新神经网络的权值。其中，梯度下降优化让学习率乘以一个因子，该因子是梯度的函数，以此来调整学习率成分。如图 3-10 所示，关于梯度下降算法的改进中，一方面通过在学习率(Learning Rate)上乘一个 0 到 1 之间的因子从而使得学习率降低(例如，RMSprop)，一方面使用梯度的滑动平均(即“动量”)而不是纯梯度来决定下降方向。此外，也可以将两者结合，例如，Adam 和 AMSGrad。

优化器	年份	学习率	梯度
Momentum	1964		✓
AdaGrad	2011	✓	
RMSprop	2012	✓	
Adadelta	2012	✓	
Nesterov	2013		✓
Adam	2014	✓	✓
AdaMax	2015	✓	✓
Nadam	2015	✓	✓
AMSGrad	2018	✓	✓

图 3-10 各类梯度下降优化算法发表年份及核心思路

梯度下降算法在演进过程中最初主要向两个方向演变：一类是 AdaGrad，主要调整学习率，另一类是 Momentum，主要调整梯度的构成要素。之后，Adam 算法将 Momentum 和 RMSprop 融为一体，表现出良好性能，如图 3-11 所示。

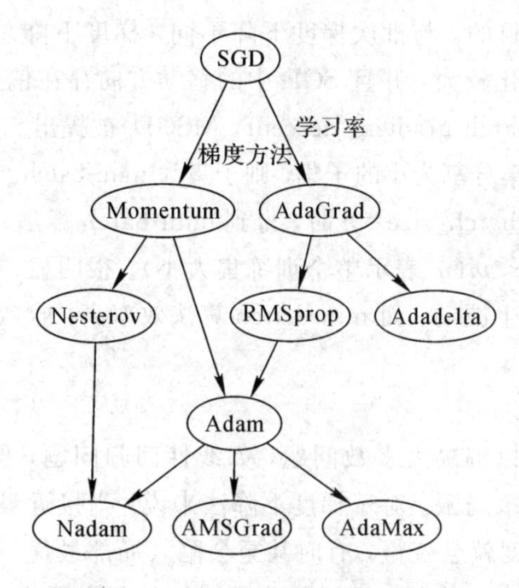

图 3－11　梯度下降算法的发展路线

3.4.2　随机梯度下降

由于原始梯度下降法在每次迭代中对大规模数据具有较高的计算复杂度，并且不允许在线更新，为解决这个问题，随机梯度下降法（Stochastic Gradient Descent，SGD）诞生。其核心思想是随机使用一个样本来更新每次迭代的梯度，而不是直接计算梯度的具体值。随机梯度是真实梯度的无偏估计，其成本与样本数量无关，并且可以实现亚线性收敛速度。因此，SGD 减少了处理大量样本的更新时间，并消除了一定数量的计算冗余，从而大大加快了计算速度。尤其，在强凸问题中，SGD 可以达到最佳收敛速度。同时，它克服了批量梯度下降法无法用于在线学习的缺点。随机梯度下降法的迭代式与梯度下降法的迭代式一致。

在原始梯度下降算法中，主要是依据当前梯度$\partial L/\partial w$乘上一个系数学习率α来更新模型权重w的。由于 SGD 每次迭代仅使用一个样本，因此每次迭代的计算复杂度为$O(D)$，其中D为特征数量。当样本数量N大时，SGD 每次迭代的更新速率都比批次梯度下降的更新速率快得多。所以，SGD 以增加更多的迭代为代价提高了整体优化效率，但是与大量样本导致的高计算复杂度相比，增加的迭代次数微不足道。因此，与批量梯度下降法相比，SGD 可以有效降低计算复杂度并加快收敛速度。

3.4.3　小批量梯度下降

随着研究深入，在 SGD 算法中，由于随机选择引入额外噪声，梯度方向会震荡，并且搜索过程在解空间中是盲目的。与批次梯度下降不同，梯度下降总是沿梯度的负方向移向最优值，SGD 中的梯度变化较大，并且 SGD 中的移动方向存在偏差。因此，折衷方法——小批量梯度下降法(mini-batch gradient descent，MSGD)被提出。

在 MSGD 中，把训练集分割为小的子集，则子集为 mini-batch。当子集大小 batch_size=1 时，就得到 SGD 算法；当 batch_size=n 时，得到 mini-batch 算法；当 batch_size=m 时，得到批下降算法，其中 $1<n<m$(m 表示整个训练集大小)。很明显，批下降算法噪声相对低，SGD 算法噪声多，可能产生波动，而 mini-batch 算法效率高，收敛快。

3.4.4 动量梯度下降

普通的梯度下降法足以解决大多数问题，如线性回归问题，但当问题变得复杂，普通的梯度下降法就会面临很多局限。对于梯度下降法来说，当接近最优值时，梯度会比较小，由于学习率固定，收敛速度就会变慢，有时甚至会陷入局部最优。这时如果考虑历史梯度，将会引导参数朝着最优值更快收敛，这就是动量算法的基本思想。动量梯度下降利用指数加权平均来避免梯度趋近于零的问题。结合物理学上的动量思想，允许算法获得动量，这样即使局部梯度为零，算法基于先前的计算值仍可以继续前进。所以，动量梯度下降几乎始终优于纯梯度下降。

动量算法使用带有动量的梯度(即指数滑动平均)，而不是当前梯度来对 w 进行更新。该方法的计算公式为：

$$w_{t+1}=w_t-\alpha V_t \tag{8}$$

其中

$$V_t=\beta V_{t-1}+(1-\beta)\frac{\partial L}{\partial w_t} \tag{9}$$

V_t 记录了梯度的变化，让每一次的参数更新方向不仅取决于当前位置梯度，还受到上一次参数更新方向的影响，其 V 初始化值为 0，β 一般会被设置为 0.9。

3.4.5 RMSProp

RMSProp(Root Mean Squared Propagation)是 Hinton 在 Coursera 课程中提出的一种优化算法。虽然动量梯度下降初步解决了优化过程中参数的变化范围摆动较大的问题，但仍有改进空间。RMSProp 通过给学习率引入一个权重衰减，调整模型各参数的学习率来缓解该问题。该方法的数学描述为

$$E[g^2]_t=0.9E[g^2]_{t-1}+0.1g_t^2 \tag{10}$$

$$\theta_{t+1}=\theta_t-\frac{\eta}{\sqrt{E[g^2]_t+\varepsilon}}g_t \tag{11}$$

RMSprop 将学习率除以了一个指数衰减的衰减均值，通常为 0.9。每次迭代都要计算特定参数成本函数的导数平方。此外，使用指数加权平均对近期迭代获取值求平均。最终，在更新网络参数之前，相应的梯度除以平方和的平方根。这表示梯度越大，参数学习率下降越快；梯度越小，参数学习率下降越慢。该算法用这种方式减少震荡，避免支配信号而产生的噪声。为避免遇到零数相除的情况，给分母添加了极小值 ε。

当学习率在迭代早期降得较快且当前解依然不佳时，AdaGrad 算法在迭代后期由于学习率过小，可能较难找到一个有用的解。为了解决这一问题，RMSProp 算法对 AdaGrad 算法做了一点小小的修改：不同于 AdaGrad 算法里状态变量 s_t 是截止时间步 t 所有小批量随机梯度 g_t 按元素平方和，RMSProp 算法将这些梯度按元素平方做指数加权移动平均。

3.4.6 ADAM

适应矩估计算法 ADAM 在 RMSProp 算法基础上对小批量随机梯度也做了指数加权移动平均，使用了动量变量和 RMSProp 算法中小批量随机梯度按元素平方的指数加权移动平均变量，并将它们中每个元素初始化为 0。其公式如下：

$$w_{t+1}=w_t-\frac{\alpha}{\sqrt{S_t+\varepsilon}}\hat{V}_t \tag{12}$$

ADAM 是一种在深度学习模型中用来替代随机梯度下降的优化算法，其本质为带有动量项的 RMSprop。它利用 RMSProp 的最大优点，并结合动量优化的思想，形成快速高效的优化策略；利用梯度的一阶矩估计和二阶矩估计动态调整每个参数的学习率。其优点主要在于经过偏置校正后，每一次迭代学习率都有个确定范围，使得参数比较平稳，并能提供解决稀疏梯度和噪声问题的优化方法。同时，ADAM 的调参相对简单，默认参数就可以处理绝大部分的问题。

3.5 神经网络的优化策略

对于一个网络模型，我们通常使用一些小技巧来提升网络的性能，减少过拟合情况的发生，增强网络的泛化能力，下面就介绍一些实际操作中经常会使用到的优化策略。

3.5.1 参数初始化

参数初始化是指神经网络在开始训练前，对其中设计的权重和偏置的初始值进行设定。不同的初始化方法对网络训练的结果影响不同，选择合适的参数初始化方法可以加速网络的收敛，不合适的初始化方法不仅不利于网络的训练，还可能导致网络训练失败。常用的初始化方法有以下几种：

1. 全零初始化

这是最简单的一种初始化方法，即将参数的初始值全部设为0。其实设置为同一常数和全零初始化效果是一致的，但该方法在实践中并不常用。例如，在反向过程中根据BP公式，不同维度的参数会得到相同的更新，这就会导致网络中的神经元学习到的是相同的特征，显然违背了神经网络学习的初衷，不利于网络的学习。一般只在训练SLP/逻辑回归模型时才使用0初始化所有参数，深度模型都不会使用0初始化所有参数。

2. 随机初始化

既然初始化成相同的数值不利于网络训练，自然而然可以想到初始化成不同的值。随机初始化就是在0附近随机取值来初始化网络参数，一般随机取值的方法是通过正态分布或均匀分布在0附近取值。随机初始化的缺点是因为网络输出数据分布的方差会随着神经元的个数而改变，从而梯度在每一层是不一样的，很容易导致梯度接近0，使得参数难以更新。并且，由于对正态分布的方差没有确定，也难以找到合适的采样范围。

3. Xavier 初始化

Xavier初始化方法由Bengio等人在2010年的论文《Understanding the difficulty of training deep feed forward neural networks》中提出，其基本思想是：若一层网络的输入和输出可以保持正态分布且方差相近，则可以避免输出趋向于0，从而避免梯度弥散情况。它为了保证正向传播和反向传播时每一层的方差一致：在正向传播时，每层的激活值的方差保持不变；在反向传播时，每层的梯度值的方差保持不变。根据每层的输入个数和输出个数来决定参数随机初始化的分布范围，是一个通过该层的输入和输出参数个数得到的分布范围内的均匀分布。

如果采用正态分布进行随机采样，其参数可按$N\left(0, \sqrt{\frac{2}{n^{(l-1)}+n^l}}\right)$进行初始化，其中$n^{(l-1)}$是$(l-1)$层的神经元个数，$n^l$为$l$层的神经元个数。

如果采用均匀分布进行随机采样，其参数可按$U\left(-\sqrt{\frac{6}{n^{(l-1)}+n^l}}, \sqrt{\frac{6}{n^{(l-1)}+n^l}}\right)$进行初始化。

此外，Xavier的推导过程基于如下假设：

(1) 激活函数是线性的，故不适用于ReLU、Sigmoid等非线性激活函数。

(2) 激活函数值关于0对称，故不适用于Sigmoid函数和ReLU函数。

综上，该方法常与Tanh激活函数搭配使用。

4. He 初始化

He 初始化基本思想是：当使用 ReLU 作为激活函数时，Xavier 的效果不好，原因在于当 ReLU 的输入小于 0 时，其输出为 0，相当于该神经元被关闭了，影响了输出的分布模式。因此，He 初始化在 Xavier 的基础上，假设每层网络有一半的神经元被关闭，于是其分布的方差也会变小。经过验证发现当对初始化值缩小一半时效果最好，故 He 初始化可以认为是 Xavier 初始/2 的结果。

因而，采用正态分布，参数按 $N\left(0, \sqrt{\frac{2}{n^{(l-1)}}}\right)$ 进行初始化；对于均匀分布，按 $U\left(-\sqrt{\frac{6}{n^{(l-1)}}}, \sqrt{\frac{6}{n^{(l-1)}}}\right)$ 进行初始化。

3.5.2　正则化

在神经网络的训练过程中，过拟合是最容易出现的问题。正则化就是为减少过拟合而出现的一种手段。使用正则化方法可以降低模型的复杂度，从而增强它的泛化能力。下面介绍几种常用的正则化方法及 L1 范数和 L2 范数。

常常通过在目标函数后面增添惩罚项来对模型参数进行限制，则优化问题变为如下形式：

$$J(\theta, X, y)=J(\theta, X, y)+\alpha\Omega(\theta) \tag{13}$$

其中，α 表示惩罚系数，而该惩罚项常常使用 L1 范数或 L2 范数的形式。

L1 正则项的表达式为

$$\Omega(\theta)=\|w\|_1=\sum|w_i| \tag{14}$$

L2 正则项的表达式为

$$\Omega(\theta)=\frac{1}{2}\|w\|_2^2 \tag{15}$$

二者的区别如图 3-12 所示，灰色圆圈表示问题可能解的范围，黑色同心线圈表示正则项可能解的范围，目标函数当且仅当两个解范围相切时有解。可以看出，由于 L2 范数的解的范围是一个圆，所以相切的点有很大可能不在坐标轴上，L1 范数的解的范围是菱形，其顶点是凸出来的，所以相切点更可能在坐标轴上，而坐标轴上的点有一个特点，那就是只有一个坐标分量不为零，而其他坐标分量为零，即所得到的解是稀疏的。

综上，L1 范数导致稀疏解，L2 范数导致稠密解。由于 L2 的约束函数梯度存在一个变化范围，比 L1 正则更容易在原最优解附近找到最优解，而 L1 正则求解的变化比较大，因此 L2 求解更加稳定。

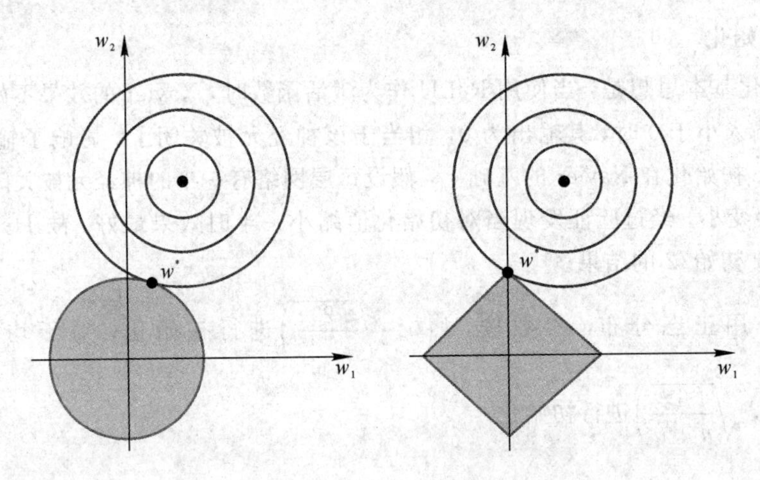

图 3-12　L1 与 L2 正则项对比

3.5.3　Dropout

Dropout 是训练深度神经网络时缓解过拟合问题的常用方法之一。在每个训练批次中，我们保持输入和输出的神经元节点数目不变，通过忽略一半的特征检测器，可以明显地减少过拟合现象。这种方式可以减少特征检测器间的相互作用，检测器相互作用是指某些检测器依赖其他检测器才能发挥作用。

使用 Dropout，就是在网络训练的正向传播时，让某个神经元的激活值以一定概率 P 停止工作，这样可以使模型泛化性更强，因为它不会太依赖数据的某些局部特征，而更关注普遍存在的特征，其原理如图 3-13 所示。

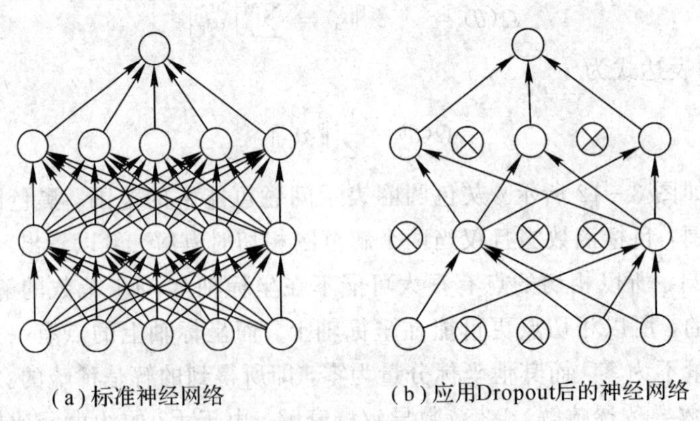

图 3-13　Dropout

在实际操作中，一般设置概率值 P 为 0.5。概率过大，会影响模型的训练；概率过小，又达不到避免过拟合的效果。因此，概率值也是我们在参数调整过程中需要考虑的一部分。

3.5.4 数据增强

在实际训练中，我们常常会面临数据不足的情况，而深度神经网络的训练常常需要大量数据。因此，数据增强是为了解决该问题常用的方法之一，通过数据增强方法，可以增加数据的多样性，从而使模型变得更加鲁棒。典型的数据增强方法有翻转、平移、旋转、缩放、随机裁剪或补零、色彩抖动、加噪声(Noise)等。由于神经网络对学习到的图像特征尺度方向等信息较为敏感，因而经过图像增强的网络拥有更好的鲁棒性，所以，神经网络调参性能较差时，可以尝试采用该方法对数据进行处理。

该方法虽然能取得一定效果，但是仅仅是使网络对图像的空间信息敏感度变小，并不会学到什么新鲜的特征，因而提升能力也很有限。因此，在深度学习领域，数据多样才是王道。此外，可以将之前讲解的联邦学习视为分布式机器学习角度的广义数据增强技术。

3.5.5 预训练

除了上面介绍的数据增强方法，从训练源头数据的角度对网络性能进行提升外，还可以采用预训练与微调的手段。所谓预训练，就是利用已经训练好的成熟深度学习模型，将自己的数据输入该模型中，通过改变输出层来适应个性化任务，从而节省大量训练时间，降低模型训练成本。

该方法在一定程度上避免了由于训练数据不足导致网络性能过差的问题，同时也节省了训练时间，不需要从头训练模型，并且可以根据实际情况，随机选用训练好的模型的任意层的输出进行后续的训练任务。但由于预训练模型的网络输入大小固定，为了适应其网络结构，常常需要对原始数据进行改变，可能会丢失很多信息。因此，如何找到合适的模型，寻求数据与模型间的平衡就显得十分重要。

3.6 深度神经网络概述

深度学习是近十年机器学习领域发展最快的一个分支，由于其重要性，Geoffrey Hinton、Yann Lecun、Yoshua Bengio 等三位教授因此同获图灵奖。深度学习模型的发展可以追溯到 1958 年的感知机(Perceptron)。1943 年神经网络就已经出现雏形，1958 年研究认知的心理学家 Frank 发明了感知机，后来人工智能大师 Minsky 和 Papert 发现感知机不能处理异或回路等非线性问题，以及当时存在计算能力不足以处理大型神经网络的问题，于是整个神经网络的研究进入停滞期。

随着云计算、大数据、深度神经网络等技术的兴起，以超强的计算能力、海量的数据资源、强大的人工智能算法为核心的人工智能技术突飞猛进。尤其在2012年，Hinton教授团队在ImageNet大赛中一举夺魁，让神经网络以“深度学习”的名字重生，并唤醒了人工智能这头计算机领域中沉睡的雄狮。

作为人工智能的关键技术，深度学习的本质是建立、模拟人脑进行分析学习的神经网络。深度学习是相对于简单学习而言的，目前多数分类、回归等学习算法都属于简单学习或者浅层结构，浅层结构通常只包含1层或2层的非线性特征转换层，典型的浅层结构有高斯混合模型、隐马尔科夫模型、条件随机场、最大熵模型、逻辑回归、支持向量机等。浅层结构学习模型的相同点是采用一层简单结构将原始输入信号或特征转换到特定问题的特征空间中。浅层模型的局限性在于：有限样本和计算单元情况下对复杂函数的表示能力有限，针对复杂分类问题其泛化能力受到一定的制约，比较难解决一些更加复杂的自然信号处理问题，例如人类语音和自然图像等。而深度学习可通过学习一种深层非线性网络结构，表征输入数据，实现复杂函数逼近，并展现了强大的从少数样本集中学习数据集本质特征的能力。

深度学习可以简单理解为传统神经网络的拓展。如图3-14所示，深度学习与传统神经网络的相同之处在于：深度学习采用了与神经网络相似的分层结构——系统是一个包括输入层、隐层(可单层、可多层)、输出层的多层网络，只有相邻层的节点之间有连接，而同一层以及跨层的节点之间无连接。

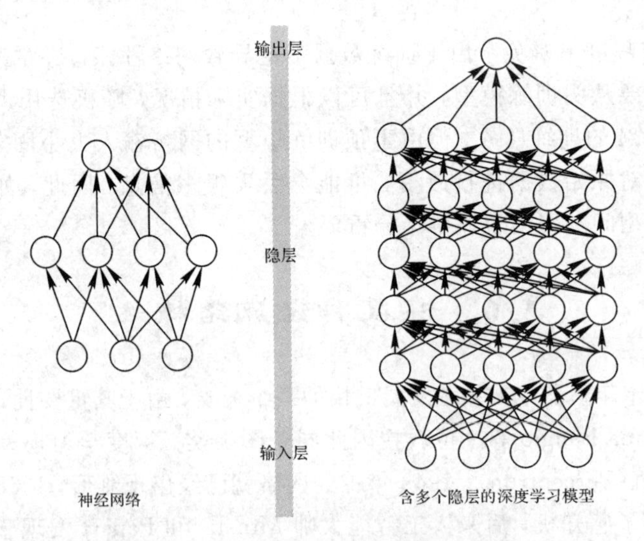

图3-14　传统的神经网络和深度神经网络

深度学习能够获得更好地表示数据的特征，同时由于模型的层次深(通常有5层、6层，甚至十几层的隐藏层节点)、表达能力强，因此有能力表示大规模数据。对于图像、语音这种特征不明显(需要手工设计且很多没有直观的物理含义)的问题，深度模型能够在大规模训练数据上取得更好的效果。相比于传统的神经网络，深度神经网络做出了重大的改进，在训练上的难度(如梯度弥散问题)可以通过"逐层预训练"来有效降低。

值得注意的是，深度学习不是万能的，像很多其他方法一样，它需要结合特定领域的先验知识，需要和其他模型结合才能得到最好的结果。此外，类似于神经网络，深度学习的另一个局限性是可解释性不强，像个"黑箱子"一样不知为什么能取得好的效果，以及不知如何有针对性地去具体改进，而这有可能成为产品升级过程中的阻碍。

3.6.1 深度学习的优势

深度学习的"深度"是与传统机器学习的"浅层"相对应，在神经网络处于"低谷"时，以支持向量机(SVM)为代表的浅层学习是机器学习的主流。然而由于浅层学习中隐藏层数量有限，对复杂函数的拟合能力不强，同时大量的特征工程领域知识进一步限制了其推广与应用。相比而言，深度学习模拟原始信号的低级抽象到高级抽象的迭代过程，与人类的逻辑思维方式高度一致。例如，在人类的视觉认知过程中，瞳孔接收到像素级颜色信号的刺激，大脑皮层的视觉细胞提取边缘和方向，得到物体的形状，最终抽象出物体的本质属性。就是这种深度层次结构完成了由"点"到"线"再到"面"、"局部"到"整体"的特征提取过程。

深度学习是实现机器智能的强大工具，其优势有：模型容量大、参数多、端到端(end-to-end)。借助GPU计算加速，深度学习可以端到端地优化大容量神经网络模型，从而在性能上超越传统方法。以下从机器学习理论的角度总结深度学习的优点：

(1) 拥有强大的函数近似能力。

通用函数近似定理指出，即使是二层神经网络，都可以以任意精度近似任意一个连续函数。假设实现某一功能的"理想"的函数存在，则有可能存在一个神经网络是这个函数的充分近似。

(2) 拥有更精简的表达能力和更高的样本效率。

存在这样的情况：深而窄的神经网络与浅而宽的神经网络是等价的。但前者的参数比后者更少，只需要较少的样本就可以学到。相反，在极端情况下，浅而宽的神经网络的宽度是指数级的，现实中并不可取。这方面的理论支持来自逻辑门电路。因为神经网络可以表示逻辑门电路，所以关于逻辑门电路的结论也适用于神经网络。

(3) 有很强的泛化能力。

深度学习在训练集上学到的误差小的模型在测试集上也同样有小的误差。深度学习中常常不做正则化也不产生过拟合。通常是在大规模训练数据、过参数化(Over-parameterized)神经网络以及随机梯度下降训练的条件下发生的，这里的过参数化是指网络的参数数量大于训练数据数量。

3.6.2 适用领域

本节主要从图像处理、语音识别、自然语言理解领域对深度学习进行分析。

1. 图像处理

图像处理是深度学习算法最早尝试应用的领域。早在1989年，加拿大多伦多大学教授LeCun和他的同事提出了卷积神经网络，它是一种包含卷积层的深度神经网络模型。起初，卷积神经网络在小规模的问题上取得了当时世界最好成果。但由于卷积神经网络应用在大尺寸图像上一直不能取得理想结果，比如对于像素数很大的自然图像内容的理解，这使得它没有引起计算机视觉研究领域足够的重视。2012年10月，Hinton教授以及他的学生采用更深的卷积神经网络模型在著名的ImageNet大规模图像识别竞赛(ILSVRC2012)中以超过第二名10个百分点的成绩(83.6%的Top5精度，其中，Top5精度是指给出一张图片，模型给出5个最有可能的标签，只要在预测的5个结果中包含正确标签，即为正确)碾压第二名(74.2%的Top5精度，使用传统的计算机视觉方法)后，深度学习真正开始火热，卷积神经网络开始成为家喻户晓的名字。之后，从2012年的AlexNet在大规模图像识别竞赛中达到83.6%的Top5精度，到2013年ImageNet大规模图像识别竞赛冠军88.8%的Top5精度，再到2014年VGG的92.7%的Top5精度和同年的GoogLeNet的93.3%的Top5精度，卷积神经网络对图像识别的正确率不断提升，2015年，在1 000类的图像识别中，微软提出的残差网(ResNet)更是以96.43%的Top5正确率达到了超过人类的水平(人类的正确率也只有94.9%)，如图3-15所示。

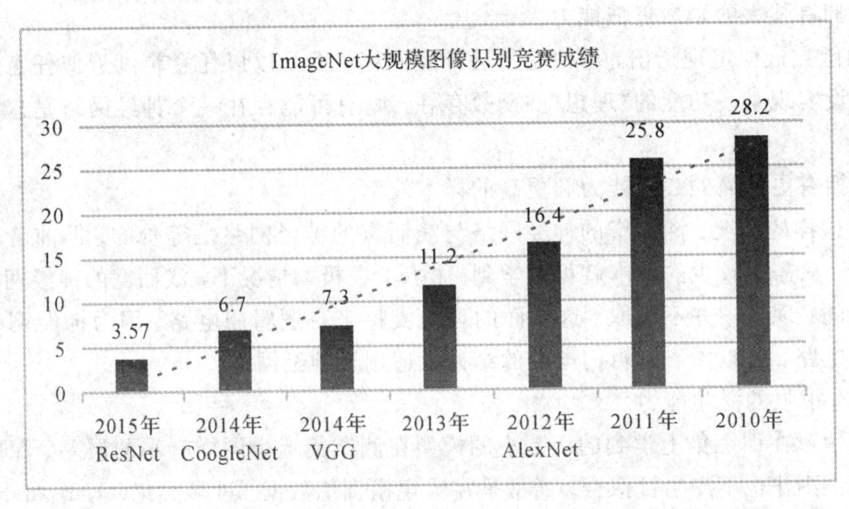

图3-15 2010—2015年ILSVRC竞赛图像识别错误率演进趋势

伴随着图像分类任务，图像检测领域也受到深度学习的推动。图像检测是指在分类图像的同时把物体用矩形框给圈起来。基于深度神经网络，先后涌现出R-CNN、Fast R-CNN、Faster R-CNN、YOLO、SSD等知名框架，在计算机视觉数据集PASCAL VOC上的检测平均精度(mAP)不断提升，从R-CNN的53.3%，到Fast RCNN的68.4%，再到Faster R-CNN的75.9%。此外，基于深度学习的图像分割，各种不同物体用不同颜色分割出来的效果也大幅提升。

2. 语音识别

长期以来，语音识别系统大多是采用高斯混合模型(GMM)来描述每个建模单元的概率模型。由于这种模型估计简单，便于大规模数据训练，可以较好地区分训练算法，因此保证了模型的训练性能。但是GMM实质上是一种浅层学习网络模型，特征的状态空间分布不能够被充分描述。而且，使用GMM建模数据的特征维数通常只有几十维，这使得特征之间的相关性不能被充分描述。最后GMM建模实质上是一种似然概率建模方式，即使一些模式分类之间的区分性能够通过区分度训练模拟得到，但是效果有限。

从2009年开始，微软亚洲研究院的语音识别专家们和深度学习领军人物Hinton合作，将深度神经网络引入到语音识别声学模型训练中，并且在大词汇量语音识别系统中获得巨大成功，使得语音识别的错误率相对降低30%。2011年，微软公司推出基于深度神经网络的语音识别系统，这一成果将语音识别领域已有的技术框架完全改变。采用深度神经网络后，样本数据特征间相关性信息得以充分表示，将连续的特征信息结合构成高维特征，通过高维特征样本对深度神经网络模型进行训练。由于深度神经网络采用了模拟人脑神经架构，通过逐层地进行数据特征提取，最终得到适合进行模式分类处理的理想特征。

在国际上，IBM、google等公司都开展了基于深度神经网络的语音识别领域的研究，并且速度飞快。国内方面，科大讯飞、百度、中科院自动化所等公司或研究单位，也在进行深度学习在语音识别领域的研究，并取得了具有相当竞争力的研究成果。

3. 自然语言处理

自然语言处理(NLP)是计算机科学领域与人工智能领域中的重要方向，主要研究实现人与计算机之间用自然语言进行有效交互的各种理论和方法。NLP是指利用计算机将语言及文本转换为结构化数据的过程，可以将NLP称为计算机的阅读语言，其早期研究以机器翻译为主，从20世纪80年代末开始，NLP引入机器学习算法，尝试从语料中学习统计特征。随着数据量积累、深度学习快速发展和计算能力飞速提升，使用低维、稠密、实值的向量来表示字词等语义单元成为主流。训练词向量的过程称为词嵌入(Word Embedding)，基于深度学习的代表性工作包括Word2Vec、GloVe、fastText等。

同时，对于文本序列处理任务，需要神经网络模型具有记忆能力，以知道过去时刻的状态，因此，以循环神经网络RNN为代表的记忆型深度学习模型是NLP研究与应用的重点。此外，自然语言处理还包括文本配对、问答系统、阅读理解、机器翻译、聊天机器人、对话系统等更偏重于应用的研究领域。近年来，基于深度学习的阅读理解、机器翻译、聊天机器人等更复杂、更综合、更系统的研究领域吸引了越来越多的关注，也取得了大量里程碑式的进展，但高质量的开源软件相对较少。

3.7 温故知新

本章系统地讲解了神经网络的发展历程和相关基本概念，包括浅层神经网络的原理、优化方法和训练技巧，以及深度学习的概述。为便于读者掌握，现将相关知识点总结如下：

(1) MP 神经元相当于神经网络发展的第一个细胞。

(2) 感知机是第一个具有基本功能的神经网络工具，只具有一层功能神经元。

(3) BP 神经网络是现代神经网络的原始模型，具有多层功能神经元，一般采用反向传播算法进行训练。

(4) 神经网络只需我们给出输入输出而无需过分清楚其隐藏的“内部”细节，在一定约束下，对于任何闭区间内的一个连续函数都可以用一个隐藏层的 BP 网络来逼近。

(5) 深度学习以用某种方式互连的神经元为基础，构建多层次的深度网络来模拟人类智能。

(6) 每次迭代数据集之后，利用梯度下降法训练调整神经元之间的权重，来减少损失函数，最终获得一个训练好的深度神经网络。

3.8 习　　题

习题 3-1　在机器学习中，有一些非常有名的理论或定理，对理解机器学习的内在特性非常有帮助。

(1) 没有免费午餐定理(No Free Lunch Theorem，NFL)。由 Wolpert 和 Macerday 在最优化理论中提出。NFL 定理证明：对于基于迭代的最优化算法，不存在某种算法对所有问题(有限的搜索空间内)都有效。如果一个算法对某些问题有效，那么它一定在另外一些问题上比纯随机搜索算法更差。也就是说，不能脱离具体问题来谈论算法的优劣，任何算法都有局限性，必须要“具体问题具体分析”。即，不存在一种机器学习算法适合于任何领域或任务。

(2) 丑小鸭定理(Ugly Duckling Theorem)。1969 年由渡边慧提出。“丑小鸭与白天鹅之间的区别和两只白天鹅之间的区别一样大”。因为世界上不存在相似性的客观标准，一切相似性的标准都是主观的。如果以体型大小的角度来看，丑小鸭和白天鹅的区别大于两只白天鹅的区别；但是如果以基因的角度来看，丑小鸭与它父母的差别要小于它父母和其他白天鹅之间的差别。

(3) 奥卡姆剃刀(Occam's Razor)原理。由14世纪逻辑学家 William of Occam 提出。"如无必要，勿增实体"。奥卡姆剃刀的思想和机器学习中的正则化思想十分类似：简单的模型泛化能力更好。如果有两个性能相近的模型，应该选择更简单的模型。因此，在机器学习的学习准则上，我们经常会引入参数正则化来限制模型能力，避免过拟合。奥卡姆剃刀的一种形式化是最小描述长度(Minimum Description Length，MDL)原则，即编码长度最小。

请结合对神经网络和机器学习的认识情况，对上述定理、原理展开思考，并从实际应用场景将其实例化。

习题3-2　在解决训练样本少的问题时，可以采用如下方法：

(1) 利用预训练模型进行迁移微调(Fine-tuning)。预训练模型通常在特征上拥有很好的语义表达，此时，只需将模型在小数据集上进行微调就能取得不错的效果。CV有ImageNet，NLP有BERT等。

(2) 数据集进行下采样操作，使得符合数据同分布。

(3) 通过数据集增强、正则或者半监督学习等方式来解决小样本数据集的训练问题。

请通过查阅资料或借助实践经验，整理数据增强和小样本训练问题。

习题3-3　神经网络的训练过程实质上就是在参数空间内寻找最优解的过程，也就是找到合适的参数使得误差 E 最小。在寻找全局最小的过程中，如果沿着负梯度的方向，找到了梯度为0的点，并且只找到了一个这样的点，那么便称这个点为全局最小。但是如果我们在误差函数上找到了多个局部极小，并且不能保证找到了全局最小，那么便称参数寻优的过程陷入了局部极小，如图3-16所示。

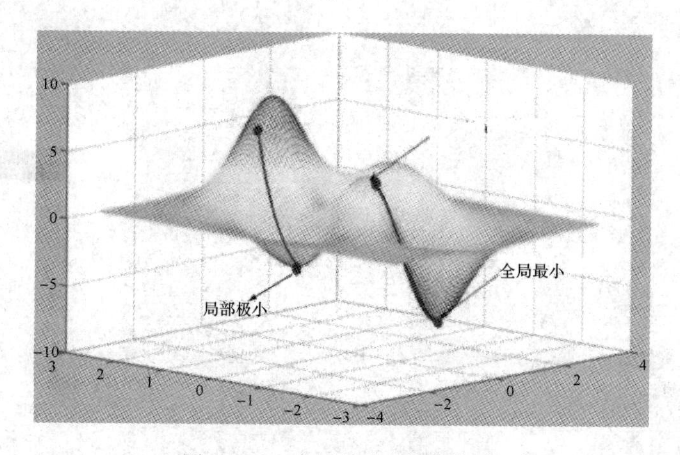

图3-16　全局最小与局部极小

结合上述表述，请理解全局最小与局部极小的概念，并用数学方法推导 BP 神经网络中的反向传播算法。

参考资源

1. Andrew Ng 的深度学习课程，地址：https：//www. coursera. org/specializations/deep-learning.

2. fast. ai，地址：http：//fast. ai/，可以针对程序员提供深度学习课程，以及程序编写环境.

3. 牛津大学的自然语言处理课程，Oxford Deep Natural Language Processing Course Lectures，地址：https：//github. com/oxford-cs-deepnlp-2017/lectures.

4. 机器学习和计算神经科学会议 NIPS，Resources of NIPS 2017，地址 https：//github. com/hindupuravinash/ nips2017.

5. 机器学习/深度学习中常用的工具与技术，Machine Learning / Deep Learning Cheat Sheet，项目地址：https：// github. com/ kailashahirwar/ cheatsheets-a.

6. 机器学习模型中所获得的经验与解释，ML-Tutorial-Experiment，地址：https：//github. com/ jiqizhixin/ ML-Tutorial-Experiment.

7. TensorFlow 游乐场提供神经网络训练过程可视化系统，地址：http：//playground. tensorflow. org.

8. Stanford CS231 课程，内容为关于深度学习和卷积神经网络，地址：http：//cs231n. stanford. edu/.

第二篇　方法解析篇

本篇主要从方法解析角度对深度神经网络的关键方法进行讲解，包括从卷积神经网络、生成式对抗网络、循环神经网络、深度强化学习的起源、发展、关键原理、重要改进等角度对相关方法进行剖析，这既是对基础入门篇内容的整合与升华，也是对深度学习核心精髓的解析，更是实战应用的理论指导。希望读者可以轻松构建起深度学习知识体系的“四梁八柱”，对下衔接坚实的理论基础，对上撑得起人工智能的前沿应用。

第 4 章 卷积神经网络方法解析

卷积神经网络在深度学习的历史中发挥了重要作用，其研究最早可以追溯到 1962 年科学家对猫的大脑视觉系统的探索。直到 2012 年，ImageNet 图像识别大赛中，Hinton 教授领衔的 AlexNet 引入了全新的卷积神经网络结构，得到了超高的图像识别准确率，这颠覆了图像识别领域，掀起了以卷积神经网络为代表的人工智能研究热潮，其改进模型已被成功应用在语音、图像、视频等诸多领域。

本章以卷积神经网络的原理、方法、应用为主要脉络，涉及的知识点包括：

· 介绍 CNN 的生物机理、拓扑结构及特点。

· 掌握 CNN 的卷积、池化、全连接等关键方法，并了解各种常见的卷积神经网络模型。

· 了解卷积神经网络的应用领域及改进方向。

4.1 卷积神经网络概述

卷积神经网络的发展，最早可以追溯到 1962 年 Hubel 和 Wiesel 对猫大脑中的视觉系统的研究。1980 年，日本科学家福岛邦彦(Kunihiko Fukushima)提出了一个包含卷积层、池化层的神经网络结构 Neocognitron。1986 年 Hinton 提出利用反向传播算法训练多隐层前馈神经网络，解决了感知机不能处理非线性学习的问题。在这个基础上，Yann LeCun 将 BP 算法应用到这个神经网络结构的训练上，构造了一个七层的卷积神经网络 LeNet－5 以实现识别手写体数字，这就形成了当代卷积神经网络的雏形。

其实最初的卷积神经网络(CNN)效果并不算好，而且训练也非常困难。虽然它在阅读支票、识别数字之类的任务上有一定的效果，但由于在一般的实际任务中表现得不如 SVM、Boosting 等算法好，因此一直处于学术界的边缘地位。直到 2012 年，ImageNet 图像识别大赛中，AlexNet 引入了全新的深层结构和 Dropout 方法，并把 error rate 从 25%降到了 15%，这引发了深度学习的热潮。2014 年，Network in Network(NIN)在原来的 CNN 结构中加入了一个 1 * 1 conv 层，得到了 ImageNet 图像检测的冠军。2015 年，残差网络 ResNet 把 identity 加入卷积神经网络，直接使 CNN 能够深化到 152 层、1202 层等，

error rate 也降到了3.6%。此外，图像检测中，基于 region proposal 的 faster R-CNN，发现 CNN feature 不仅可以识别图片内容，还可以识别图片的位置，这个创新也让图像检测的平均精度均值(mean Average Precision，mAP)翻倍。

当然，CNN 结构变得越来越复杂，很多结构都很难直觉地来解释和设计。于是谷歌提出了自动架构学习方法 NasNet(Neural Architecture Search Network)来自动用 Reinforcement Learning 去搜索一个最优的神经网络结构。Nas 是目前计算机视觉(Computer Vision，CV)界的一个主流方向，可以自动寻找出最好的结构，以及给定参数数量/运算量下最好的结构，是目前图像识别的一个重要发展方向。

同时，卷积神经网络 CNN 的发展也引发了其他领域的很多变革。比如：利用 CNN，AlphaGo 战胜了李世石，攻破了围棋。但基础版本的 AlphaGO 其实和人类高手比起来是有胜有负的。后来利用了 ResNet 和 Faster-RCNN 的思想，Master 则完全战胜了所有人类围棋高手。此外，Hinton 认为反向传播和传统神经网络还存在一定缺陷，因此提出了 Capsule Net。该模型增强了可解释性，但目前在 CIFAR 等数据集上效果一般，这个思路还需要继续验证和发展。

4.1.1 生物机理

1962 年，生物学家 Hubel 和 Wiesel 通过猫脑视觉皮层，发现在视觉皮层中存在只对特定方向边缘做出响应的神经细胞。例如，某些神经元会对垂直边缘做出响应，而其他的则会对水平或者斜边缘做出响应。由于这些细胞对视觉输入空间的局部区域很敏感，因此被称为“感受野”。这些被称为“感受野”的细胞又分为简单细胞和复杂细胞两种类型。

根据 Wiesel 的层级模型，在视觉皮层中的神经网络有一个层级结构：外侧膝状体→简单细胞→复杂细胞→低阶超复杂细胞→高阶超复杂细胞。简单细胞对其感受野内特定边缘模式最敏感。复杂细胞具有较大的感受野，对模式的精确位置具有局部不变的感知。处于较高阶段的细胞通常会有这样一个倾向：对刺激模式更复杂的特征进行选择性响应。同时，它们还具有一个更大的感受野，对刺激模式位置的变化更加不敏感。这一系列发现激发了人们对于神经系统的进一步思考，神经—中枢—大脑的工作过程，或许是一个不断迭代、不断抽象的过程。

总的来说，人的视觉系统的信息处理是分级的。从低级的 V1 区提取边缘特征，再到 V2 区的形状或者目标的部分等，再到更高层整个目标、目标的行为等。也就是说高层的特征是低层特征的组合，从低层到高层的特征表示越来越抽象，越来越能表现语义或者意图。而抽象层面越高，存在的可能猜测就越少，就越利于分类。大脑不同的功能区域如图 4-1 所示，大脑视觉区域如图 4-2 所示。

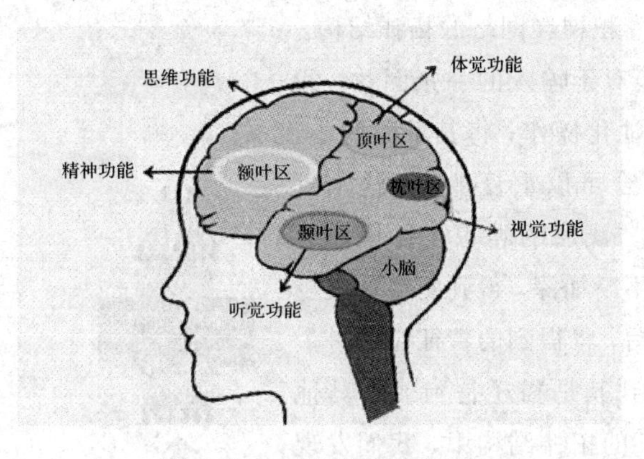

图 4-1　大脑不同功能区域

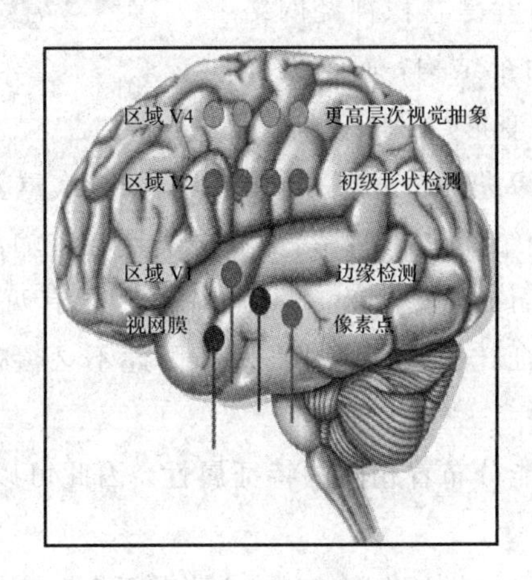

图 4-2　大脑视觉区域

受此启发，人们提出了卷积神经网络的结构，其下一层的输入是上一层相邻感受野集合的子集，而其中的关键技术卷积核就是模拟感受野的范围。值得注意的是，我们可以利用卷积神经网络模拟大脑视觉皮层神经元的机理——对边缘信息敏感以及具有特征迁移的能力，实现图像特征的高度抽象。

4.1.2　拓扑结构

卷积神经网络作为最重要的深度学习模型之一，其基本结构由输入层、卷积层、池化层、全连接层及输出层构成。若干个卷积层和池化层一般会交替排列进行特征提取工作，在提取特征后，再接一个基于全连接前馈神经网络的分类器。在特征抽取器的末尾，我们将所有的特征图展开并排列成为一个向量，称为特征向量，该特征向量作为后层分类器的输入。卷积神经网络最常用的领域就是图像分类，下面以此为例，了解卷积神经网络的拓扑结构。

如图 4-3 所示，对于输入的一张图片，我们通过对其进行卷积池化操作，将其不断变小，其中卷积与池化的组合可以重复多次，这个过程的目的是提取特征。浅层的卷积往往提取边缘特征，随着层数的不断加深，得到的特征也越来越抽象，经过堆叠后，将得到的特征拉成一个列向量进行分类，得到其是猫还是狗或者其他类别的结论。在 CNN 的拓扑结构中，我们发现与传统神经网络的最大不同就是卷积神经网络采用了卷积层和采样层这两个结构，而且采样层也可以被认为是卷积层的变形。CNN 为了实现图像分类工作，对输入图像进行一系列的卷积、池化(多次重复有助于特征提取和特征降维)、扁平化和全连接神经网络操作，最终得到一个类别标签输出。其中，卷积层可以解决图像中关键特征的提取，进而提高算法效率。另外，卷积层有两个关键特点：

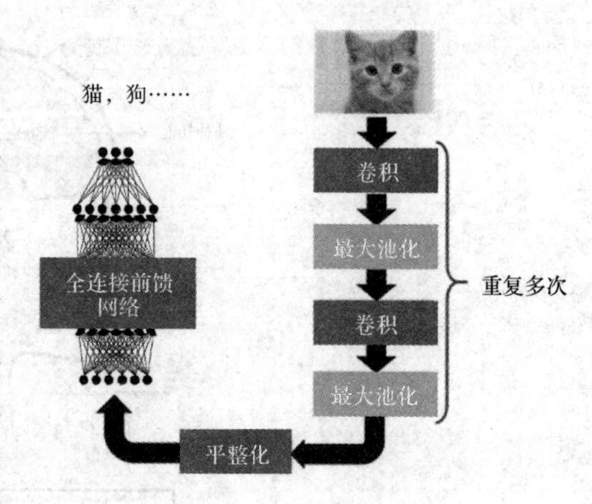

图 4-3　卷积神经网络的拓扑结构

(1) 图像的一些关键特征比整个图像小很多，因此不必覆盖整个图像进行特征发现，从而降低了网络参数。

(2) 图像的不同区域可能分布着相同的特征属性，因此可以采用相同的方式进行特征提取。

我们知道，图像像素的下采样(Subsampling)技术不会改变图像的整体信息，因此，池化层采用池化技术来减少数据量，保证了采样像素可以保持原有图像的特性。

4.1.3　网络特点

受诺贝尔奖获得者 Hubel 和 Wiesel 对猫大脑视觉皮层机理研究成果的启发，CNN 通过多层非线性变换，从数据中自动学习特征，从而代替手工设计特征过程，且深层的结构使其具有很强的表达能力和学习能力。例如，从结构来看，AlexNet、VGG、GooleNet 及 ResNet 的典型发展趋势是网络深度的不断增加。在 CNN 中，可以通过增加深度来增加网络的非线性，进而更好地拟合目标函数，获得更好的分布式特征。CNN 取得较好的实验结果主要由于以下几个特点：局部连接、权值共享、池化操作。下面我们来逐个进行讲解。

1. 局部连接

如图 4-4 所示，在卷积神经网络中，我们先选择一个局部区域，用这个局部区域去扫

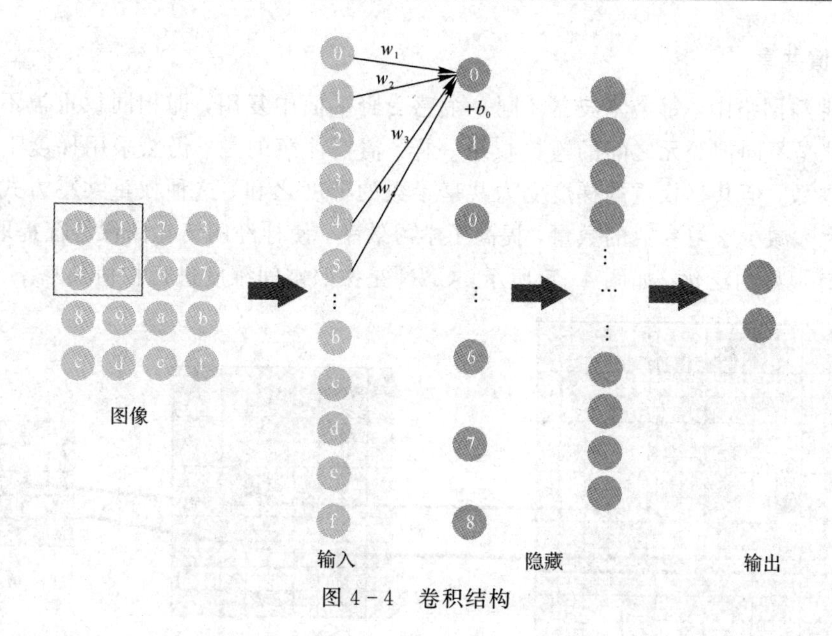

图 4－4　卷积结构

描整张图片。局部区域所圈起来的所有节点会被连接到下一层的一个节点上。为了更好地和前馈神经网络做比较，可将这些以矩阵形式排列的节点展成向量。图 4－4 展示了被方框圈中的编号为 0、1、4、5 的节点是如何通过 w_1、w_2、w_3、w_4 连接到下一层的节点 0 上的过程。

这个带有连接强弱的方框就是滤波器或卷积核，这里的卷积核大小是 2×2。第二层节点 0 的数值就是局部区域与卷积的线性组合，即被圈中节点的数值乘以对应的权重后相加。若用 x 表示输入值，y 表示输出值，用图中标注数字表示角标，下面列出了两种计算编号为 0、输出值为 y_0 的表达式。需要注意的是，在求得局部区域的线性组合后，也会与前馈神经网络一样，在结果后加上一个偏移量 b_0。

方法 1：$y_0 = \chi_0 \cdot w_1 + \chi_1 \cdot w_2 + \chi_4 \cdot w_3 + \chi_5 \cdot w_4 + b_0$

方法 2：$$y_0 = [w_1 \quad w_2 \quad w_3 \quad w_4] \cdot \begin{bmatrix} \chi_0 \\ \chi_1 \\ \chi_4 \\ \chi_5 \end{bmatrix} + b_0$$

利用神经元间的局部连接和分层网络架构，将一组神经元赋予共同的网络权重，并作用于上层网络输入的不同位置，可以得到具备平移不变并保持局部特征映射关系的卷积神经网络结构。利用局部感受野概念，图像空间中局部像素联系紧密，所以，每个神经元只需要局部感知能力，然后在更高层次综合局部信息即可。因此，局部连接大大降低了网络连接权值。

2. 权值共享

卷积神经网络中，每个滤波器在同一个感受野平面中复用，即相同权重被不同神经元共享，也就是不同神经元之间的连接权重一样。需要注意的是，仍然采用梯度下降来学习这些共享参数，但共享权重的梯度变为共享参数的梯度之和。这种权重共享方式与稀疏连接一样，大大减少学习参数的数量，提高了学习效率，使神经网络在图像特征提取、识别等问题上具有很好的泛化。如图 4-5 所示，CNN 是按照空间维度进行权值共享。

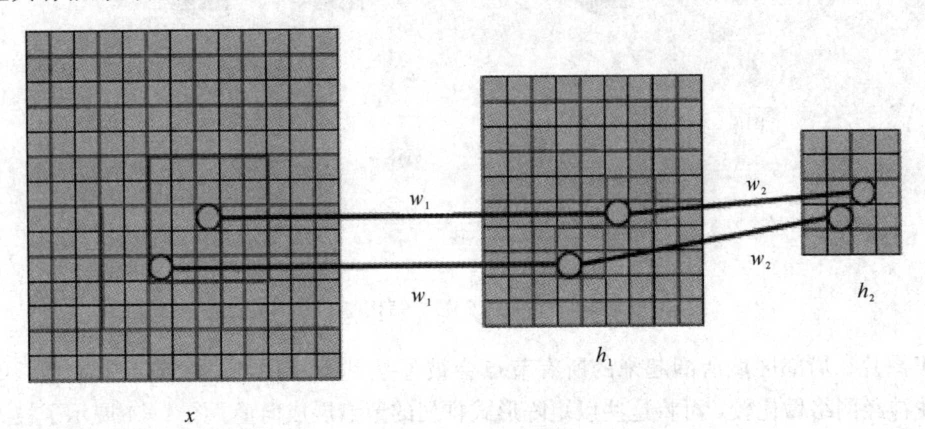

图 4-5　卷积神经网络的权值共享模式

3. 池化操作

池化可以对不同位置的特征进行聚合统计，用某个特定特征的平均值(或最大值)等聚合统计特征代表该区域的概略特性，这样不仅可以降低特征维度，还能使卷积神经网络不容易出现过拟合。常用的最大池化和平均池化方法后面会做讲解。此外，卷积神经网络的多层结构是不断地重复卷积和池化的操作，扩展了网络的深度，利于提取更加丰富的图像特征。

4.2　关键方法

学习了卷积神经网络的基本概况和网络结构后，本节主要介绍多种卷积、池化方式以及对应的激活函数。

在利用卷积神经网络之前，需要对数据进行预处理等工作。对于公共数据集，做过预处理的部分数据集可以直接在网络训练中使用，比如 MNIST 数据集。此外，常用的数据预处理方法包括去均值、归一化、白化、PCA 等。去均值是指把输入数据各个维度都中心化为 0，其目的就是把样本的中心拉回到坐标系原点上。归一化是指将数据幅度归一化到同样的范围，从而减少因各维度数据取值范围的差异而带来的干扰。白化是对数据各个特征轴上的幅度归一化。PCA 就是使用 PCA 方法对数据进行降维。图 4－6 展示了对数据进行去均值、归一化和白化后数据的分布情况。

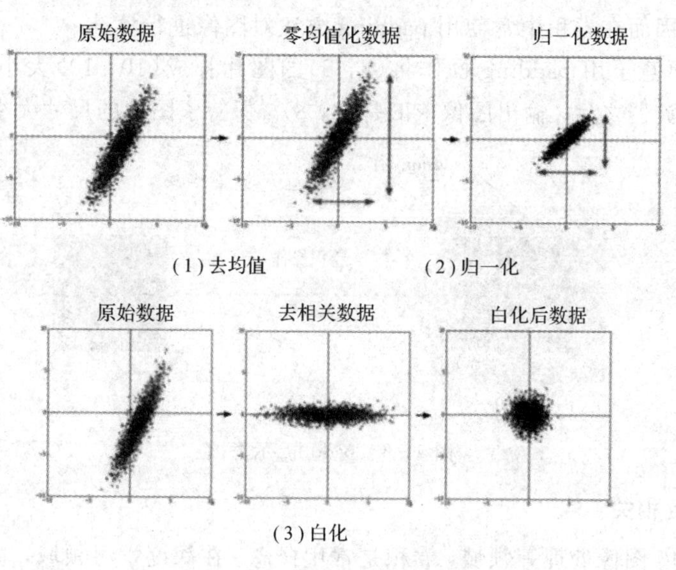

图 4－6　数据预处理效果

4.2.1　卷积

卷积是卷积神经网络的关键方法之一，主要涉及两个操作：卷积计算和窗口滑动。卷积计算是滤波器对局部数据的非线性运算过程，通过窗口滑动来完成整体数据遍历。学习卷积，还应了解卷积层的三个重要参数：卷积核大小、步长、填充。卷积核大小决定卷积的视野，常见的卷积核为 3×3 像素；步长决定卷积核遍历图像时的步子大小，默认值通常为 1；填充决定处理样本时的边界范围。图 4－7 解释了卷积深度的概念。

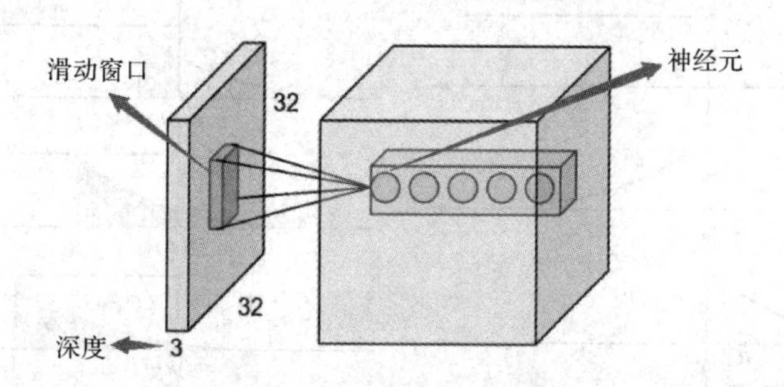

图 4－7　卷积深度示意图

对于一张 32×32 的彩色图像数据，其通道数为 3，故深度也为 3。滑动窗口大小可自行设计，需要注意的是，滤波器的深度要和输入数据深度一致。在卷积神经网络中，一般将输入数据按照(高，宽，深度)来表示，即(h, w, d)。步长则为卷积窗口滑动的间隔。

由于卷积操作会缩小图像尺寸，并且图片边缘点在卷积中被计算的次数很少，导致边缘信息易丢失。因而在卷积中常使用padding方法对图像进行填补。

图4-8即示意了用padding操作将(8，8)的图片补成(10，10)大小的过程，再经过(3，3)大小的滤波器之后，输出图像依旧是(8，8)，保持了图像的尺寸大小。

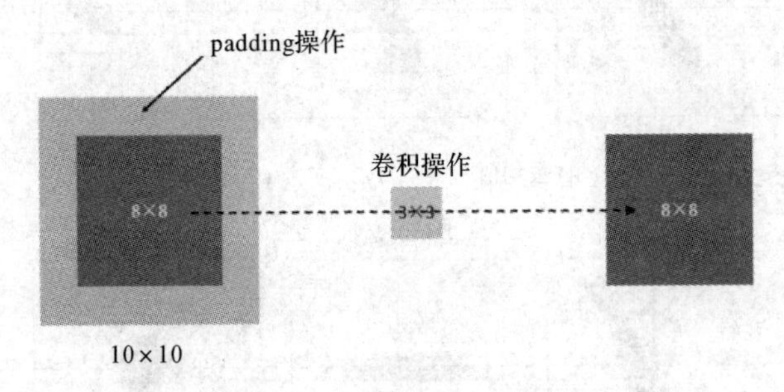

图4-8　padding示意图

1. 卷积与互相关

在信号处理、图像处理等领域，卷积是常用概念。在深度学习领域，卷积神经网络利用卷积操作实现了特征学习。深度学习中的卷积，其本质上是信号/图像处理领域内的互相关(Cross-correlation)。在信号/图像处理领域，卷积的定义如下：

$$(f*g)(t)=\int_{-\infty}^{+\infty}f(\tau)g(t-\tau)\mathrm{d}\tau \tag{1}$$

公式(1)中，两个函数卷积为一个函数经过反转和位移后与另一个函数乘积的积分，如图4-9所示。

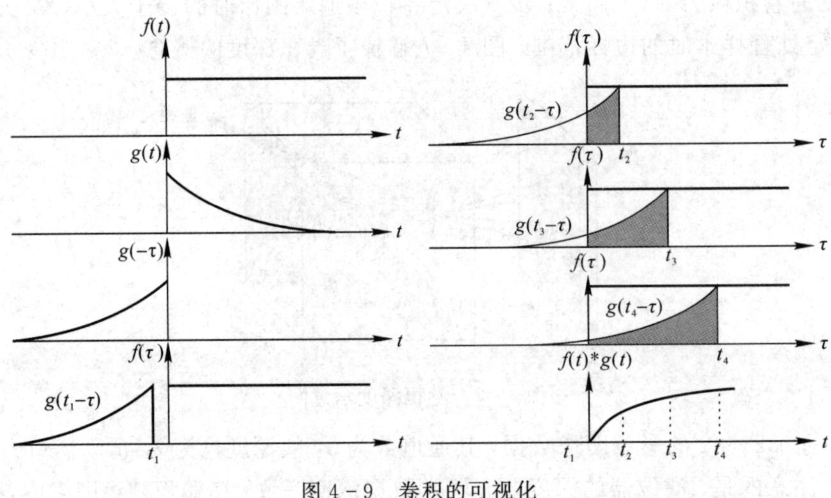

图4-9　卷积的可视化

信号处理中的卷积滤波器 g 经过反转，再沿水平轴滑动，在每一个位置，计算 f 和反转后的 g 间相交区域的面积，就是特定位置的卷积值。另一方面，互相关是两个函数的滑动点积或滑动内积，其滤波器不经过反转，而是直接滑过函数 f，即 f 与 g 之间的交叉区域为互相关。图 4－10 展示了卷积与互相关之间的差异。

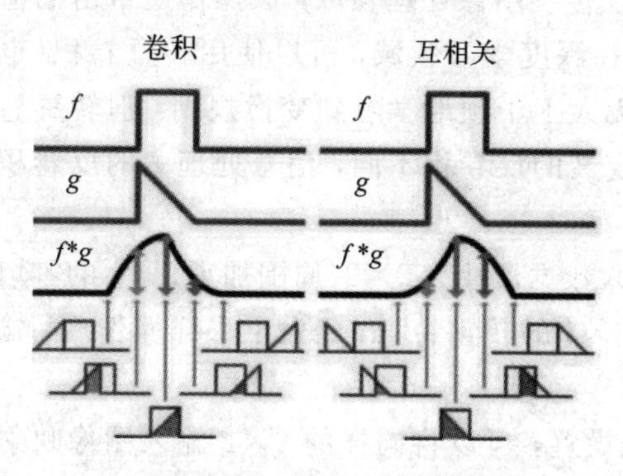

图 4－10　卷积与互相关

在深度学习中，卷积中的滤波器不经过反转。严格来讲，这是互相关的。我们本质上是执行逐元素的乘法和加法。但是，在深度学习中直接将其称为卷积更加方便，因为滤波器权重是在训练阶段学习到的。

2. 3D 卷积

如图 4－11 所示，3D 卷积是 2D 卷积的泛化，其滤波器深度小于输入层深度，即卷积核大小＜图像通道大小。因此，3D 滤波器可以在图像的高度、宽度、通道三个方向上移动，在每个位置，逐元素的乘法和加法都会提供一个数值，所以输出数值也按 3D 空间中滑动的顺序排布，最终输出一个 3D 数据。

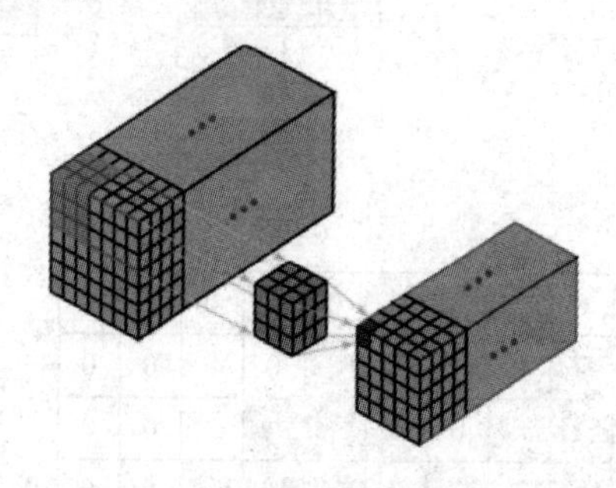

图 4－11　3D 卷积

与 2D 卷积类似，3D 卷积可以描述 3D 空间中目标的空间关系，例如，在 CT 和 MRI 中，血管之类的目标会在 3D 空间中呈现蜿蜒曲折的形态，因此，3D 卷积在生物医学影像的 3D 分割/重构方面具有重要应用。

3. 转置卷积

在卷积操作中，我们不一定只希望输入数据一味变小，比如自编码器先将图像一步步变小，得到图像的特征图，然后通过特征图又恢复到原图像大小，这个将图像一步步恢复的过程，称为转置卷积。在传统图像处理领域，该操作通常由插值法或是人工规则实现，但在深度学习领域，可以使用转置卷积(也称为反卷积)使网络模型无人工干预地学习到变换规则。但转置卷积与信号/图像处理领域定义的反卷积不同，信号处理中的反卷积是卷积的逆运算。

如图 4-12 所示，输入数据尺寸为 2×2(周围加了 2×2 的零填充)，对其应用核大小为 3×3 的转置卷积，经过上采样操作后，输出大小为 4×4。

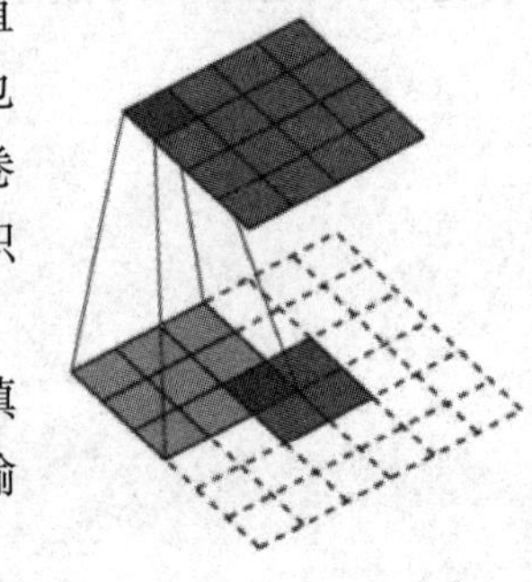

图 4-12　转置卷积

利用不同填充和步长设置，可以将同样的 2×2 输入图像映射到不同的图像尺寸。此外，在正常的卷积中，我们定义 C 为卷积核，Large 为输入图像，Small 为输出图像。经过卷积(以矩阵乘法方式实现)后，可将大图像下采样为小图像。如图 4-13 所示，将输入拉伸成一个 16×1 的矩阵，并将卷积核转换为一个 4×16 的稀疏矩阵，然后，在稀疏矩阵和输入之间使用矩阵乘法，之后，再将所得到的 4×1 矩阵转换为 2×2 输出。

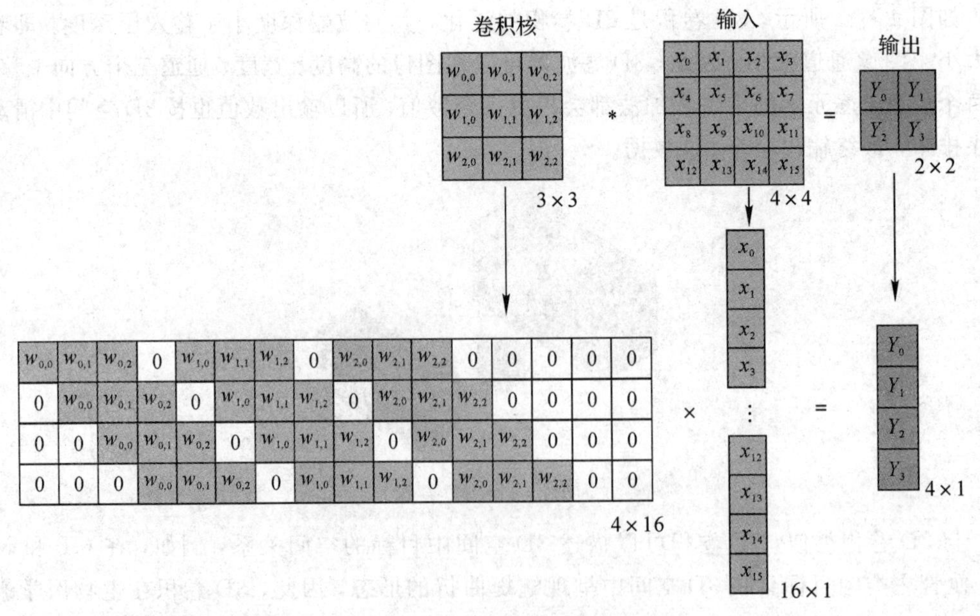

图 4-13　卷积的矩阵乘法

图 4-13 将尺寸为 4×4 的 Large 输入图像转换为尺寸为 2×2 的 Small 输出图像，同时，图 4-14 中通过矩阵转置，执行了从小图像到大图像的上采样过程。

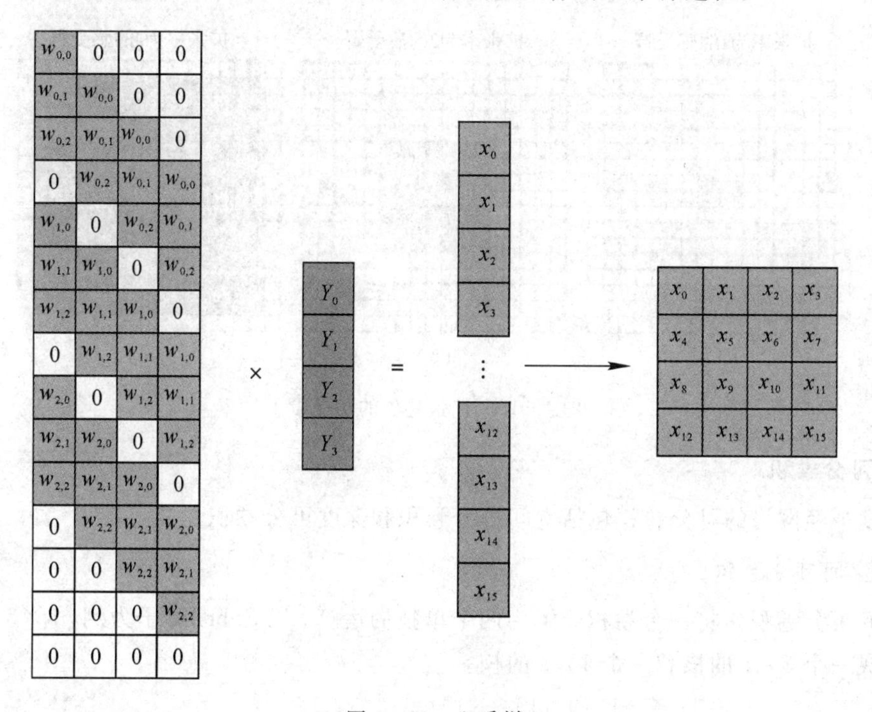

图 4-14　上采样

4. 扩张卷积

扩张卷积是标准的离散卷积，是在卷积层引入扩张率参数，该参数决定了卷积核处理数据时各值之间的间距。例如，3×3 卷积核、扩张率为 2 的卷积感受野和 5×5 卷积核的感受野相同，并且前者仅使用了 9 个参数。通过扩展卷积，保证了相同计算成本下获得更大的感受野。

扩张卷积本质上就是通过在卷积核元素之间插入空格来使核膨胀。新增参数扩张率表示我们希望将卷积核加宽的程度。如图 4-15 所示，扩张率为 1、2、4 时的卷积核大小。

如图 4-15 所示，3×3 的红点表示经过卷积后，输出图像大小为 3×3 像素。尽管所有这三个扩张卷积的输出都是同一尺寸，但模型观察到的感受野明显不同：扩张率为 1 时，感受野大小为 3×3；扩张率为 2 时，感受野大小为 7×7；扩张率为 4 时，感受野大小就增加到了 15×15。然而，这些操作相关的参数数量是相等的，却获得了更大的感受野而不会有额外参数消耗。因此，扩张卷积可用于增大输出单元的感受野，而不会增大其卷积核大小，这在多个扩张卷积彼此堆叠时尤其有效。扩张卷积经常用在实时图像分割中。当网络层需要较大的感受野，但计算资源有限而无法提高卷积核数量或大小时，可以考虑扩张卷积。

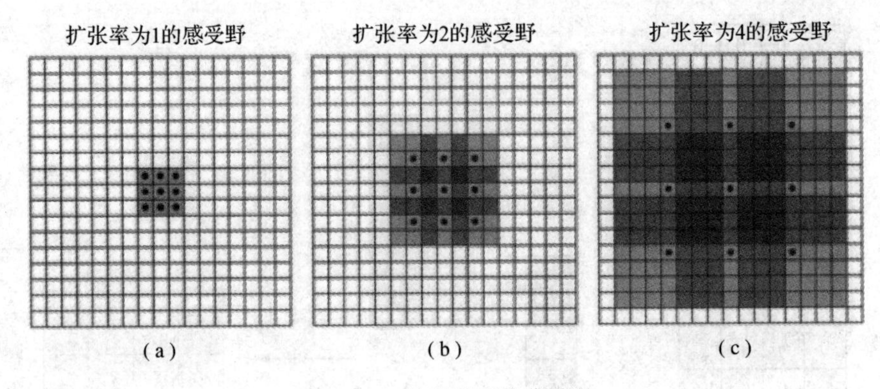

图 4-15　扩张卷积的感受野

5. 可分卷积

深度神经网络的可分卷积包括空间可分卷积和深度可分卷积。

1）空间可分卷积

空间可分卷积是将一个卷积分解为两个单独的运算。以 Sobel 算子为例，3×3 的 Sobel 核被分成一个 3×1 的核和一个 1×3 的核。

$$\begin{pmatrix} -1 & 0 & 1 \\ -2 & 0 & 2 \\ -1 & 0 & 1 \end{pmatrix} = \begin{bmatrix} 1 \\ 2 \\ 1 \end{bmatrix} \times \begin{bmatrix} -1 & 0 & 1 \end{bmatrix} \tag{2}$$

在标准卷积中，3×3 的卷积核直接与输入图像进行卷积。在空间可分卷积中，3×1 的卷积核首先与输入图像卷积，然后再应用 1×3 的卷积核。这样，执行同样的卷积操作，空间可分卷积仅需 6 个参数，而不是标准卷积的 9 个参数。

此外，使用空间可分卷积时所需的矩阵乘法也更少。以图 4-16 为例，5×5 的图像与 3×3的卷积核在步长为 1、填充为 0 的情况下做卷积时，要求在 3 个位置水平及垂直扫描，共 9 个位置(图中标记点)，在每个位置应用 9 次逐元素乘法，共计 9×9=81 次乘法。

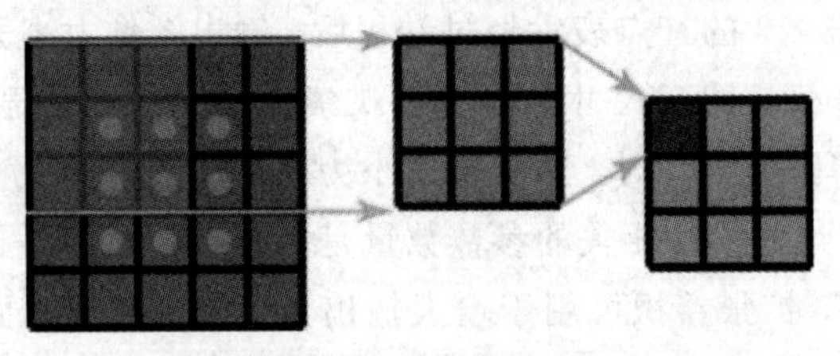

图 4-16　标准卷积

而在如图 4-17 所示的空间可分卷积中，首先在 5×5 的图像上应用一个 3×1 的滤波器，可以在水平方向的 5 个位置和垂直方向的 3 个位置扫描，共计 5×3=15 个位置(图中标记点)。在每个位置，应用 3 次逐元素乘法，共计 15×3=45 次乘法，即得到一个 3×5 的矩阵。该矩阵再与一个 1×3 的卷积核进行卷积，即在水平的 3 个位置和垂直的 3 个位置扫描这个矩阵，对 9 个位置应用 3 次逐元素乘法，共计需要 9×3=27 次乘法。综上，空间可分卷积需要 45+27=72 次乘法，少于标准卷积的计算量。

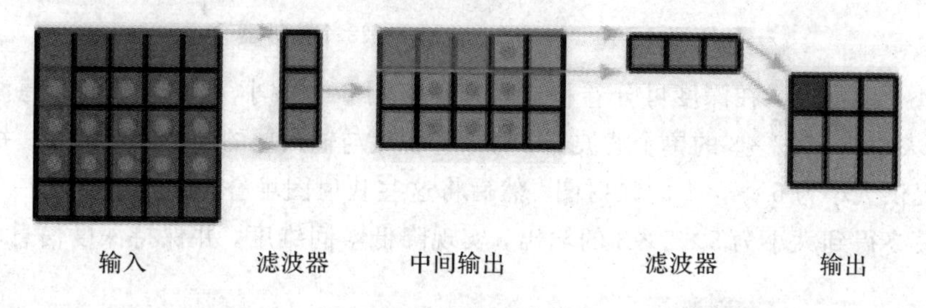

图 4-17　空间可分卷积

尽管空间可分卷积能节省成本，但深度学习所使用的卷积核并不都能分成两个更小的核，即使用空间可分卷积替代所有标准卷积，会限制卷积神经网络训练过程的遍历性，导致训练结果可能是次优的。

2）深度可分卷积

以 MobileNet 和 Xception 为代表的深度学习，主要采用深度可分卷积。首先，以图 4-18中的 2D 卷积为例，当输入层的大小是 7×7×3(高×宽×通道)，而滤波器大小是 3×3×3时，经过 2D 卷积之后，输出层的大小是 5×5×1(仅有一个通道)。

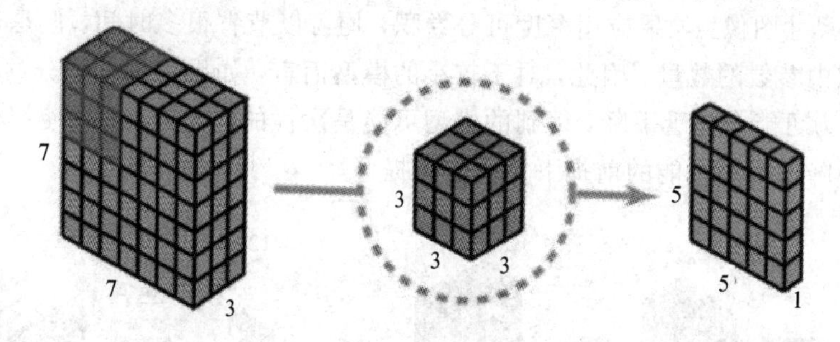

图 4-18　标准 2D 卷积及 1 个滤波器

若上述过程应用多个滤波器，如图 4-19 所示，假设有 128 个滤波器，则应用 128 个 2D 卷积之后，得到 128 个 5×5×1 的输出映射图。然后将这些映射图堆叠成大小为 5×5×128 的单层。通过这种操作，我们可将 7×7×3 尺寸的输入转换成 5×5×128 尺寸的输出，进而得到高度和宽度的空间维度变小而深度增大的结果。

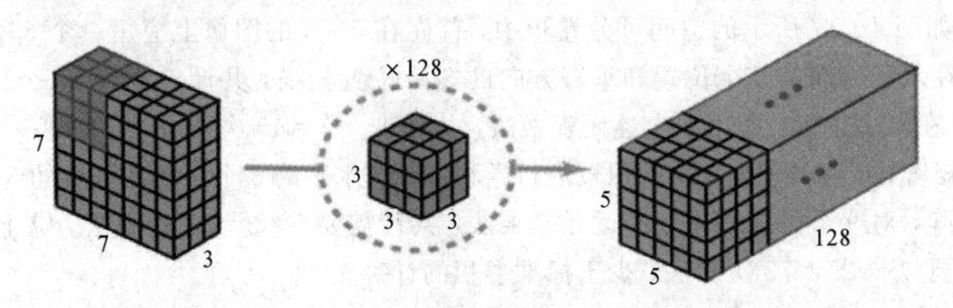

图 4-19　标准 2D 卷积及 128 个滤波器

如图 4-20 所示，在深度可分卷积中，分开使用 3 个大小为 3×3×1 的滤波器，代替 2D 卷积中大小为 3×3×3 的单个滤波器，每个卷积核与输入层的一个通道卷积。每个这样的卷积都能提供大小为 5×5×1 的映射图。然后将这些映射图堆叠在一起，创建一个 5×5×3 的图像，最终得到大小为 5×5×3 的输出，实现降低空间维度，并保持深度信息的效果。

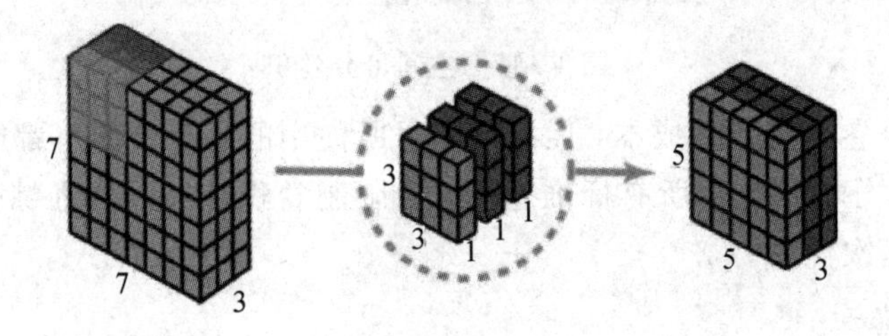

图 4-20　维度降低、深度不变

如图 4-21 所示，深度可分卷积应用多个 1×1 卷积来修改深度。可以看出，深度可分卷积的优势就是拥有更高效率。相比于 2D 卷积，深度可分卷积所需的操作要少得多。所以，对于任意尺寸图像，如果应用深度可分卷积，均可以节省很多时间。但是，深度可分卷积会降低卷积中参数的数量。因此，对于较小的模型而言，如果用深度可分卷积替代 2D 卷积，模型的能力可能会显著下降，得到的模型可能是次优的。但是，如果使用得当，深度可分卷积能在不降低模型性能的前提下实现效率提升。

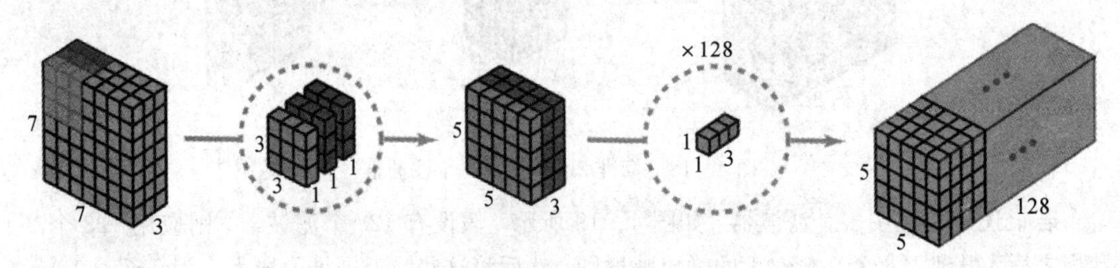

图 4-21　深度可分卷积的整个过程

4.2.2　池化

池化(Pooling)是卷积神经网络的另一个重要概念，也称为下采样，主要用于特征降维，压缩数据和参数数量，减小过拟合，同时提高模型容错性。常用的非线性池化函数包括平均池化(Average Pooling)和最大池化(Max Pooling)。其中，平均池化是将输入图像划分为若干个矩形区域，对每个子区域，以其平均值作为该区域的池化值，而最大池化是输出每个子区域的最大值。

池化可以不断减小数据空间大小，获取特征间的相对位置，因此参数数量和计算量也会下降，这在一定程度上控制了过拟合。通常来说，CNN 的卷积层之间都会周期性地插入池化层。池化层通常会作用于每个输入的特征并减小其大小。当前最常用的池化为每隔 2 个元素从图像划分出 2×2 的区块，然后对每个区块中的 4 个数取最大值，进而减少 75%的数据量。

如图 4-22 所示，模仿人类视觉系统对视觉输入图像的降维和抽象，池化操作后的输出结果相比其输入缩小了。在卷积神经网络中，池化具有特征不变性，即更加关注是否存在某些特征而不是特征具体的位置；同时，其特征降维作用，将输入空间维度范围进行约减，从而可以抽取更广范围的特征，并减少计算量和参数个数，在一定程度上防止过拟合，促进了卷积神经网络模型的进一步优化。

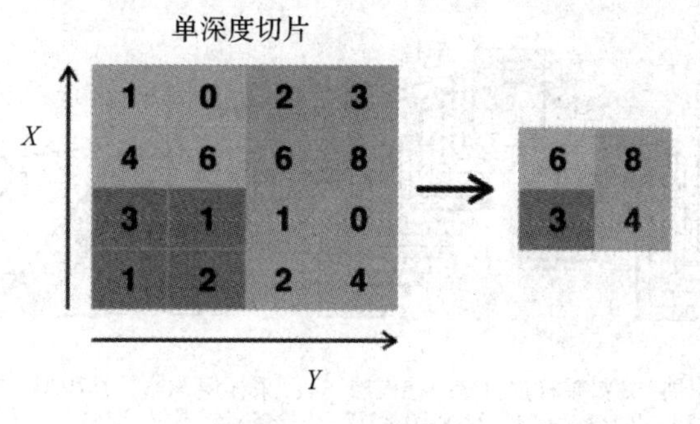

图 4-22　池化操作

4.2.3　全连接

在卷积神经网络中，全连接层(Fully Connected Layers，FC)是最后一层，起到“分类器”的作用。CNN 中，卷积、池化和激活函数等操作可以获取图像的高级特征，并将原始数据映射到隐层特征空间，全连接层的作用是将学到的“分布式特征表示”映射到样本标记空间。通常情况下，全连接层是我们在之前讲过的多隐层前馈神经网络，输出层一般使用 softmax 激活函数(也可以使用其他分类器)。其中，全连接意味着前一层网络的每个神经元都连接到下一层的每个神经元。相关具体描述可以参见本书关于神经网络基础的讲解。

4.3 常见的卷积神经网络

卷积神经网络或许是受生物学启发最成功的人工智能技术，在深度学习领域发挥了重要作用，是目前深度学习在商业领域应用的前沿。从提出至今，已涌现出大量卷积神经网络变体。

4.3.1 LeNet

LeNet 是由 2019 年图灵奖获得者、深度学习三大巨头之一的 LeCun 于 1995 年提出，它也被认为是最早的卷积神经网络模型。该模型利用卷积操作提取多个位置上的相似特征，并将卷积、池化和非线性激活函数作为一个完整序列应用于手写体数字识别问题中。如图 4－23 所示，LeNet 包括一个输入层、三个卷积层、两个下采样层、一个全连接层(图中 C 代表卷积层，S 代表下采样层，F 代表全连接层)和一个输出层，因此，LeNet 又被称为 LeNet－6，即 LeNet 是一个 6 层卷积神经网络。其中，C5 层也可以看成是一个全连接层，因为 C5 层的卷积核大小和输入图像的大小一致，都是 5×5。其中，输入为 32×32 像素的手写体图片。由于其模型较为简单，LeNet 的详细网络结构和参数在此不做赘述。

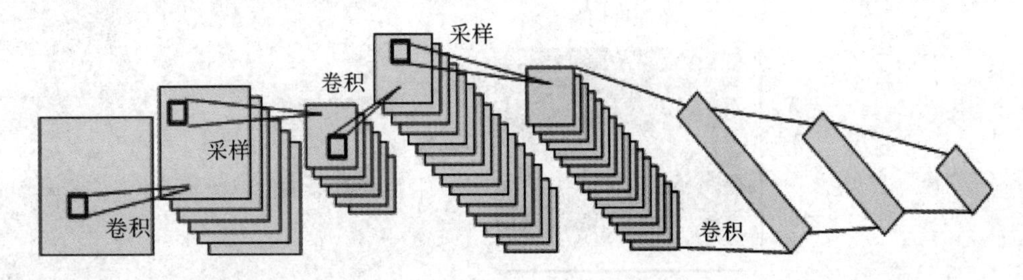

图 4－23　LeNet 网络

4.3.2 AlexNet

AlexNet 由 Hinton 的学生 Krizhevsky 于 2012 年提出，并在当年取得了 ImageNet 比赛冠军。AlexNet 继承了 LeNet 的思想，并将其扩展成为更复杂的神经网络结构。如图 4－24所示，其网络结构包含 8 个带权重的功能层，前 5 层是卷积层，剩下 3 层是全连接层，最后为全连接层输出 1 000 类物体分类概率。

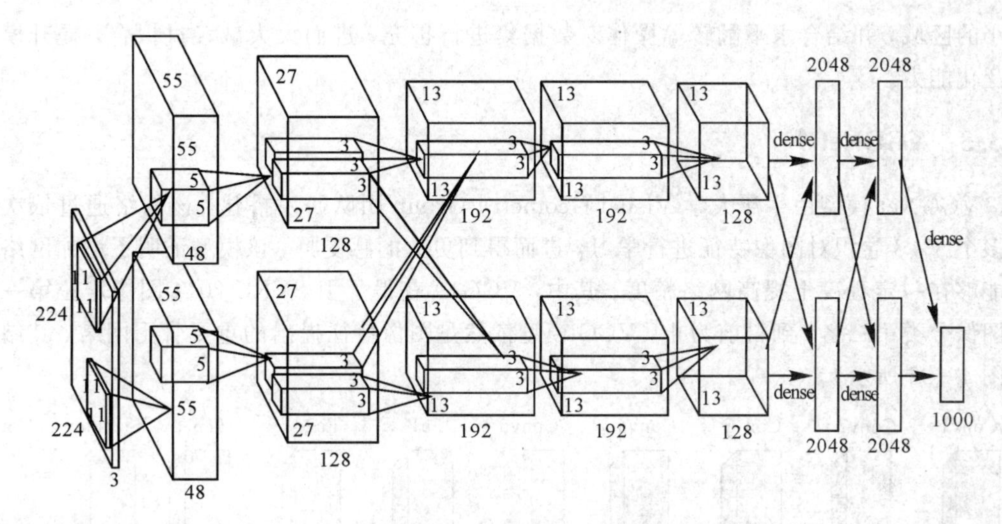

图 4-24　AlexNet 网络结构

如图 4-24 所示，AlexNet 的第一卷积层使用 11×11 的卷积核，步长为 4，第二卷积层使用 5×5 的卷积核，步长为 1，剩余卷积层都是 3×3 的卷积核，步长为 1。激活函数使用 ReLU，池化层使用最大池化，大小为 3×3，步长为 2。在全连接层增加了 dropout 训练技巧。作为掀起人工智能热潮的“功臣”，AlexNet 模型的主要贡献如下：

(1) 使用 ReLU 激活函数。由于 Sigmoid 函数在深度神经网络训练过程中易出现梯度消失情况，导致无法完成深层网络训练。ReLU 激活函数是一个分段线性函数，极大地缓解了该类问题。同时，ReLU 会使部分神经元为 0，增加网络的稀疏性，并减少参数间的依赖关系，可从一定程度上缓解过拟合问题。

(2) 使用 Dropout 训练技巧。使用 Dropout 操作可以随机忽略一部分神经元，进而避免模型的过拟合。

(3) 最大池化。CNN 中普遍使用平均池化，AlexNet 全部使用最大池化，避免平均池化的模糊化效果，同时，AlexNet 提出让步长小于池化核尺寸，实现池化层输出间的重叠和覆盖，提升特征的丰富性。

(4) 局部响应归一化。局部响应归一化 LRN(local response normalization)对局部神经元的活动创建竞争机制，使得其中响应比较大的值变得相对更大，响应小的神经元得到抑制，以增强模型的泛化能力。

(5) 双 GPU 并行。AlexNet 使用了两块 GTX580 GPU 进行网络训练，在每个 GPU 显存中储存一半的神经元的参数。同时，GPU 间通信只在 AlexNet 的某些层进行，进而控制通信性能损耗。

(6) 数据增强。AlexNet 训练中随机地从尺寸为 256×256 的原始图像中截取 224×224

大小的区域，并结合水平翻转等操作对数据集进行扩充，进而大大减轻过拟合，提升模型的泛化能力。

4.3.3 VGGNet

VGGNet模型由牛津大学 Visual Geometry Group团队研发搭建，该网络通过依次采用多个3×3卷积对图像特征进行学习，进而得到更大的感受野。该模型证明了增加网络深度能够在一定程度上提高网络精度。其中，VGG19获得了ILSVRC 2014图像定位第一名和图像分类第二名。到目前为止，VGG模型依然是图像特征提出的重要骨干网络，其结构如图4-25所示。

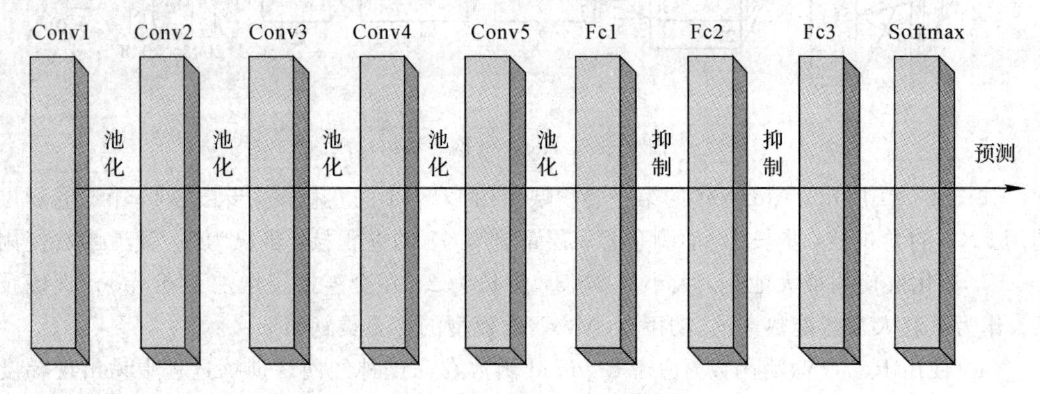

图4-25 VGG网络结构

VGGNet与AlexNet的差异在于VGGNet更深，其网络层数增加到了16～19层，并采用基础块代替网络层的思想，增加了网络构建时模型的复用性。VGG利用多个小卷积核以减少训练参数，同时增加了更多的非线性映射，提升了网络的拟合或表达能力。

4.3.4 GoogLeNet

GoogLeNet是2014年击败VGGNet获得ImageNet分类赛第一名的网络模型，与VGG模型结构相似，GoogLeNet也是构建了更深的层次结构，具有22层，500万个参数，是AlexNet参数的1/12，是VGGNet参数的1/36。因此，在内存或计算资源有限时，GoogLeNet是性能和资源利用率较好的选择。

GoogLeNet采用了Inception结构，其原始结构如图4-26所示，该结构将CNN中常用的卷积(1×1，3×3，5×5)、池化操作(3×3)堆叠在一起，一方面增加了网络的宽度，另一方面也增加了网络对图像尺度的适应性，并通过ReLU操作增加网络的非线性特征。后来，为降低计算量，Inception V1的网络结构在3×3前、5×5前、Max Pooling后分别加上了1×1卷积核，以降低特征图厚度，如图4-27所示。

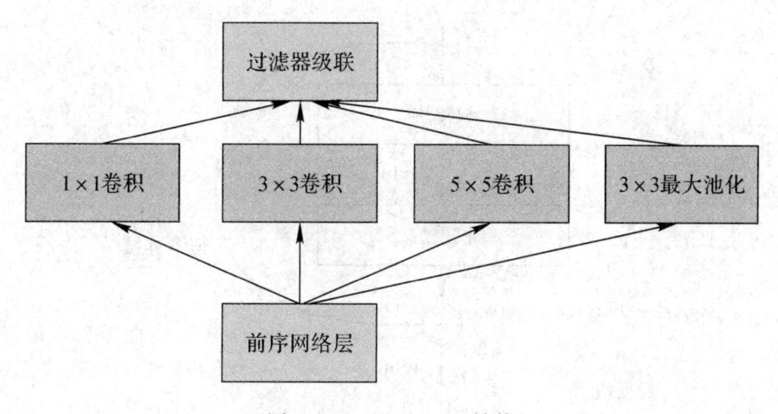

图 4－26　Inception 结构

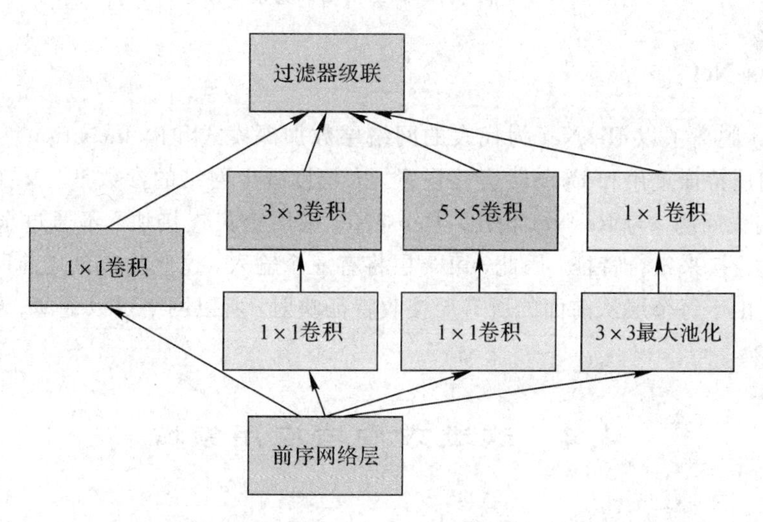

图 4－27　Inception V1 结构

4.3.5　ResNet

由于网络越深越容易出现梯度消失问题，微软研究院的何凯明等人于 2015 年提出 ResNet。该网络借鉴了跨层连接的思想，通过短接的方式，直接把某一层的输入传到输出层，短接的几层称为一个残差块，因此，ResNet 不再学习一个完整的输出，而是目标输出与输入的差值，因此后面的训练目标就是将残差结果逼近 0，使得随着网络的加深，避免了准确率下降。ResNet 成功训练了 152 层超级深的卷积神经网络，效果非常突出，在 ImageNet 大赛中获得多个第一。通过不断堆叠基本残差模块，就可以得到最终的 ResNet 模型，理论上可以无限堆叠而不改变网络性能，其基本模块如图 4－28 所示。

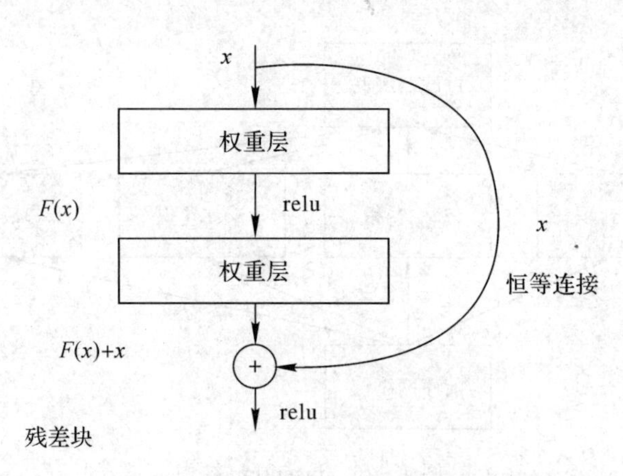

图 4-28　残差神经网络的基本模块

4.3.6 DenseNet

DenseNet 脱离了以 ResNet 为代表的网络层数加深模式和以 Inception 为代表的网络加宽思维，利用特征重用和 Bypass 旁路设置，大幅度减少网络的参数量，又在一定程度上缓解了梯度消失问题。与 ResNet 相比，DenseNet 采用密集连接块，不通过求和来组合特征，而是通过连接来组合特征。因此，第 x 层将有 x 个输入，这些输入是之前所有层提取出的特征信息。由于每个层从前面的所有层接收特征映射，所以网络可以更薄、更紧凑，即信道数可以更少。

4.4 改进方向与应用领域

4.4.1 改进方向

为了使卷积神经网络的训练效果更好，训练时间减少，所需参数量降低，利用更多的先验知识是该领域的主要改进方向。

1. 卷积核的随机初始化

为了使得每个卷积核能够抽取输入的不同特征，一般会对卷积核做随机初始化，使得在后续的反向传播中，能够学习到不同的参数。但是，这种随机初始化的方法并不能保证卷积核能够最终学习到不同的特征。不同卷积核抽取出来的特征差别并不是很大。除了常用的高斯初始化、Xavier 初始化方法以外，还可以通过改进卷积核的初始化方式来提高卷积神经网络的性能。

2. 可变卷积

目前，深度神经网络采用的卷积结构比较单一，通常采用方形卷积核提取数据特征。事实上，数据本身蕴含着极为丰富的结构信息，尤其在图像领域更是如此，传统的卷积结构往往会忽略这种特征，采用可变卷积可以更好地关注数据结构，如果卷积操作可以自主地适应图像的几何结构，将会得到泛化能力更强的网络模型。

3. 轻量级卷积神经网络

目前的卷积神经网络需要较大的训练数据量，尤其，在训练过程中参数量十分巨大，如何设计轻量级的卷积神经网络，以使得用更少的模型参数、更少的训练数据得到同等性能的网络模型，是目前改进的方向之一。

4.4.2 应用领域

近年来，CNN 的局部连接、权值共享等优良特性使其受到了许多研究者的关注，并在以计算机视觉为代表的前沿领域取得了重要突破和应用。

1. 金融领域应用

在金融领域既有大量用户基本信息的静态数据，又有描述用户行为的动态数据，可为以 CNN 为代表的深度学习提供大量的训练样本数据，因此，可以利用 CNN 优秀的特征提取能力解决用户信用风险评估的分类预测问题。尤其，CNN 在变量选取、组合衍生中发挥着重要作用，在信用风险评估领域有着极大的应用空间，此外，CNN 可以对证券指数收益率进行预测，以降低金融投资风险。

2. 计算机视觉领域应用

卷积神经网络(CNN)已成为计算机视觉的“利器”：在图像分类检索中，CNN 可以节省大量人工成本，对图像进行有效的分类检索；在视频分析中，CNN 可以解决遮挡、动态等复杂场景的视频分析问题；在目标定位监测中，CNN 可以在自动驾驶、安防等重要领域实现较高精度的图像目标定位；在目标分割中，CNN 可以对前景和背景进行像素级区分，对视频后期加工、图像生成具有重要推动作用；在人体姿态估计中，通过识别人体骨骼关节点生成身体骨骼关节的概略图，在动作追踪、安防、电影、图像视频生成、VR 游戏等方面具有重要应用。

3. 自然语言处理

在自然语言处理中，卷积神经网络的卷积核通常覆盖上下几行的词，所以此时卷积核的宽度与输入的宽度相同，通过这样的方式，我们就能够捕捉到多个连续词之间的特征。因为其具备多窗口并行处理能力，CNN 已在问答系统、搜索结果提取、句子建模、预测等

NLP任务中得到了广泛应用，尤其，在以语义分析、垃圾邮件检测和话题分类为代表的分类任务中具有良好性能。

4. 医疗领域应用

在医疗领域，卷积神经网络可以用来预测分子与蛋白质之间的相互作用，并以此来寻找靶向位点，找寻出可能更安全和有效的潜在治疗方法。在医疗康复保障器材方面，基于CNN的人体姿态估计，可以辅助运动障碍患者进行更加科学、高效的运动康复。

此外，以AlphaGo为代表的围棋智能程序，其关键算法也有卷积神经网络的支持，展示了深度学习在围棋领域的重大突破。

4.5 温故知新

本章从原理、方法、应用三个角度讲解卷积神经网络，并着重对常见的卷积神经网络模型进行介绍，需要读者掌握的知识点主要有：

(1) CNN的生物机理，了解其思维起源及网络拓扑结构。

(2) CNN的关键方法中卷积、池化的常见实现方式及原理。

(3) 常见的卷积神经网络模型特点，在实践中可根据实际情况进行选择。

(4) 卷积神经网络改进方向中卷积核初始化、可变卷积，以及轻量级神经网络的基本思想，为下一步深入研究奠定基础。

4.6 习题

习题4-1　深度学习是近十年机器学习领域发展最快的一个分支，由于其重要性，三位教授(Geoffrey Hinton、Yann LeCun、Yoshua Bengio)因此同获图灵奖。深度学习模型的发展可以追溯到1958年的感知机(Perceptron)。1943年神经网络就已经出现雏形(源自NeuroScience)，1958年研究认知的心理学家Frank发明了感知机，当时掀起一股热潮。后来Marvin Minsky(人工智能大师)和Seymour Papert发现感知机的缺陷：不能处理异或回路等非线性问题，以及当时存在计算能力不足以处理大型神经网络的问题，于是整个神经网络的研究进入停滞期。

请结合本章讲解的卷积神经网络，梳理卷积神经网络的发展脉络。

习题4-2　Yann LeCun是人工智能领域三大奠基人之一，美国工程院院士，Facebook人工智能研究院院长，被称为“卷积网络之父”。他以使用卷积神经网络(CNN)进行光学字符识别和计算机视觉方面的工作而闻名。结合本章所讲授知识，请试着运行LeNet模型，训练一个可以进行手写体数字识别的神经网络。

参考资源

1. 斯坦福大学卷积神经网络课程(CS231n：Convolutional Neural Networks(CNN) for Visual Recognition)，由著名华人AI学者李飞飞担任主讲，地址：http：//cs231n. github. io/和 http：// study. 163. com/ course/ introduction/ 1003223001. htm# / courseDetail.

2. 三位世界级AI顶级大牛 Yann LeCun、Yoshua Bengio、Geoffrey Hinton 合著论文《Deep learning》，地址：https：//www. cs. toronto. edu/ ～hinton/absps/ NatureDeep Review. pdf 和 http：//www. csdn. net/article/2015－06－01/2824811.

3. Deep Learning 学习笔记整理系列，地址：http：//blog. csdn. net/ zouxy09/ article/ details/ 8775360/.

4. 计算机图形学研究报告，地址：https：//www. aminer. cn/ research_report/ 5c2edcae81ecb98 18a800700? download＝true&pathname＝cg. pdf.

5. AlphaGo Zero 的论文，地址：https：//www. gwern. net/docs/rl/2017－silver. pdf.

6. 数据集 MNIST Data，地址：http：//yann. lecun. com/exdb/mnist/.

第5章 生成式对抗网络方法解析

生成式对抗网络(Generative Adversarial Networks, GAN)自2014年提出后，在多个领域得到了广泛应用。其优点在于：不需要有大量标注数据就可以学习数据深度表征，可通过反向传播算法分别更新深度生成网络和深度判别网络的参数，使两个网络竞争学习，从而达到训练的目的。在无监督领域，GAN可以实现数据集扩充、图像风格迁移，可以将任意输入图像转换成梵高风格的画作等，这些应用引起了人们的研究兴趣。此外，AlphaGo的世界级轰动，也源于两个网络相互对抗博弈的学习策略。

本章我们将讲解生成式对抗网络的基本原理、改进方向及其应用情况，具体知识点包括：

· GAN的原理、网络模型。

· GAN的重要方法、改进模型。

· GAN的应用领域。

5.1 生成模型概述

传统生成模型的任务是预测联合概率分布 $P(x, y)$，但早期，基于神经网络的生成模型一直没有引起机器学习领域的关注。2006年，Hinton基于受限玻尔兹曼机(RBM)设计了一个机器学习的生成模型Deep Belief Network，并使用逐层贪婪或者wake-sleep的方法进行训练，这个模型正是深度学习的开端。

Auto-Encoder也是20世纪80年代Hinton提出的模型，后来随着计算能力的进步也重新登上舞台。Bengio等人又提出了针对数据噪音的Denoise Auto-Encoder。MaxWelling等人基于变分推断，利用神经网络训练具有23层隐变量的图模型，即Variational Auto-Encoder，该模型可利用隐变量的分布采样和Decoder网络直接生成样本。

生成式对抗网络(GAN)于2014年由Ian Goodfellow提出，它是一个通过判别器和生成器进行对抗训练的生成模型，具体讲就是模型直接使用神经网络隐式建模样本整体的概率分布，每次运行相当于从分布中采样。后续研究成果包括：DCGAN基于卷积神经网络实现；WGAN利用Wasserstein距离替换原来的JS散度来度量分布之间的相似性，以提高训练稳定性；PGGAN通过逐层增大网络，可以生成逼真的人脸。

GAN的思想源于一种博弈思想(two-player game)，博弈双方的利益之和是一个常数，比如两个人掰手腕，假设总的空间是一定的，你的力气大一点，那你就得到的空间多一点，相应的我的空间就少一点，相反我力气大我就得到的多一点，但有一点是确定的，就是两个人的总空间是一定的、总利益是一定的，这就是二人博弈。GAN 的训练学习思想看似“自相矛盾”，与现实生活中警察与小偷的例子类似，具有判别能力的警察和小偷就是在这种思想的指引下不断此消彼长地动态博弈着。这个博弈过程的双方主要包括判别器(警察)和生成器(小偷)，而他们最主要的区别在于判别器不断学习不同分类之间的差异，而生成器学习样本的数据分布特征。

5.2　网络模型

生成式对抗网络主要包括生成器和判别器两个部分。生成器的任务是将随机采样服从均匀分布或是正态分布的噪声数据 z 转换为合成的数据 $G(z)$；判别器的作用是输入一个真实样本数据 X 或合成数据 $G(z)$，输出该样本为真实数据的概率，简单来说，判别器的本质为一个二分类器。在训练过程中，生成器努力地想生成足以以假乱真的合成数据，而判别器则希望自己可以正确地区分真假数据，二者通过对抗迭代，最终达到纳什均衡。此时，生成器生成的数据可以拟合真实的样本分布，判别器无法正确地区分真假样本。综上所述，GAN 的抽象模型如图 5-1 所示。

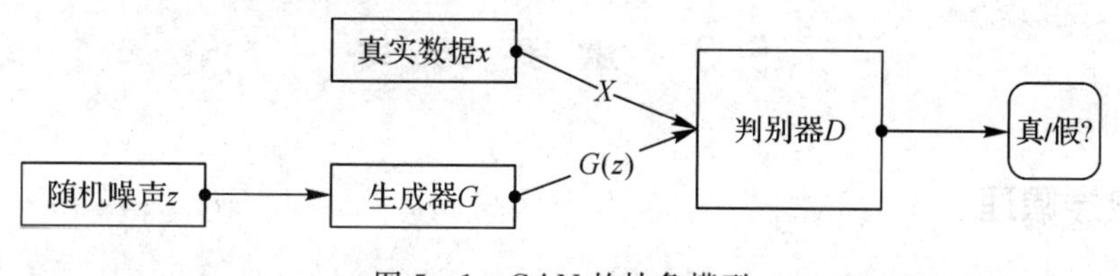

图 5-1　GAN 的抽象模型

若用 P_{data} 表示真实数据分布，z 表示噪声分布，则生成式对抗网络的训练过程可以定义如下：

$$L(D,G)=E_{x\sim P_{data}(x)}[\log D(X)]+E_{z\sim P_{noise}(z)}[\log(1-D(G(z)))]\rightarrow\min_G\max_D \quad (1)$$

生成式对抗网络本质为一种生成模型，与其他生成模型相比，只需要误差反向传播算法而不需要复杂的马尔科夫链。同时，由于其本身的训练模式属于无监督训练，因此可以广泛地应用到无监督学习和半监督学习上。在图像处理领域，生成器不断生成可以以假乱真的图像，而判别器不断提高识别生成器生成假图像的能力。通过不断训练博弈，此消彼长，最终，判别器不能区分生成图像数据 P_G 和真实图像数据 P_{data} 之间的差别，即 $D(x,\ \theta\_d)=1/2$ 时，整个训练过程达到了生成器与判别器间的平衡。

以手写体数字为例，生成式对抗网络的详细结构如图 5-2 所示。生成器网络和判别器网络均为卷积神经网络结构，内部结构由卷积层和池化层堆叠组合而成。生成器网络的输入是随机噪声，噪声通过生成器生成规定大小的假样本，并和训练样本一同输入判别器网络，由判别器网络给输入的样本标明它是真还是假的标签，生成器网络和判别器网络进行交替训练，最终使得生成器能够生成和真实样本相似的样本。值得注意的是，在整个训练过程中，我们都不需要知道训练样本的类别标签，因而整个训练过程是一个无监督的过程。

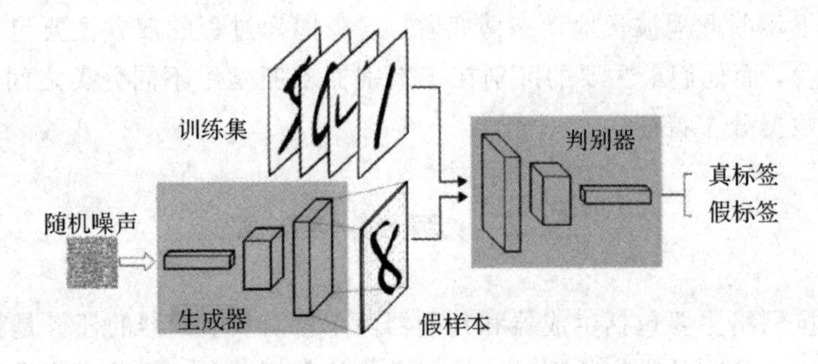

图 5-2　基于生成式对抗网络的手写字识别

如图 5-2 所示，真实的样本就是手写体数字，对于判别器来说，我们不需要知道数字的标签信息，只需要知道它是真实的样本就可以了。对于生成器而言，我们只需要其输出分布是接近于真实样本分布的，并不要求它输出数字的类标。也就是说，判别器收到的标签仅仅是我们人为规定的真样本和假样本。

5.3　重要方法

5.3.1　数学原理

在学习 GAN 的网络模型后，我们还需要从数学原理角度对 GAN 的深层理论进行学习，只有这样，才能更充分地认识 GAN 的魅力所在，以及会产生什么样的问题。首先我们需要了解一些基础知识。

KL 散度(KL divergence)是统计学中的一个概念，用来衡量两种概率分布的相似程度，它的值越小，代表两种概率分布越接近。

对于离散的概率分布，其 KL 散度定义如下：

$$D_{\mathrm{KL}}(P,Q)=\sum_i P(i)\log\frac{P(i)}{Q(i)} \tag{2}$$

对于连续的概率分布，其 KL 散度定义如下：

$$D_{\mathrm{KL}}(P,Q)=\int_{-\infty}^{+\infty}P(x)\log\frac{P(x)}{Q(x)}\mathrm{d}x \tag{3}$$

根据前面讲解的生成式对抗网络，不难联想到，生成器网络的最终任务是让输入的噪声经过变换后得到的数据分布和真实数据的分布差距很小，甚至服从同一分布。那么，如何判别生成器是否达到预期目标呢？KL 散度正好为我们提供了一个判断方式，如图 5-3 所示，利用数学语言我们可以这样描述 GAN 网络所面对的问题：

我们想要将一个随机高斯噪声 z 通过生成网络 G 得到一个和真的数据分布 $P_{\text{data}}(x)$ 差不多的生成分布 $P_G(x;\theta)$，其中，参数 θ 由网络参数决定，我们希望找到 θ，使得 $P_G(x;\theta)$ 和 $p_{\text{data}}(x)$ 尽可能接近。

我们从真实数据分布 $P_{\text{data}}(x)$ 里取样 m 个点 $x^1, x^2, \cdots, x^m$，根据给定的参数 θ，我们可以计算概率 $P_G(x^i;\theta)$，那么生成这 m 个样本数据的似然就是：

$$L = \prod_{i=1}^{m} P_G(x^i;\theta) \tag{4}$$

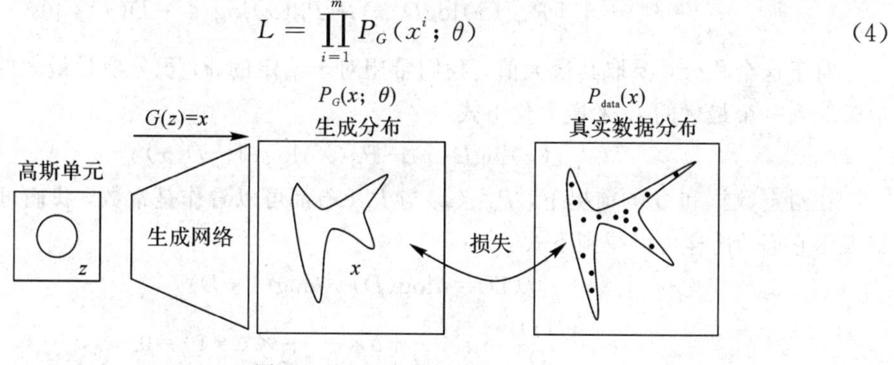

图 5-3　GAN 的原理

下面，我们来最大化这个似然估计：

$$\begin{aligned}
\theta^* &= \arg\max_\theta \prod_{i=1}^{m} P_G(x^i;\theta) = \arg\max_\theta \ \log \prod_{i=1}^{m} P_G(x^i;\theta) \\
&= \arg\max_\theta \sum_{i=1}^{m} \log P_G(x^i;\theta) \approx \arg\max_\theta E_{x\sim P_{\text{data}}}[\log P_G(x^i;\theta)] \\
&= \arg\max_\theta \int_x P_{\text{data}}(x)\log P_G(x;\theta)\mathrm{d}x - \int_x P_{\text{data}}(x)\log P_{\text{data}}(x)\mathrm{d}x \\
&= \arg\max_\theta \int_x P_{\text{data}}(x)[\log P_G(x;\theta) - \log P_{\text{data}}(x)]\mathrm{d}x \\
&= \arg\min_\theta \int_x P_{\text{data}}(x)\log \frac{P_{\text{data}}(x)}{P_G(x;\theta)}\mathrm{d}x \\
&= \arg\min_\theta \mathrm{KL}(P_{\text{data}}(x) \parallel P_G(x;\theta))
\end{aligned} \tag{5}$$

推导到最后，得到了我们想要的最小化生成数据和真实数据之间的分布，上述过程就是对网络参数 θ 进行最大似然估计。但接下来需要解决 $P_G(x^i;\theta)$ 的计算问题。这里我们换个角度，反向来推导求解。

回忆 5.2 小节中的式(1)：

$$L(D,G)=E_{x\sim P_{\text{data}}(x)}[\log D(x)]+E_{z\sim P_{\text{noise}}(z)}[\log(1-D(G(z)))]\rightarrow\min_G\max_D$$

在证明中，固定生成器 G，调整判别器 D，最大化这个函数，则得到我们推导的似然；然后在此基础上固定 D，调整 G，最小化这个函数，则为极大似然估计；不断交替进行，则实现逐渐优化。下面证明固定 G 的情况，如果成立，由上面的推导可知固定 D 的情况也必然正确。

首先，给定生成器 G，调整判别器 D，最大化 $V(G,D)$，我们先将其展开：

$$\begin{aligned}V&=E_{x\sim P_{\text{data}}}[\log D(x)]+E_{x\sim P_G}[\log(1-D(x))]\\&=\int_x P_{\text{data}}(x)\log D(x)\mathrm{d}x+\int_x P_G(x)\log(1-D(x))\mathrm{d}x\\&=\int_x[P_{\text{data}}(x)\log D(x)+P_G(x)\log(1-D(x))]\mathrm{d}x\end{aligned}\tag{6}$$

对于这个积分，要取其最大值，我们希望对于给定的 x，积分项是最大的，也就是我们希望取到一个最优的 D 来最大化下式：

$$P_{\text{data}}(x)\log D(x)+P_G(X)\log(1-D(x))\tag{7}$$

在给定数据和 G 的前提下，$P_{\text{data}}(x)$ 与 $P_G(x)$ 都可以看作是常数，我们可以分别用 a、b 来表示它们，这样可以得到下式：

$$f(D)=a\log(D)+b\log(1-D)\tag{8}$$

$$\frac{\mathrm{d}f(D)}{\mathrm{d}D}=a\times\frac{1}{D}+b\times\frac{1}{1-D}\times(-1)=0\tag{9}$$

$$a\times\frac{1}{D^*}=b\times\frac{1}{1-D^*}\Leftrightarrow a\times(1-D^*)=b\times D^*\tag{10}$$

$$D^*(x)=\frac{P_{\text{data}}(x)}{P_{\text{data}}(x)+P_G(x)}\tag{11}$$

综上，即求得在给定 G 的前提下，使 $V(D)$ 取得最大值的 D。我们将 D 代回原来的 $V(G,D)$，得到如下结果：

$$\begin{aligned}\max V(G,D)&=V(G,D^*)\\&=E_{x\sim P_{\text{data}}}\left[\log\frac{P_{\text{data}}(x)}{P_{\text{data}}(x)+P_G(x)}\right]+E_{x\sim P_G}\left[\log\frac{P_G(x)}{P_{\text{data}}(x)+P_G(x)}\right]\\&=\int_x P_{\text{data}}(x)\log\frac{\frac{1}{2}P_{\text{data}}}{\frac{P_{\text{data}}(x)+P_G(x)}{2}}\mathrm{d}x+\int_x P_G(x)\log\frac{\frac{1}{2}P_G(x)}{\frac{P_{\text{data}}(x)+P_G(x)}{2}}\mathrm{d}x\\&=-2\log2+\mathrm{KL}\left(P_{\text{data}}(x)\middle\|\frac{P_{\text{data}}(x)+P_G(x)}{2}\right)+\mathrm{KL}\left(P_G(x)\middle\|\frac{P_{\text{data}}(x)+P_G(x)}{2}\right)\end{aligned}\tag{12}$$

因为我们取 D 使得 $V(G,D)$ 取得最大值，这个时候的最大值由两个 KL divergence 构成，相当于这个最大值就是衡量 $P_G(x)$ 与 $P_{\text{data}}(x)$ 的差异程度，因而，GAN 的数学模型取为：$\arg\min_{G}\max_{D} V(G, D)$。

其实再向下多写一步：

$$\begin{aligned}\arg\min_{G}\max_{D} V(G, D) &= \mathrm{KL}\left(P_{\text{data}}(x)\middle\|\frac{P_{\text{data}}(x)+P_G(x)}{2}\right)+\mathrm{KL}\left(P_{\text{data}}(x)\middle\|\frac{P_G(x)+P_G(x)}{2}\right)-2\log 2\\ &= 2\cdot \mathrm{JS}(P_{\text{data}}(x)\|P_G(x))-2\log 2 \end{aligned} \tag{13}$$

JS 散度也可以用来衡量数据分布。这样，既能够生成一个和原分布尽可能接近的分布，又摆脱了极大似然估计的计算，所以，GAN 本质是改变了模型的训练过程。

5.3.2　训练机制

通过上面的数学推导，我们可以很容易地理解 GAN 的训练机制，其工作示意图如图 5-4所示。

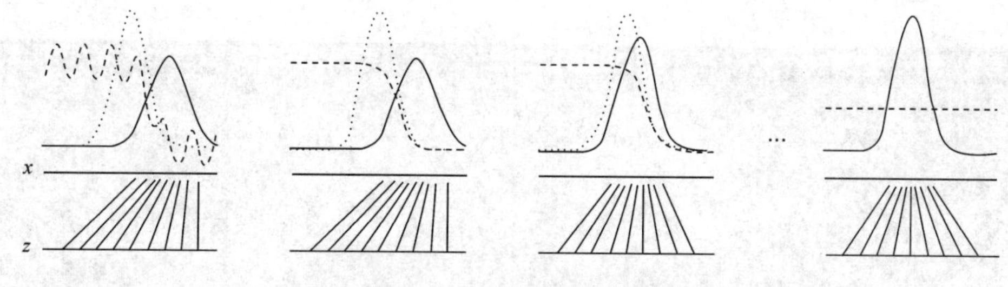

图 5-4　GAN 的训练机制

图中，虚线表示判别器，实线表示生成样本数据分布，黑色的点表示真实数据分布，较低的水平线表示随机噪音，较高的水平线表示真实样本，指向样本的箭头表示从噪音到样本的映射。第一幅图表示初始化时 GAN 的工作状态。可以看出，判别模型是无法很好地区分真实样本和生成样本的。第二幅图表示固定生成器优化判别器。可以看出，更新后的判别器已经具有一定的判别能力。第三幅图表示固定判别器更新生成器，梯度能够指导生成器生成的数据指向更可能被判别器生成数据的区域，试图让判别模型无法区分生成数据与真实数据，在更新生成器模型的过程中，可以看出生成的数据分布与真实数据的分布更加接近。生成器和判别器不断对抗优化，直到最终收敛，生成分布和真实分布重合，如最后一幅图所示。

整个训练过程，生成器网络和判别器网络都是交替迭代更新的，也就是说，当交替更新优化判别器和生成器的时候，判别器会逐渐接近最优，生成器也会使真实数据的分布和生成数据的分布间的 JS 散度越来越小，也就是生成器最终会使真实数据和生成数据的分布非常接近。

5.3.3　训练技巧

通过对 GAN 数学原理和训练机制的学习，可以发现，生成式对抗网络其实同时训练了两个深度卷积网络。虽然在理论上，我们证明了纳什均衡是可以达到的，但是在实际训练中，很难做到这一点。由于生成器和判别器的对抗过程不容易把控，也没有很好的理论证明两个对抗网络更新的间隔，我们只能凭借经验进行参数的设置，那么训练过程就很可能出现不稳定的情况。此外，GAN 网络结构的构造缺乏理论性，只能通过不断的实验来判断网络结构的合理性，这增加了训练的困难。

生成式对抗网络最容易出现的问题就是生成的样本模式单一，也就是存在模式崩溃(Collapse Mode)现象，即某一类数据生成过多，而其他类数据生成过少。以手写体数字为例，如图 5-5 所示，生成器为了“偷懒”，只生成数字 6，这个数字足以达到以假乱真的程度，可以迷惑判别器，满足我们对网络限制的一切条件，无论迭代多少次，生成的样本都没有什么变化，但对我们的实际要求用处不大。如何找到一种能够稳定训练的方法一直是生成式对抗网络研究的热点和难点。

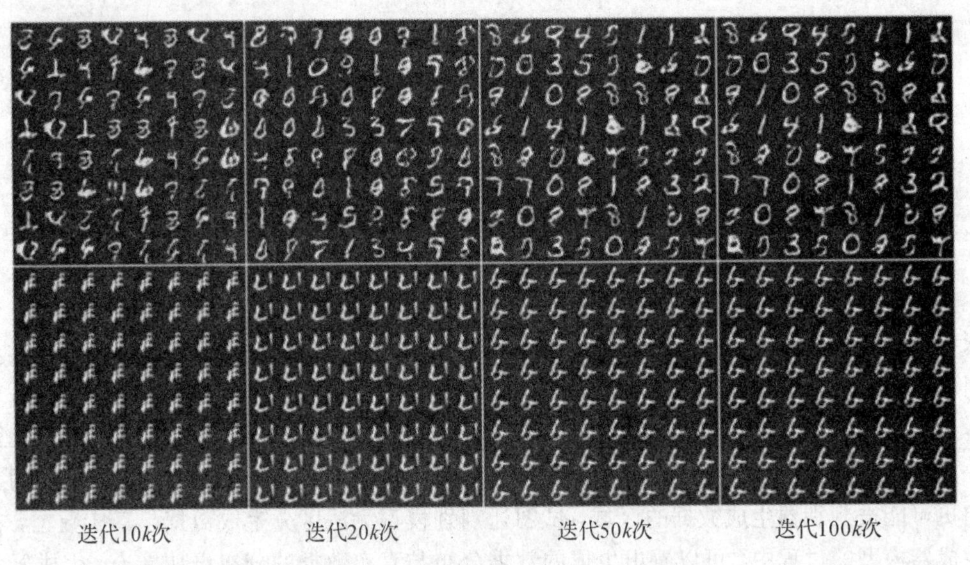

图 5-5　生成式对抗网络训练失败的结果

此外，网络不收敛也是常出现的问题，可能因为交替的训练，导致模型参数震荡、动摇，损失值来回跳跃，不论生成器输出迭代多少次，都是噪声形式的图像。甚至有时判别器训练得太成功了而生成器梯度消失，导致生成器网络什么也没学到。为了缓解这些问题，我们常常在网络训练中，使用如下技巧：

(1) 采用更大的卷积核。在训练过程中，我们常常使用 3×3 的卷积核，但其实较大的卷积核可以关注到图像的更多信息，尤其是对于前几层网络，我们不妨在一二层尝试使用 7×7 或 5×5 的卷积核来提取图像特征。在后面我们即将介绍的几种改进模型中，就使用了这个技巧。我们还可以使用更多数量的卷积核，虽然卷积核的数量提升会大幅增加参数的数量，但也可以提取到更多的图像信息，尤其在生成器网络中，使用更多的卷积核可以帮助我们提升生成图像的质量。一般来说卷积核数量取 64、128、256。

(2) 使用软标签和带噪声标签。这一点在训练判别器时极为重要。使用硬标签，即真实样本标签为 1，生成样本标签为 0，容易在网络刚一开始训练就有失败的倾向，使得判别器网络的损失趋于 0。为了使判别器不以压倒性优势胜利，我们可以采取软标签的方式，即用一个 0～0.1 之间的随机数来代表生成样本，用一个 0.9～1 之间的随机数来代表真实图像。

此外，添加一些带噪声的标签是有所帮助的。在实验中，我们将输入给判别器的图像中一定比例的标签随机进行了反转，即将真实图像标记为生成图像、生成图像标记为真实图像。该方法也有助于生成器网络的训练。

(3) 反转标签。标签反转就是说，如果一开始使用的是真实图像标签为 1、生成图像标签为 0 的分配方法，保存模型后，将标签反转过来会对训练有所帮助。其实这个操作和使用软标签的目的是一样的，防止判别器学得过快，因为相比较而言，在训练的一开始，判别器往往很容易区分真假样本，所以就有必要在训练初始加快生成器的训练。

(4) 采用不同的迭代次数。为了加快生成器网络的学习，我们可以采取多次训练生成器网络后再训练判别器网络，即在训练过程中，我们迭代训练生成器 5 次，再训练判别器网络一次。一般将训练生成器的次数设置为 3 到 5 次，设置过多次数，对训练的影响不大。

(5) 对生成图像进行批量归一化。批量归一化对提升最终的结果有所帮助。加入批量归一化可以最终生成更清晰的图像。其实判断 GAN 训练是否成功的很重要因素就是评价生成图像的质量，因而提升生成图像的质量十分重要。

(6) 使用成熟的网络模型。事实上，由于 GAN 网络的强大，有很多研究人员都在它的基础上面做了这样或那样的改进，并且 GAN 网络的训练确实比较困难，在我们将网络模型应用到自己的数据或是做一些创新上的尝试前，不妨也构建一个成熟的模型结构，在它的基础再进一步进行调参工作。

5.3.4 评价指标

生成式对抗网络作为一种生成模型，目前我们判断其训练效果好坏的重要标准就是看其生成图像的质量和生成图像的多样性。现有的方法大多都是基于样本的，即对生成样本与真实样本提取特征，然后在特征空间做距离度量。具体框架如图 5-6 所示。

1. Inception Score(IS)

大多数关于 GAN 生成图片的研究中，评价其模型表现的一项重要指标是 InceptionScore (IS)。Inception 来源于 Google 的 Inception Net，因为计算这个分数需要用到Inception Net V3。

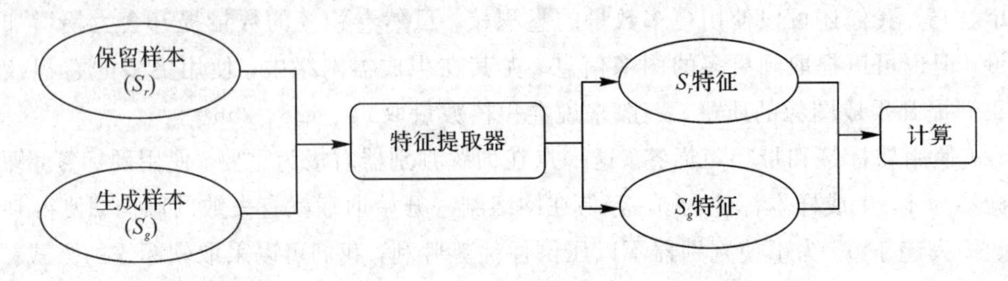

图 5-6　基于 GAN 评估方法的样本

Inception Net 是在 ImageNet 数据集上训练的图片分类网络。将生成的图片 x 输入 Inception V3中，得到输出 1 000 维的向量 y。对于一个清晰的图片来说，它属于某一类的概率应该非常大，而属于其他类的概率应该很小，即 $p(y|x)$的熵应该很小。通过这种方式，我们看出生成图片是否是逼真的。如果一个模型能生成足够多样的图片，那么它生成的图片在各个类别中的分布应该是平均的。假设生成了 10 000 张图片，那么最理想的情况是，1 000 类中每类生成了 10 张。用专业术语来说，就是生成图片在所有类别概率的边缘分布 $p(y)$的熵很大。用经验分布模拟 $p(y)$：

$$\hat{p}(y)=\frac{1}{N}\sum_{i=1}^{N}p(y|x^{(i)})\tag{14}$$

那么，可以很容易想到，IS 指标的计算方式如下：

$$\mathrm{IS}(G)=\exp(E_{X\sim p_g}D_{\mathrm{KL}}(p(y|x)\parallel p(y)))\tag{15}$$

其中，$X\sim p_g$ 表示从生成器中生成图片；$p(y|x)$指把生成的图片 x 输入到 Inception V3，得到该图片属于各个类别的概率分布。根据之前的假设，对于清晰的生成图片，这个向量的某个维度值格外大，而其余的维度值格外小。$p(y)$表示 N 个生成的图片(N 通常取 5 000)，每个生成图片都输入到 Inception V3 中，各自得到一个自己的概率分布向量，把这些向量求一个平均，得到生成器生成的图片全体在所有类别上的边缘分布。

虽然 IS 是 GAN 中使用最多的一种评价标准，但是这个计算方法本身存在一些问题：

(1) 它对神经网络内部权重十分敏感。

(2) 通常计算 Inception Score 时，会生成 50 000 个图片，然后把它分成 10 份，每份 5 000 个，分别代入式(15)计算 10 次 Inception Score，再计算均值和方差，作为最终的衡量指标(均值±方差)。但是 5 000 个样本往往不足以得到准确的边缘分布 $p(y)$，尤其是像 ImageNet这种包含 1 000 个类别的数据集。

(3) 如果某一个物体的类别本身就比较模糊，在几种类别会得到相近的分数，或者这个物体类别在 ImageNet 中不存在，那么 $p(y|x)$的概率密度就不再是一个尖锐的分布；如果生成模型在每类上都生成了 50 个图片，那么生成的图片的类别边缘分布是严格均匀分布的，按照 Inception Score 的假设，这种模型不存在 Mode Collapse，但是，如果各类中的 50 个图片都是

一模一样的，则仍然是 Mode Collapse。Inception Score 无法检测这种情况。

(4) 它不能判别出网络是否过拟合。如果神经网络记住了所有的训练集图片，然后随机输出，那么它会得到一个很高的 Inception Score，这明显不是我们所希望的。

2. Fréchet Inception Distance(FID)

计算 IS 时只考虑了生成样本，没有考虑真实数据，即 IS 无法反映真实数据和样本之间的距离。要想更好地评价生成网络，就要使用更加有效的方法计算真实分布与生成样本之间的距离。FID 用于计算真实样本、生成样本在特征空间之间的距离。首先利用 Inception 网络来提取特征，然后使用高斯模型对特征空间进行建模，最后求解两个特征之间的距离。较低的 FID 意味着较高图片的质量和多样性。具体公式如下：

$$\mathrm{FID}(P_r, P_g)=\|\mu_r-\mu_g\|+\mathrm{Tr}(C_r+C_g-2(C_rC_g)^{1/2}) \tag{16}$$

其中，μ 和 C 分别代表协方差和均值，尽管只计算了特征空间的前两阶矩，但是很鲁棒，且计算高效。

3. Kernel MMD

对于 Kernel MMD 值的计算，首先需要选择一个核函数 k，这个核函数把样本映射到再生希尔伯特空间(Reproducing Kernel Hilbert Space，RKHS)。RKHS 相比于欧几里得空间有许多优点，对于函数内积的计算是完备的。其公式如下：

$$\mathrm{MMD}^2(P_r, P_g) = Ex_r \sim P_r,\ x_g \sim P_g\left[\left\|\sum_{i=1}^{n_1}k(x_i)-\sum_{i=1}^{n_2}k(x_g)\right\|\right] \tag{17}$$

MMD 值越小，两个分布越接近。它还可以在一定程度上衡量模型生成图像的优劣性，计算代价小，是个很实用的指标。

4. 1 - Nearest Neighbor classifier

使用留一法，结合 1 - NN 分类器或是别的分类器计算真实图片和生成图片间的精度。如果二者接近，则精度接近 50%，否则接近 0%。对于 GAN 的评价问题，可以用正样本的分类精度、生成样本的分类精度去衡量生成样本的真实性和多样性。对于真实样本 X_r，进行 1 - NN 分类的时候，如果生成的样本越真实，则真实样本空间 R 将被生成的样本 X_g 包围，那么 X_r 的精度会很低。对于生成的样本 X_g，进行 1 - NN 分类的时候，如果生成的样本多样性不足，由于生成的样本聚在几个 mode，则 X_g 很容易就和 X_r 区分，导致精度会很高。该方法是较为理想的度量指标，并且可以检测过拟合的情况。

5.4　GAN 的改进模型

自 Goodfellow 等人在 2014 年提出 GAN 模型以来，GAN 就受到广大科研人员的广泛关注，各种基于 GAN 的衍生模型相继被提出。一些是为了让 GAN 应用在特定的场景中完成某种任务，一些是为了解决 GAN 在训练时出现的梯度消失、训练不稳定或者模式崩溃(Mode Collapse)等问题。下面我们就介绍一些 GAN 的改进模型。

5.4.1 CGAN

如何控制 GAN，让其生成出特定类别的数据呢？CGAN 应运而生。通过在 GAN 上增加一个额外的输入充当条件，即 CGAN 中的 C 译为 Conditional，这项工作提出了一种带条件约束的 GAN，其基本思想为：在生成模型(D)和判别模型(G)的建模中均引入条件变量 y，使用额外信息 y 对模型增加条件，以指导数据的生成过程。这些条件变量 y 可以基于多种信息，例如类别标签、用于图像修复的部分数据、来自不同模态(modality)的数据。

如果条件变量 y 是类别标签，可以看作 CGAN 是把纯无监督的 GAN 变成有监督模型的一种改进。例如，我们想要做 0～9 的手写数字生成，则 c 可以是一个 10 维的 one-hot 向量。在训练过程中，我们将这些标签加入训练数据中，从而得到一个按照我们需求产生图片的生成器。这里要注意的是，这个 c 不但附加在了生成器上，同时也附加在了判别器上，相当于给了判别器一个额外判别任务：现在这个图片是以条件 c 生成的还是条件 c 控制下的真正图片。

结合 GAN 的目标函数和 CGAN 的核心思想，我们可以得到 CGAN 的目标函数：

$$\min_{C}\max_{D} V(D,G)=E_{x\sim P_{\text{data}(x)}}\left[\log D(x|y)\right]+E_{z\sim p_{z(z)}}\left[\log(1-D(G(z|y)))\right] \tag{18}$$

其网络结构如图 5-7 所示。

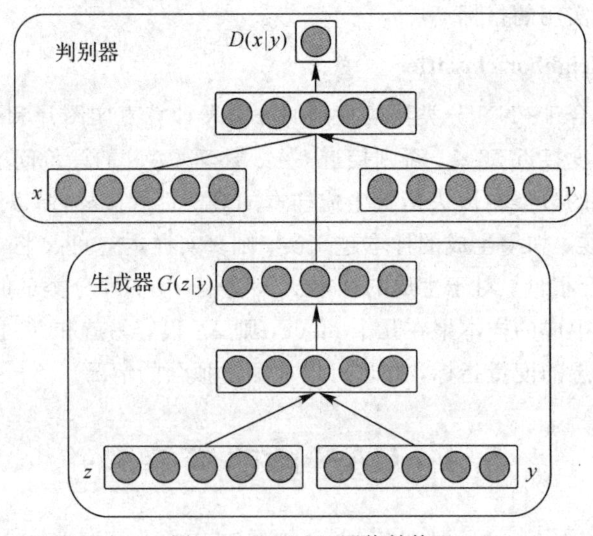

图 5-7 CGAN 网络结构

5.4.2　DCGAN

DCGAN 的全称是 Deep Convolutional Generative Adversarial Networks，即深度卷积生成式对抗网络，由 Radford 提出。与 CGAN 不同，DCGAN 里面的 C 是卷积的意思。原始 GAN 网络使用的是全连接网络，DCGAN 将生成器 G 和判别器模型 D 都替换为卷积神经网络，它更为强调生成器网络和判别器网络的内部结构，判别器几乎是和生成器对称的。图 5－8 是 DCGAN 的网络结构，从中可以看出，整个网络没有池化层和上采样层的存在，而是用带步长(fractional-strided)的卷积取代采样，以提高生成图像的质量，并加速网络的收敛。

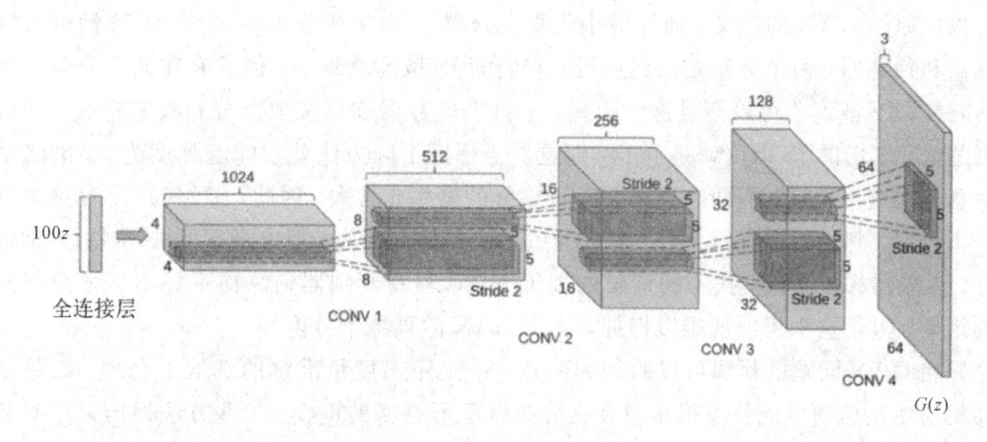

图 5－8　DCGAN 的网络结构

DCGAN 的主要贡献有：

(1) 使用卷积层代替池化层，使用带步长的卷积代替上采样和下采样。

(2) 生成器 G 和判别器 D 中，除最后一层外都使用了 batchnorm 层，将特征层的输出批归一化，加速了网络训练，同时也提升了训练的稳定性。

(3) 在判别器中使用 Leaky ReLU 激活函数，而不是 ReLU，防止梯度稀疏，生成器中仍然采用 ReLU，但是输出层采用 Tanh。

(4) 使用 ADAM 优化器进行网络训练。

通过实验发现，DCGAN 相比于 GAN，生成图像质量更好，模型也更为稳定，这都依赖于模型结构上的变化和一些训练技巧的使用。由于未从理论入手，所以对 GAN 训练的稳定性来说是治标不治本，没有从根本上解决问题，而且训练的时候仍需要小心的平衡 G、D 的训练进程。在随后出现的改进模型中，基本都采取了该网络模型的结构和训练技巧。

5.4.3 WGAN

GAN 网络训练不稳定的原因，究其根本在于度量准则的选择，Wasserstein GAN(简称 WGAN)则从度量准则的理论上解决了 GAN 训练不稳定的问题。WGAN 不再需要小心平衡生成器和判别器的训练程度，基本解决了模式崩溃的问题，确保了生成样本的多样性。在 DCGAN 的训练过程中，无法通过损失函数的值来观测网络的训练程度，而 WGAN 则给出了一个数值来指示训练的进程，这个数值越小代表 GAN 训练得越好，代表生成器产生的图像质量越高。同时，WGAN 不需要精心设计的网络架构，最简单的多层全连接网络也可以得到质量较好的生成图像。

根据原始 GAN 的定义，通过最小化真实分布 p_r 与生成分布 p_g 之间的 JS 散度来训练生成器和判别器，两个分布之间越接近，它们的 JS 散度就越小，但只有在两个分布有所重叠的时候，JS 散度才可以衡量这个距离，一旦生成数据和真实数据分布没有重叠，或者重叠可忽略，它们的 JS 散度就是 log2，而这对于梯度下降方法就意味着梯度为 0。网络学到的信息无法进行传递，而两个概率分布不重叠的概率非常大，因此，原始的 GAN 网络训练十分不稳定。判别器训练得太好，容易导致生成器梯度消失，损失降不下去；判别器训练得不好，生成器梯度不准，找不到正确的训练方向。只有判别器训练得不好不坏才能得到较好的结果，但是这个程度就难以把握，导致 GAN 的训练十分困难。

原始 GAN 问题的根源可以归结为两点：一是距离度量准则的选取不合理；二是生成器随机初始化后的生成分布很难与真实分布有不可忽略的重叠。一些方法提出采用对数据进行加噪的方案使得生成分布和真实分布存在重叠部分，这在一定程度上解决了训练不稳定的问题，同时不需要小心平衡判别器训练的程度，可以放心地把判别器训练到接近最优，但是这些方法仍然没能提供一个用来衡量训练进程的数值指标。WGAN 从第一点根源出发，提出用 Wasserstein 距离代替 JS 散度，同时完成了稳定训练和进程指标的问题。下面我们来介绍 Wasserstein 距离。

Wasserstein 距离又叫 Earth-Mover(EM)距离，其定义如下：

$$W(p_r, p_g) = \inf_{\gamma \in \Pi(p_r, p_g)} E_{(x, y)\sim\gamma}[\|x-y\|] \tag{19}$$

$\prod(p_r, p_g)$ 是 p_r 和 p_g 组合起来的所有可能的联合分布的集合，对于每一个可能的联合分布 γ 而言，可以从中采样得到一个真实样本 x 和一个生成样本 y，并算出这对样本的距离 $\|x-y\|$，所以可以计算该联合分布下样本对距离的期望值 $E_{(x, y)\sim\gamma}[\|x-y\|]$。在所有可能的联合分布中能够对这个期望值取到的下界，就定义为 EM 距离。

理论上，EM 距离显得更加优越，但直接对其进行求解十分困难。根据 Kantorovich - Rubinstein duality 理论可以把问题转化为

$$W(p_r, p_g) = \sup_{\|f\|_L \leqslant 1} E_{x \sim p_r}[f(x)] - E_{x \sim p_g}[f(x)] \tag{20}$$

函数 f 需要满足 k-Lipschitz 条件，即

$$\|f\|_L = \sup_{x \neq y} \frac{|f(x) - f(y)|}{|x - y|} \tag{21}$$

简单地说，Lipschitz 限制规定了一个连续函数的最大局部变动幅度，最终生成模型的梯度为

$$\nabla_{\theta_G} W = -E_{z \sim p(z)}[\nabla_{\theta_G} f(g(z, \theta_G), \theta_D)] \tag{22}$$

这个神经网络和 GAN 中的 Discriminator 非常相似，只存在一些细微的差异，故用 Critic 命名，以便与 Discriminator 作区分。WGAN 模型如图 5－9 所示。

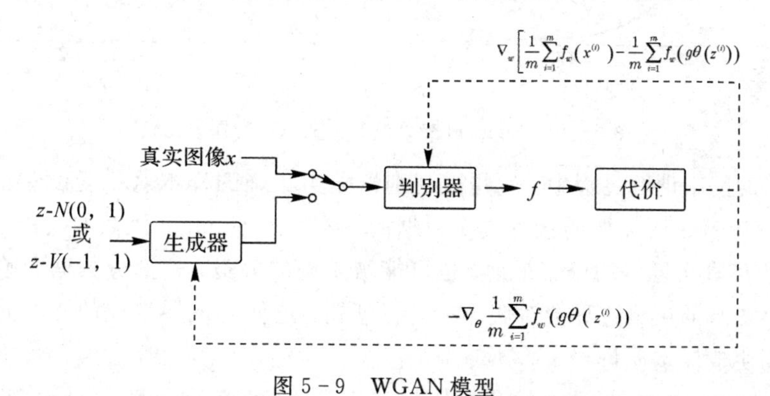

图 5－9 WGAN 模型

Critic 的最后一层没有使用 Sigmoid，因为它的输出为一般意义上的分数，而不像判别器输出的是概率。从公式推导可以看出 Critic 的目标函数没有 log 项。Critic 在每次更新后都要把参数截断在某个范围，即 Weight Clipping，这是为了保证前面提到的 Lipschitz 限制。Critic 训练得越好，对 Generator 的提升更有利，因此可以放心地多训练 Critic。

5.4.4 LSGAN

最小二乘 GAN 的全称是 Least Squares Generative Adversarial Networks，其原理是使用最小二乘损失函数代替 GAN 的损失函数。该方法缓解了 GAN 训练不稳定和生成图像质量不高的问题，同时相比于 WGAN，LSGAN 能够更快地达到收敛，其损失函数定义如下：

$$\min_D V_{\text{LSGAN}}(D) = \frac{1}{2} E_{x \sim p_{\text{data}(x)}}[(D(x) - b)^2] + \frac{1}{2} E_{z \sim p_{z(z)}}[(D(G(z)) - a)^2] \tag{23}$$

$$\min_D V_{\text{LSGAN}}(D) = \frac{1}{2} E_{z \sim p_{z(z)}}[(D(G(z)) - c)^2] \tag{24}$$

对于其中 a，b，c 的取值，参考值为 $a=c=1$，$b=0$。

LSGAN 可以缓解网络训练不稳定的原因如图 5－10 所示，左图是使用 Sigmoid 交叉

熵损失函数时输入和输出的关系；右图使用的是最小二乘损失的情况。从图中可以看出，当输入相对较大时，最小二乘损失函数仅在一个点处饱和，而交叉熵梯度趋近于0。

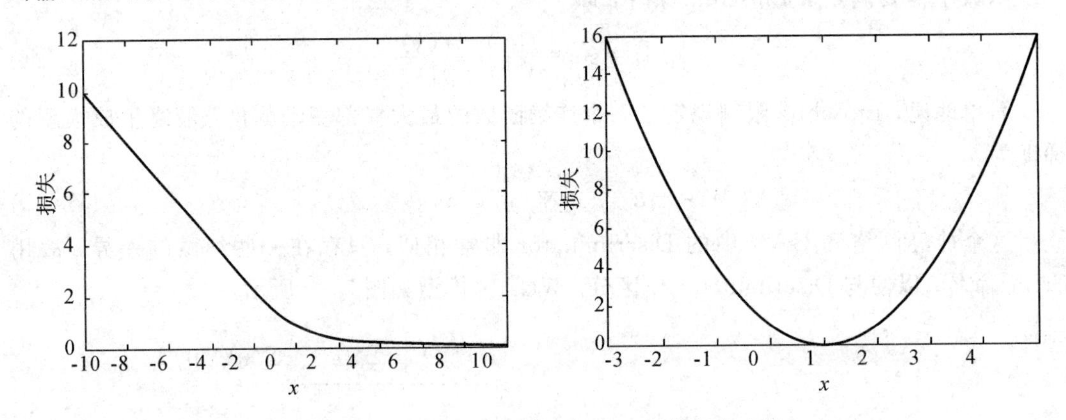

图5-10　Sigmoid交叉熵与LSGAN的损失比较

在GAN的网络训练过程中，一些被判别器分类正确的样本对梯度没有贡献，但这部分样本并不一定就是所需要的接近真实数据的样本。在Sigmoid函数的决策边界中，生成的假样本即便离真实样本的分布很远，也可能被正确的分类，这部分数据影响了生成数据的质量；最小二乘的决策边界会对假样本进行惩罚，迫使生成器生成的样本向决策边界靠拢，从而提高生成样本质量。

LSGAN是对GAN的一次优化，从最小二乘的距离的角度考量改进结果，但是LSGAN其实还是未能解决判别器足够优秀的时候生成器梯度弥散的问题。其次，由于它会对生成样本进行惩罚，可能会导致生成样本的多样性降低，从而导致生成的样本和真实数据的变化不大。

5.4.5　PGGAN

PGGAN的主要贡献是提供了Progressive Growing训练方法，即从低分辨率图像开始，逐步向网络增加分辨率来提升生成图像的分辨率。该方法使网络首先学习到图像的分布结构，随着分辨率的提高，逐渐注意到图像的细节信息。其网络结构如图5-11所示。

如图5-12所示，以从16×16的图片转换到32×32的图片为例。在图(b)中，把在更高分辨率上的操作层视为残缺块，权重α从0到1线性增长。当α为0时，相当于图(a)，当α为1时，相当于图(c)。所以，在转换过程中，是从16×16到32×32转换生成样本的像素。图中的2×和0.5×指利用最近邻卷积和平均池化分别对图片分辨率加倍和折半。toRGB表示将一个层中的特征向量投射到RGB颜色空间中，fromRGB是相反的过程，这两个过程均利用1×1卷积。当训练判别器时，插入下采样后的真实图片去匹配网络的当前分辨率。在分辨率转换过程中，会在两张真实图片的分辨率之间插值，类似于将两个分辨率结合到一起用生成器输出。该方法可以生成 1024×1024 分辨率的高质量人脸图像，进一步提升了生成式对抗网络的生成质量。

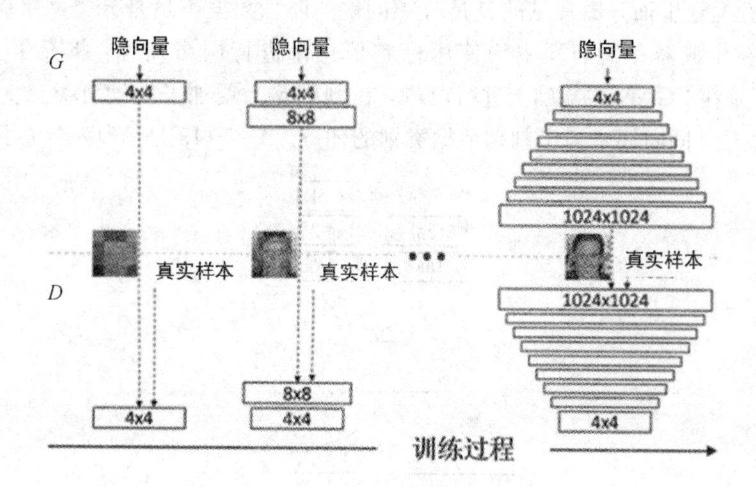

图 5-11　PGGAN 的网络结构

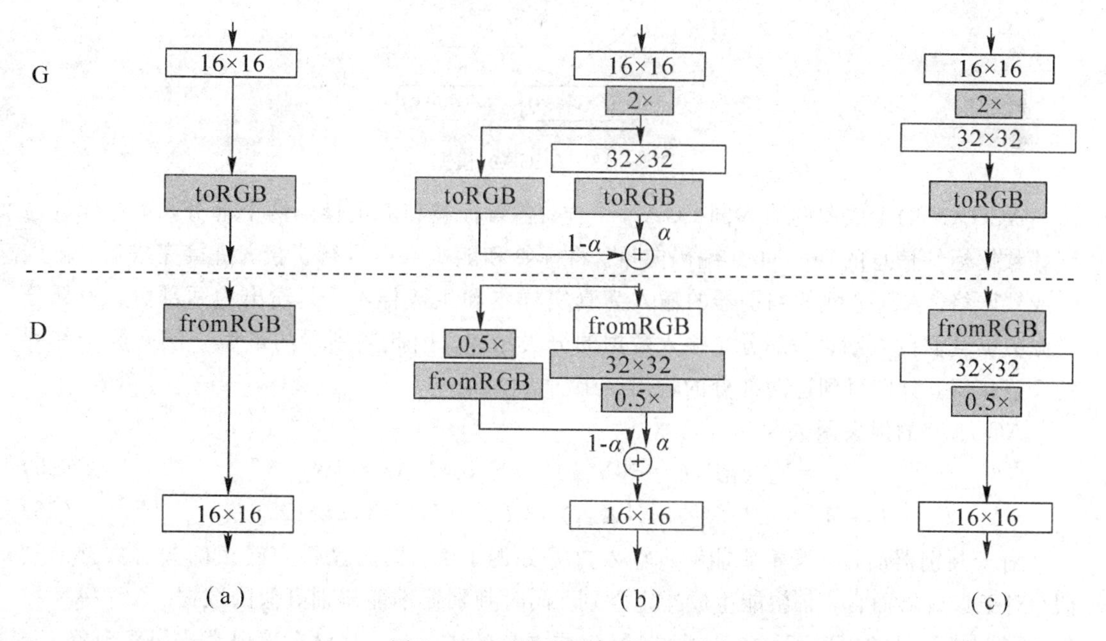

图 5-12　平滑加入新层示意图

5.4.6 ACGAN

在计算机视觉里面，最常见的就是分类问题，训练数据不足是分类网络中的常见问题。CGAN 通过在生成器和判别器中均使用标签信息来进行网络训练，扩充了特定类别的数据；ACGAN 是在 CGAN 的基础上进行改进，在判别器上增加了辅助分类器，判别器除了要判别数据的真假，同时还承担了判别数据类别的任务。图 5－13 是 ACGAN 的网络结构图。

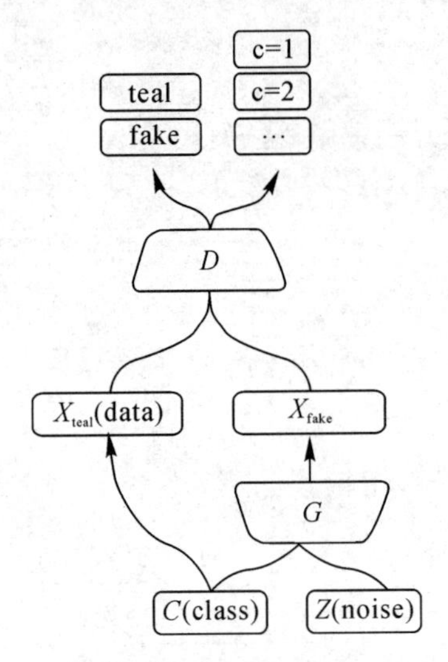

图 5－13　ACGAN 模型

ACGAN 的生成器的输入同 CGAN 一样，包含标签和随机噪声两个部分，其中标签为训练数据标签信息的 one－hot 编码向量。将标签和随机噪声进行拼接，拼接完成后，输入生成器网络。ACGAN 的判别器的输入为真实样本和生成样本，其输出为两部分：一部分是源数据真假的判断；一部分是输入数据的分类结果。因此判别器的最后一层有两个并列的全连接层，分别得到这两部分的输出结果。

ACGAN 的损失函数为

$$L_C = E[\log P(C=c \mid X_{\text{real}})] + E[\log P(C=c \mid X_{\text{fake}})] \tag{25}$$

$$L_S = E[\log P(S=real \mid X_{\text{real}})] + E[\log P(S=fake \mid X_{\text{fake}})] \tag{26}$$

对于判别器而言，既希望能够将输入数据分类正确，同时又希望能正确分辨数据的真假；对于生成器而言，希望能生成指定类别，同时判别器不能辨别真假的数据。ACGAN 在加入了监督信号的情况下，提升了 GAN 生成图片的质量，并且没有出现模式崩溃现象。

5.4.7　BigGAN

在硬件条件足以支撑的条件下，GAN 网络生成图像的质量可以逼真到什么程度呢？为了探索 GAN 生成图像质量的边界，发挥其潜能，Brock 及 DeepMind 团队提出了 BigGAN。该方法的主要贡献是论证了 GAN 可以通过增加网络规模提高网络性能；同时采用先验分布 z 的“截断技巧”，允许对样本的多样性和保真度进行精细控制；在大规模 GAN 的实现上不断克服模型训练问题，采用技巧减小训练的不稳定。

通过实验发现，简单地增大 Batch Size 就可以实现性能上较好的提升，例如将 Batch Size 提高为原来的 8 倍，IS 分数提升约 46%。较大的 Batch Size 一方面提高模型的表现，使模型更快收敛；另一方面，这种大规模使得模型更不稳定，训练中很容易模式崩溃。于是，BigGAN 对每层的通道数也做了相应的增加，当通道数增加 50%，IS 进一步提高 21%。

BigGAN 对于条件 c 的嵌入采用共享嵌入的方法。共享嵌入与传统嵌入的差别是：传统嵌入为每个嵌入分别设置一个层，而共享嵌入是将 z 与 c 的连接一并传入所有 BatchNorm 层。该方法降低了内存与计算成本，使得模型训练速度提高 37%。BigGAN 还将噪声向量 z 输入到生成器的不同层中，而不是仅仅输入到第一层。作者认为潜在空间 z 可以直接影响不同分辨率和层次结构级别的特征，该技巧使模型表现提升 4%，训练速度提高 18%。图 5－14 即为 BigGAN 的网络结构。

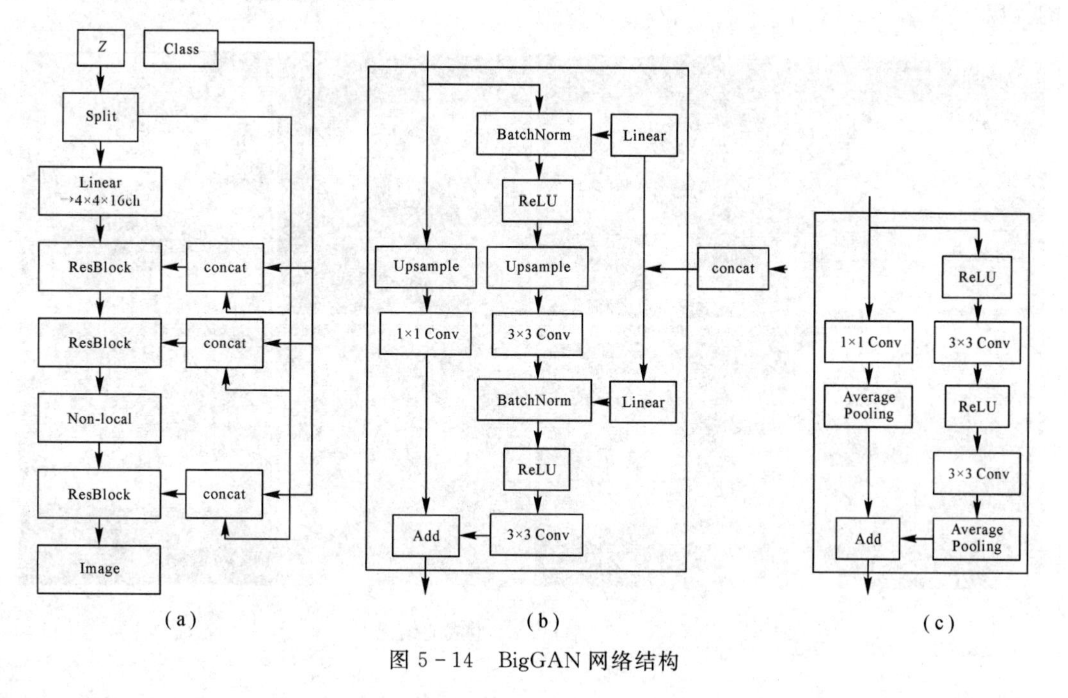

图 5－14　BigGAN 网络结构

图(a)为 BigGAN 生成器 G 的网络结构，网络的基本结构基于 ResNet GAN，并修改了 G 的第一个卷积层的滤波器的数量，使之等于输出的滤波器的数量。G 中使用的是上面提到的共享嵌入类别信息，并将 z 输入到各个层。图(b)为 G 的残差块的结构，从图中可以看到潜在向量与条件向量 Class 做 concat 之后送入 BatchNorm 层。图(c)为判别器 D 的残差块的结构。

同时，该方法采用了对噪声向量使用截断技巧，该技巧为采样设置一个阈值，当采样超过该阈值时，重新采样，以使得采样点落入阈值范围。减小该阈值会发现，GAN 生成的图像多样性降低，但质量得到改善。但在实验中发现，一些较大模型不适合采用该技巧，它会使图像出现饱和伪影。为了解决这个问题，作者希望通过限制 G 来增强模型对截断技巧的适应性，为此，BigGAN 采用正交正则化方法，直接把正则项改为

$$R_\beta(W)=\beta\|W^{\mathrm{T}}W-I\|_F^2 \tag{27}$$

其中，W 是权重矩阵，β 是超参数，I 是单位矩阵。这种正则化通常过于局限，为了放松约束，同时实现模型所需的平滑度，作者发现最好的版本是从正则化中删除对角项，并且旨在最小化滤波器之间的成对余弦相似性，但不限制它们的范数：

$$R_\beta(W)=\beta\|W^TW\otimes(1-I)\|_F^2 \tag{28}$$

其中，1 表示元素全为 1 的矩阵。

图 5-15 为 BigGAN 生成的图像，其图像细节、纹理都十分清晰，足以达到以假乱真的程度。

图 5-15　BigGAN 生成的结果

5.5　改进方向与应用领域

5.5.1　改进方向

生成式对抗网络对于生成模型的发展具有深远意义。总结起来，解决生成式对抗网络中训练容易崩溃、网络结构难以选择、模式崩溃的问题就是该网络的改进方向。

首先，生成式对抗网络把对抗博弈的方法用两个神经网络相互对抗来表示，并能够使用反向传播实现端到端的更新训练。作为生成模型来说，由于其在训练过程中不需要使用马尔科夫链方法，也不需要做各种近似推理，使得其训练难度和效率没有那么大。生成式对抗网络中的生成过程也不需要烦琐的采样过程，而是直接进行新样本的采样和推断，并且生成器的梯度来自判别器，提供了一种生成样本的新思路。生成式对抗网络中的对抗训练方法仅仅对数据的真假进行判断，不需要做复制等处理，增加了生成样本的多样性，为无监督的应用问题提供了一种崭新思路。

生成式对抗网络作为一种生成模型，有效解决了数据生成难题，结合神经网络理论上能够拟合任何形式的函数的特点，大大提高了生成数据样本的范围，为生成更高维、更复杂的数据提供了一种解决办法，这也正是生成式对抗网络的强大之处。生成式对抗网络除了对生成模型的贡献，对于半监督学习、无监督学习、图像翻译等其他应用也有启发。如果在训练数据中添加一些标注数据，生成式对抗网络可以用无标签数据辅助模型的预测。同样，在无监督学习中，GAN 生成的图像可以起到数据增强的作用，对模型性能的提高起到很大的作用。在图像翻译、风格转化过程中，在 GAN 中加入一个内容不变网络，然后可以利用 GAN 在保持原有图像不变的情况下进行风格转化与图像的翻译。可见，GAN 的应用十分广泛。

然而，生成式对抗网络虽然解决了生成模型的一系列问题，并促进了其他领域的发展，但是任何事情都有它的两面性，生成式对抗网络也有它的不足之处。例如，由于生成式对抗网络在训练中采用对抗学习的方法，使得在训练过程中很难找到二者达到纳什均衡的平衡点。在训练过程需要保证两个对抗网络的平衡，不能让某一方更新过度，也不能让某一方更新不足，否则很容易导致训练崩溃。而实际过程中这个对抗过程不容易把控，也没有很好的理论证明两个对抗网络更新的间隔，只能凭借经验进行参数的设置，那么训练过程就很可能出现不稳定的情况。另外，GAN 的网络结构的构造缺乏理论性，只能通过不断的实验来判断网络结构的合理性。还有，生成式对抗网络生成的样本容易出现模式单一的情况，也就是存在模式崩溃(Collapse mode)现象，即总是某一类数据生成过多，而其他类生成过少。如何找到一种能够稳定训练的方法一直是生成式对抗网络研究的热点和难点。

5.5.2 应用领域

由于 GAN 在生成样本过程中不需要显式建模任何数据分布就可以生成极真实(real-like)的样本，所以 GAN 在图像、文本、语音等诸多领域都有广泛的应用。下面对一些领域做简单介绍。

1. 图像翻译

图像翻译，指从一幅(源域)图像到另一幅(目标域)图像的转换。可以类比机器翻译，一种语言转换为另一种语言。翻译过程中会保持源域图像内容不变，但是风格或者一些其他属性变成目标域。图像翻译包括两种翻译模式：一种不成对的典型代表作就是前文介绍的 cycle-GAN，还有一种需要成对数据翻译的典型代表作是 pix2pix，这里不做过多介绍。

2. 半监督学习

GAN 可以应用在半监督学习中。GAN 这种能够抓取真实数据分布的特点可以为分类任务做数据增强，以减少标注数据的使用。假如我们面对一个多分类的任务，但是只有很少标注的样本，同时有很多没有标注的样本，那么 GAN 可以利用这些未标注数据提高辅助分类，提高分类器性能。

有方法将生成式对抗网络 GAN 拓展到半监督学习，通过判别器来输出类别标签。与传统 GAN 不同的是，半监督学习中的 GAN 的判别器从原来的一个二分类器变成了一个多分类器：生成器与原始一样，负责生成图片；而判别器不再是一个简单的二分类器，假设数据有 k 类，判别器就是$(k+1)$分类器，多出的那一类是判别输入的是否是生成器生成的图像。实验发现不仅生成的图像效果比较逼真，而且也能提高分类性能，其框架如图 5-16 所示。

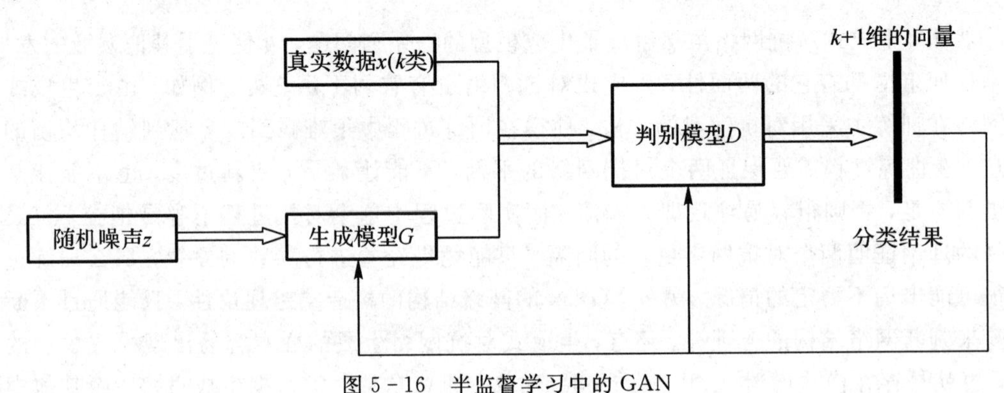

图 5-16　半监督学习中的 GAN

3. 视频生成

通常来说，视频由相对静止的背景和运动的前景组成。VideoGAN 使用一个两阶段的生成器：3D CNN 生成器生成运动前景，2D CNN 生成器生成静止的背景。Pose GAN 则使用 VAE 和 GAN 生成视频，首先，VAE 结合当前帧的姿态和过去的姿态特征预测下一帧的运动信息，然后 3D CNN 使用运动信息生成后续视频帧。Motion and Content GAN (MoCoGAN)则提出在隐空间对运动部分和内容部分进行分离，使用 RNN 去建模运动部分。

4. 序列生成

相比于 GAN 在图像领域的应用，GAN 在文本、语音领域的应用要少很多。主要原因有两个：

(1) GAN 在优化的时候使用 BP 算法，对于文本、语音这种离散数据，GAN 没法直接跳到目标值，只能根据梯度一步步靠近。

(2) 对于序列生成问题，每生成一个单词，我们就需要判断这个序列是否合理，可是 GAN 里面的判别器是没法做到的，除非我们针对每一个 step 都设置一个判别器，这显然不合理。

为了解决上述问题，强化学习中的策略梯度下降(Policy Gradient Descent)被引入到 GAN 的序列生成问题中。

5. 音乐生成

RNN-GAN 使用 LSTM 作为生成器和判别器，直接生成整个音频序列。然而，正如上面提到的，音乐包括歌词和音符，对于这种离散数据生成问题直接使用 GAN 会存在很多问题，特别是生成的数据缺乏局部一致性。

相比之下，SeqGAN 把生成器的输出作为一个智能体(Agent)的策略，而判别器的输出作为奖励(Reward)，使用策略梯度下降来训练模型。ORGAN 则在 SeqGAN 的基础上，针对具体的目标设定了一个特定目标函数。

6. 合成超分辨率图像

GAN 能够生成与真实输入图像相似的图像。推特公司发表的一篇利用 GAN 把低分辨率图像合成为高分辨率图像的文章。该算法的损失函数主要包含两个部分：对抗损失和内容损失。对抗模块将图像映射到一个流形空间，使用鉴别网络进行训练，以区分超分辨图像和原始照片合成的图像，使生成的图像和高分辨率的图像的纹理细节比较像；内容模块是低分辨的图像在生成高分辨的时候仍然能够保证图像的原始内容。其中，对抗损失和传统的 GAN 类似，首次把内容网络的创新性加入图像生成中。生成的结果如图 5 - 17 和图 5 - 18所示，可以看到相比于传统的插值法，GAN 生成了细节丰富的图像。

图 5-17　双三排差值

图 5-18　GAN 生成效果

7. 自动驾驶

由于 GAN 具有能够拟合数据的能力，所以可以用于自动驾驶场景。自动驾驶的场景十分复杂，所以大量的标注数据对无人驾驶来说十分重要，因为标注数据可以帮助无人汽车训练出可靠的模型，进而能够做出正确决策。然而，标注大量的数据十分耗时耗力，成本高昂，甚至是不可行的。Santana 和 Hotz 摆脱了这种需要大量标注数据的监督学习方法，提出了一种利用生成式对抗网络来生成与实际交通路况分布一致的图像，通过这种方法能够扩充训练样本，也就是能够根据需要生成大量有标注的数据，从而大大节省人力标注数据的成本，为无人驾驶只需要标注少量数据提供了一种新思路。然后基于这些生成数据，经过编码器得到一个中间表示，并利用这些中间表示作为循环神经网络的输入，训练循环神经网络 RNN，来预测司机的下一个状态。也就是编码表示作为输入，RNN 利用给定当前司机的状态预测下一个状态，从而实现最终自动驾驶的目的。

8. 域适应

域适应是一个迁移学习里面的概念。简单说来，我们定义源数据域分布为 Ds(x，y)，目标数据域分布为 DT(x，y)。对于源域数据，我们有许多标签，但是对于目标域的数据没有标签。我们希望能通过源域的有标签数据和目标域的无标签数据学习一个模型，在目标域取得较好的效果。GAN 用于迁移学习时，核心思想在于使用生成器把源域数据特征转换成目标域数据特征，而判别器则尽可能区分真实数据和生成数据特征。图 5-19 是两个把 GAN 应用于迁移学习的例子——DANN 和 ARDA。

以图 5-19 左边的 DANN 为例，I_s，I_t 分别代表源域数据，目标域的数据 y_s 表示源域数据的标签。F_s、F_t 表示源域特征、目标域特征。DANN 中，生成器用于提取特征，并使得提取的特征难以被判别器区分是源域数据特征还是目标域数据特征。

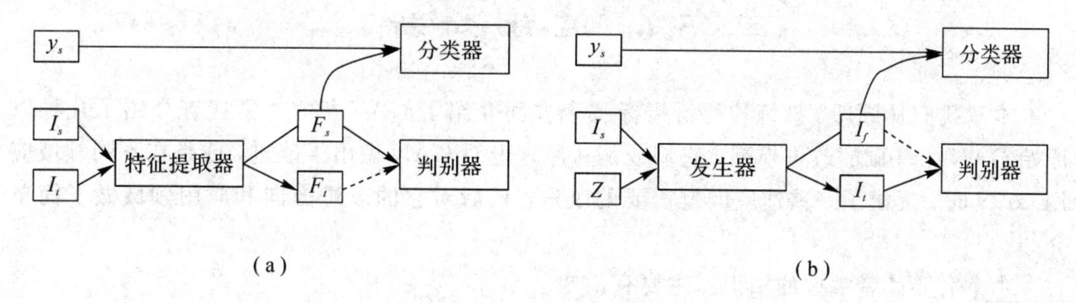

图 5-19　DANN 和 ARDA

在行人重识别领域，有许多基于 CycleGAN 的迁移学习以进行数据增广的应用。行人重识别问题的一个难点在于不同摄像头下拍摄的人物环境、角度差别非常大，导致存在较大的 Domain gap。因此，可以考虑使用 GAN 来产生不同摄像头下的数据，并进行数据增广。

5.5.3　研究进展

GAN 最近几年发展非常快，这也是 Yoshua Bengio 获得图灵奖的贡献之一。在生成模型方面，最近一个最重要的进展就是对抗式生成网络(GAN)，可以说是现在最火的生成模型。2014 年 Ian Goodfellow 在 NIPS 上发表了最初的文章，到现在已经被引用近 9 000 次。为什么这个模型会引起如此大的关注呢？一个原因是这个模型理论上非常优雅，大家理解起来简单方便；第二就是效果确实好。可以看出，GAN 的发明人 Ian Goodfellow 是少年得志的典范。他从斯坦福大学获得计算机科学学士和硕士学位，随后在 Yoshua Bengio 和 Aaron Courville 的指导下，在蒙特利尔大学学习机器学习，并获得博士学位。大家现在经常用的教科书《Deep Learning》，作者就是 Ian Goodfellow 和他的两个博士导师。他是 1985 年生人，在 2014 年(29 岁)发表 GAN。GAN 这个工作也给 Goodfellow 带来了很多荣誉，比如 2017 年就被 MIT under 35 选中了。Goodfellow 博士毕业后加入 Google Brain，让其成为 Google Brain 研究团队的一员，后加入 Open AI，2017 年他重回 Google，目前在苹果公司做特别项目机器学习项目负责人。另外，GAN 是 Ian Goodfellow 在蒙特利尔的时候的工作。大家知道 2019 年图灵奖给了深度学习的三大巨头，其中，Bengio 在图灵奖官网给出的获奖理由中所选的三个贡献中，其中之一就是 GAN，另外两个贡献分别是 90 年代的序列概率模型和 00 年代的语言模型。GAN 可以说是 Bengio 的代表作之一了，甚至可以说帮助他拿到图灵奖。另外还有几个有名的 GAN 的扩展，包括 cycleGAN 和 vid2vid。2019 年 NIPS 企业展示会场，英伟达把 vid2vid 配合方向盘做了个实物 demo，非常引人关注。

5.6 温故知新

本章我们从原理、训练和评价指标三个方面介绍了 GAN 模型，紧接着介绍了几种以原始 GAN 为基础的改进模型，它们或是从原理上对 GAN 做出了改进，或是在不同领域应用 GAN 时，提出了一些适应问题需要的改进，最后对它的改进方向和应用领域做了简单介绍。

本章需要读者掌握的知识点主要有：

(1) GAN 的原理概述。

(2) GAN 的网络模型。

(3) GAN 训练过程中出现问题的根本原因。

(4) 在实践中 GAN 调整网络的训练技巧。

(5) 在什么情况下可以考虑使用 GAN 模型来解决问题。

在介绍生成式对抗网络时，我们一直强调它是一种生成模型，但在本章中并未对该概念做介绍，希望读者可以对生成模型中的变分自编码等生成模型进行了解。

5.7 习　题

习题 5-1 《2019 人工智能发展报告》指出，我国专家学者在机器学习领域的分布图中，京津地区在本领域的人才数量最多，其次是长三角和珠三角地区，相比之下，内陆地区的人才较为匮乏，这种分布与区位因素和经济水平情况不无关系。同时，通过观察中国周边国家的学者数量情况，特别是与日韩、东南亚等亚洲国家相比，中国在机器学习领域学者数量较多。

请结合 GAN 的发明者的研究成长经历，思考我国在人工智能人才培养方面存在的问题。

习题 5-2 2016 年，周志华教授当选 AAAI(国际人工智能学会)Fellow，成为我国内地第一位，也是此次入选的唯一来自欧美之外的学者，并且是唯一在中国内地取得博士学位的 AAAI Fellow；2016 年 11 月，当选美国科学促进会会士(AAAS Fellow)；2016 年 12 月，当选 ACM Fellow，成为第一位在中国内地取得全部学位的 ACM Fellow；2017 年 2 月，当选人工智能领域顶级学术会议 AAAI 2019 程序委员会主席，是该会议自 1980 年成立以来首位华人主席，也是首次由欧美之外国家的学者出任主席。兼任 AAAI Fellow、IEEE Fellow、IAPR Fellow、ACM Fellow、AAAS Fellow 的周志华成为国际上与人工智能相关的重要学会“大满贯”Fellow 华人第一人。

作为国内人工智能的领军人物，周教授团队提出“深度森林”模型，请结合 GAN 模型，尝试探索二者的结合路径。

参考资源

1. GAN (VanillaGAN)，Generative Adversarial Nets，地址：http：//papers. nips. cc/ paper/ 5423-generative-adversarial-nets. pdf(https：// github. com/ goodfeli/ adversarial).

2. 条件 GAN (CGAN)，Conditional generative adversarial nets，地址：https：//arxiv. org/ abs/ 1411. 1784 (https：// github. com/ zhangqianhui/ Conditional-GAN).

3. Least Squares Generative Adversarial Networks，地址：https：//arxiv. org/abs/ 1611. 04076 (https：// github. com/pfnet-research/chainer-LSGAN).

4. Wasserstein GAN，地址：https：//arxiv. org/abs/1701. 07875(https：//github. com/ martinarjovsky/ WassersteinGAN).

5. 超解析度 GAN，Photo-Realistic Single Image Super-Resolution Using a Generative Adversarial Network，地址：https：//arxiv. org/abs/1609. 04802(https：// github. com/ leehomyc/ Photo-Realistic-Super-Resoluton).

6. 入门指南：GANs from Scratch 1：A deep introduction，地址：https：//medium. com/ai-society/ gans-from-scratch-1-a-deep-introduction-with-code-in-pytorch-and-tensorflow-cb03cdcdba0f.

7. CVPR 2018 Tutorial on GANs，地址：https：//sites. google. com/ view/ cvpr2018 tutorialongans/.

8. Generative Adversarial Networks for beginners，地址：https：//www. oreilly. com/ learning/ generative-adversarial-networks-for-beginners.

9. 视频课程：Learning Generative Adversarial Networks by Udemy，地址：https：// www. udemy. com/ learning-generative-adversarial-networks/.

第6章　循环神经网络方法解析

自然语言处理是人工智能的重要应用领域，也是新一代计算机科学必须研究的课题。其目的是克服人机对话中的各种限制，使用户能用自己的语言与计算机对话。其背后的支撑技术就是以循环神经网络为代表的序列模型。因此，本章我们将从自然语言理解(NLP)领域的经典问题出发，在经典神经网络的基础上理解循环神经网络(RNN)独特的“记忆”功能及相关技术。

本章主要涉及的知识点有：

· 循环神经网络的应用背景：了解循环神经网络概貌，理解自然语言处理的基本流程及语言模型、词向量技术。

· 经典循环神经网络：掌握经典循环神经网络的“记忆”结构，理解其对序列的特殊处理机制。

· 改进型循环神经网络：理解以LSTM网络为代表的循环神经网络的改进方式，理解LSTM网络架构及重要部件。

· 了解循环神经网络的研究进展与应用领域。

6.1　循环神经网络概述

在深度学习应用中，存在大量以声音、语言、视频、DNA等序列形式的数据。以自然语言为例，句子就是由符合自然语言规则的词(word)序列构成。早期序列模型以有向图模型中的隐马尔科夫(HMM)以及无向图模型中条件随机场模型(CRF)为代表，1982年提出的Hopfield神经网络模型就已引入递归网络思想，并用来解决组合优化问题。1986年，机器学习的泰斗Jordan定义了Recurrent的概念，提出Jordan Network。1990年，美国认知科学家Elman简化了Jordan Network，构建了单个自连接节点的循环神经网络(Recurrent Neural Network，RNN)模型，但由于RNN的梯度消失(Gradient Vanishing)及梯度爆炸(Gradient Exploding)问题，使其训练困难、应用受限。1997年瑞士人工智能研究所的主任Schmidhuber发明了里程碑式的长短时记忆模型LSTM(Long Short Term Memory)，使用门控单元及记忆机制大大缓解了RNN的训练问题。同时，Schuster提出双向RNN模型结构(Bidirectional RNN)，拓宽了RNN的应用范围。Google的Mikolov于2013年提出

word2vec，利用语言模型学习每个单词的语义化向量的分布式表征，引发了深度学习在自然语言处理领域的浪潮。

此外，在文本分析方面，图灵奖获得者 Bengio 团队提出了 seq2seq 架构，将 RNN 用于机器翻译，通过 Encoder 把语义信息压成向量再通过 Decoder 转换输出翻译结果。此后，Bengio 团队又提出注意力 Attention 机制改进 seq2seq 架构，扩展了模型的表示能力和实际效果，拉开了机器翻译全面进入神经机器翻译(NMT)时代的序幕。

循环神经网络重要论文列表如图 6-1 所示。

Year	First Author	Contribution
1990	Elman	Popularized simple RNNs (Elman network)
1993	Doya	Teacher forcing for gradient descent (GD)
1994	Bengio	Difficulty in learning long term dependencies with gradient descend
1997	Hochreiter	LSTM: long short term memory for vanishing gradients problem
1997	Schuster	BRNN: Bidirectional recurrent neural networks
1998	LeCun	Hessian matrix approach for vanishing gradients problem
2000	Gers	Extended LSTM with forget gates
2001	Goodman	Classes for fast Maximum entropy training
2005	Morin	A hierarchical softmax function for language modeling using RNNs
2005	Graves	BLSTM: Bidirectional LSTM
2007	Jaeger	Leaky integration neurons
2007	Graves	MDRNN: Multi-dimensional RNNs
2009	Graves	LSTM for hand-writing recognition
2010	Mikolov	RNN based language model
2010	Neir	Rectified linear unit (ReLU) for vanishing gradient problem
2011	Martens	Learning RNN with Hessian-free optimization
2011	Mikolov	RNN by back-propagation through time (BPTT) for statistical language modelling
2011	Sutskever	Hessian-free optimization with structural damping
2011	Duchi	Adaptive learning rates for each weight
2012	Gutmann	Noise-contrastive estimation (NCE)
2012	Mnih	NCE for training neural probabilistic language models (NPLMs)
2012	Pascanu	Avoiding exploding gradient problem by gradient clipping
2013	Mikolov	Negative Sampling instead of hierarchical softmax
2013	Sutskever	Stochastic gradient descent (SGD) with momentum
2013	Graves	Deep LSTM RNNs (Stacked LSTM)
2014	Cho	Gated recurrent units
2015	Zaremba	Dropout for reducing Overfitting
2015	Mikolov	Structurally constrained recurrent network (SCRN) to enhance learning longer memory for vanishing gradient problem
2015	Visin	ReNet: A RNN-based alternative to convolutional neural networks
2015	Gregor	DRAW: Deep recurrent attentive writer
2015	Kalchbrenner	Grid Long Short-Term Memory
2015	Srivastava	Highway network
2017	Jing	Gated Orthogonal Recurrent Units

图 6-1　循环神经网络重要论文列表

6.2 自然语言处理

自然语言随着人类社会发展演变而来，是指汉语、英语等人们日常使用的语言。自然语言处理是指用计算机对自然语言的形、音、义等信息进行处理，即对字、词、句、篇章的输入、输出、识别、分析、理解、生成等的操作和加工。自然语言处理的具体表现形式包括机器翻译、文本摘要、文本分类、文本校对、信息抽取、语音合成、语音识别等。自然语言处理机制涉及自然语言理解和自然语言生成两个流程。自然语言理解是指计算机能够理解自然语言文本的意义，自然语言生成则是指能以自然语言文本来表达给定的意图，如图6-2所示。

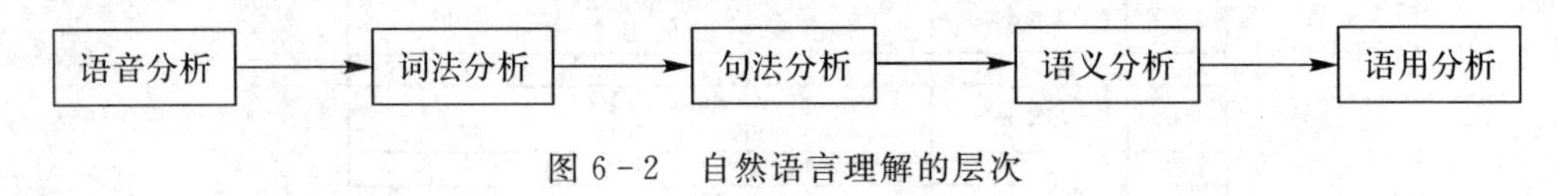

图 6-2　自然语言理解的层次

6.2.1 语言模型

语言模型是语言表示的概率模型，其目的是描述给定词序列的概率分布，即计算句子/段落/文档的概率。如图 6-3 所示，主流语言模型实现方法经历了从 n-gram、RNN 到 LSTM/GRU 的过程。

图 6-3　语言模型发展阶段

语言模型(LM)是自然语言处理(NLP)任务的基础。早期 NLP 技术主要基于手动编写规则，之后出现了统计语言模型，即为由 n 个单词构成的序列 S 分配概率：

$$\begin{aligned} P(S) &= P(w_1 w_2 \cdots w_n) \\ &= P(w_1)P(w_2 \mid w_1)\cdots P(w_n \mid w_1 w_2 \cdots w_{n-1}) \end{aligned} \tag{1}$$

其中，w_i为序列中第 i 个单词。单词序列的概率被分解为给定单词上下文条件下，与下一个单词条件概率的乘积。但上述模型参数过多，基于马尔可夫假设，通常采用 n-gram 模型作为近似方法，即当前单词概率状态仅依赖于前面 n 个单词概率状态。但是，若词表大小为 m，对于 n-gram 模型，则需要 m^n规模的存储空间，随着 n 增大，会导致维数灾难。

2003 年，Bengio 等人提出使用 RNN 来实现语言模型，其存储空间只与词表大小相关。为解决 RNN 梯度爆炸和梯度消失问题，LSTM 等改进版循环神经网络才开始在各领域逐渐超越传统语言模型。此外，如图 6-4 所示，实现语言模型需要数据准备、训练调参、模型导出三个步骤，如果需要线上预测，还需要将模型部署在线上提供服务。

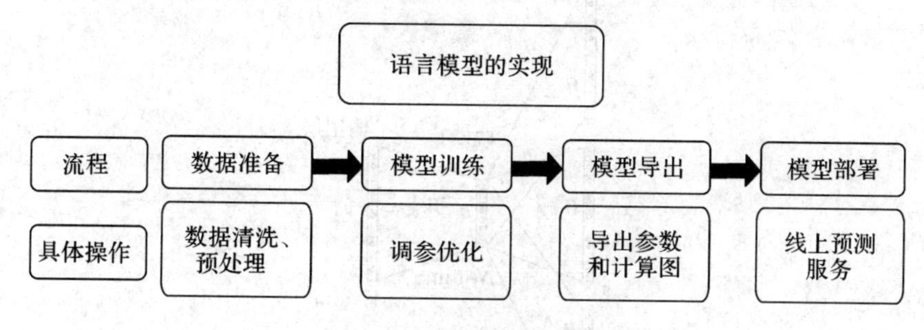

图 6-4　语言模型的实现

6.2.2　词向量

词向量是自然语言处理研究的基石，其基本假设为：语义上相似的词语具有相似的上下文语义环境，因此基于词向量，可以通过计算余弦距离等方式来度量词间相似度。

说到词向量，不得不提 one-hot 编码。它是语言模型中最常用、最直观的分词表示法，也叫独热码，即在分词向量中，只有一个元素是数字“1”，其余元素都是数字“0”，向量的维度与词表大小相关。例如，“循环神经网络”的 one-hot 码可以表示为[0 0 1 0 0 0 0 …]。容易理解，one-hot 码就是一种稀疏矩阵，整个词表中多数为数字“0”，只有稀疏的数字“1”，因此采用稀疏矩阵作为存储方式是最好的选择。传统的支持向量机 SVM 等方法就是依托 one-hot 编码完成 NLP 中的识别任务的。

对于复杂自然语言任务进行建模，用概率模型训练词向量是早期的首选方法，但该类模型的联合概率函数存在致命的维数灾难问题。1986 年，图灵奖获得者 Hinton 教授等人提出分布式表征(Distributed Representation)，为语言模型的改进指明了方向。从深度学习角度分析，NLP 的语言模型为监督学习，即给定上下文 X，输出中间词 Y，或者给定中间词 X，输出上下文 Y，联系输入 X 和输出 Y 间的映射便是语言模型。这就是 Google 开源的 word2vec 模型所解决的问题。word2vec 有两个版本的语言模型：一种是给定上下文，预测中间目标词的连续词袋模型(Continuous Bag-of-Wods Model，CBOW)，另一种是根据给定词预测其上下文的 skip-gram 模型。

1. CBOW 模型

CBOW 模型可以根据上下文预测中间目标词，其输入为上下文的 one-hot 向量，输出 Y 为给定词表中每个词作为目标词的概率。其模型结构是包括输入层、中间隐藏层、输出层的神经网络结构，如图 6-5 所示，词表大小为 V，隐藏层大小是 N。

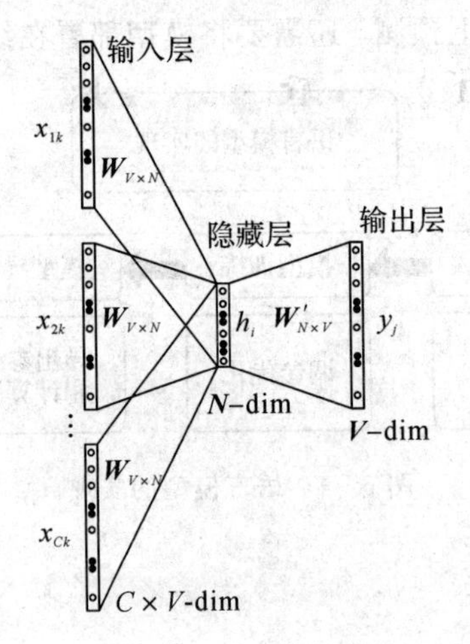

图 6-5 CBOW 模型

2. skip-gram 模型

skip-gram 模型是根据中间词预测上下文，其输入 X 是任意单词，输出 Y 为给定词表中每个词作为上下文词的概率。如图 6-6 所示，skip-gram 模型结构是 CBOW 模型的翻转，由输入层、中间隐藏层、输出层构成。

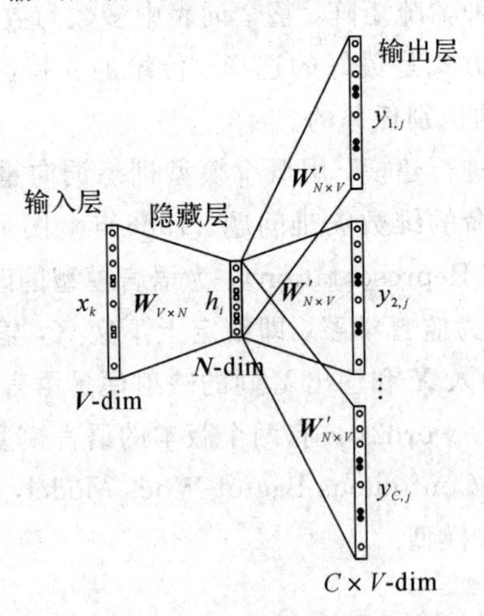

图 6-6 skip-gram 模型结构

综上，从监督学习角度看，word2vec 的本质是基于神经网络的多分类问题，但从自然语言处理角度讲，word2vec 关注的是训练之后得到的词向量表征，其维度远远小于词表大小，所以，word2vec 本质是一种 NLP 中的降维操作。

6.3　循环神经网络

6.3.1　生物机理

与卷积神经网络一样，循环神经网络的发展也与神经科学、脑科学的发展密切相关。1933 年，西班牙神经生物学家 Rafael 发现了大脑皮层的解剖结构允许刺激在神经回路中循环传递，并由此提出反响回路假设(Reverberating Circuit Hypothesis)，如图 6-7 所示。该假说在同时期的一系列研究中得到认可，被认为是生物拥有短期记忆的原因。20 世纪 40 年代初，加拿大心理学家赫布提出短时记忆的机制，用以表明中枢神经系统中保持刺激所产生的兴奋的机制。随后神经生物学的进一步研究发现，反响回路的兴奋和抑制受大脑阿尔法节律(α-rhythm)调控，并在 α-运动神经(α-motoneurones)中形成循环反馈系统(recurrent feedback system)。在 20 世纪七八十年代，为模拟循环反馈系统而建立的各类数学模型为循环神经网络的发展奠定了基础。此外，美国学者 Hopfield 的神经数学模型中，使用二元节点建立的 Hopfield 神经网络启发了其后的循环神经网络研究。

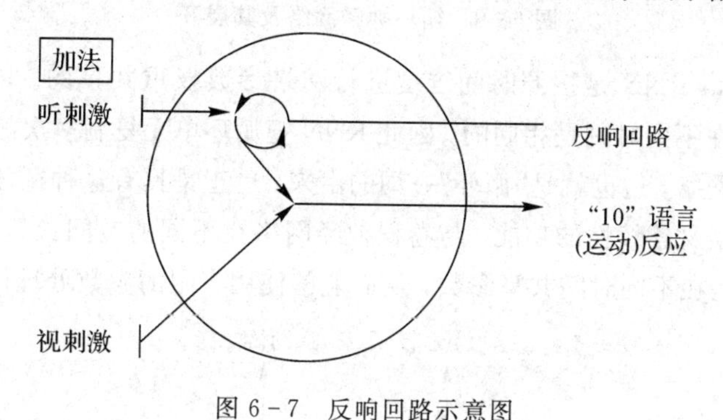

图 6-7　反响回路示意图

6.3.2　网络结构

传统的多隐层前馈神经网络没有时间顺序概念，只考虑当前输入数据；卷积神经网络利用卷积和池化操作擅长提取局部特征信息，但在自然语言处理中，对序列数据处理具有局限性；而循环神经网络(RNN)是一类以序列数据为输入，在序列的演进方向进行循环，并且所有循环单元节点按链式连接的神经网络模型。

因此，RNN 更符合人类语言的特性，具有"记忆"能力，可以捕获之前已经被计算过的信息，并用于当前计算。如图 6-8 所示，循环神经网络包括输入层、循环隐藏层和输出层等三层，其核心部分是一个有向图，有向图展开中以链式相连的元素被称为循环单元

(RNN Cell)，循环单元构成的链式连接与多隐层前馈神经网络中隐藏层(Hidden Layer)类似。仅就循环单元而言，X 代表输入数据，S 代表隐藏层结构，U 是输入层到隐藏层的连接权重，O 代表输出层，V 代表隐藏层神经元与输出层神经元之间的连接权重。需要注意的是，权重 W 决定了隐藏层 S 的输出是当前输入 X 与上一次隐藏层的输出值的加权结果，也就是说，权重 W 是上一次输出值在本次输入中代表的权重。

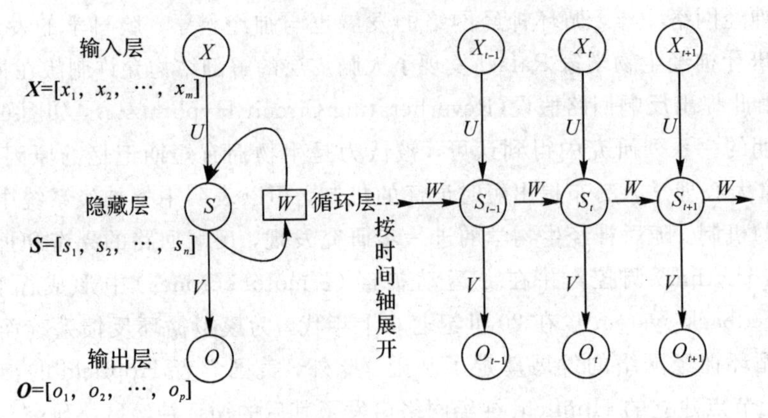

图 6-8　循环神经网络及其展开

如图 6-9 所示，RNN 是按照时间维度进行网络参数权重共享的。可以看出，RNN 中的权重和激活函数在不同时刻是相同的，因此 RNN 把循环单元复制多次，以时序的形式将信息不断传递到下一网络，这也就是“循环”一词的由来，也正是具有这种循环结构，循环神经网络才具备了“记忆”语义连续性的功能。与卷积神经网络在不同的空间位置共享参数模式相类比，循环神经网络是在不同时间共享参数，从而能够使用有限的参数处理任意长度序列。

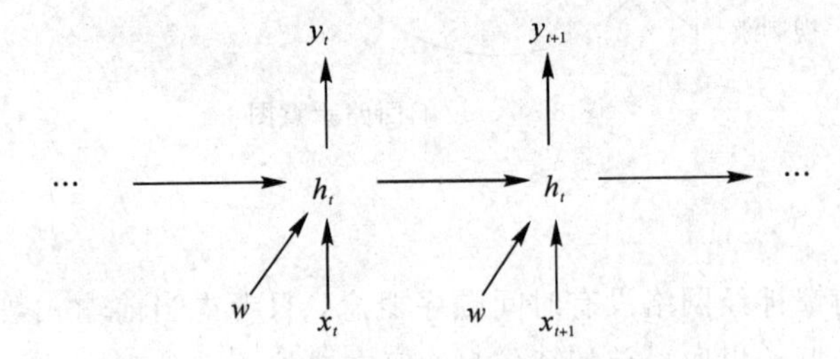

图 6-9　RNN 的网络参数权重共享模式

循环神经网络在时刻 t 接收到输入数据之后，隐藏层的输入值还受上一时刻的输出数据及其权重影响，这种影响方式可以用如下公式量化表示：

$$O_t = g(V \cdot S_t) \tag{2}$$

$$S_t = f(U \cdot X_t + W \cdot S_{t-1}) \tag{3}$$

由此可知，隐藏层输出值 S_t 不仅取决于输入层的输入数据 X_t，还取决于上一时刻隐藏层的输出值 S_{t-1}。此外，RNN 网络结构中激活函数通常采用 Sigmoid、Tanh 等非线性函数。为便于理解，RNN 完整的网络结构简图如图 6－10 所示。

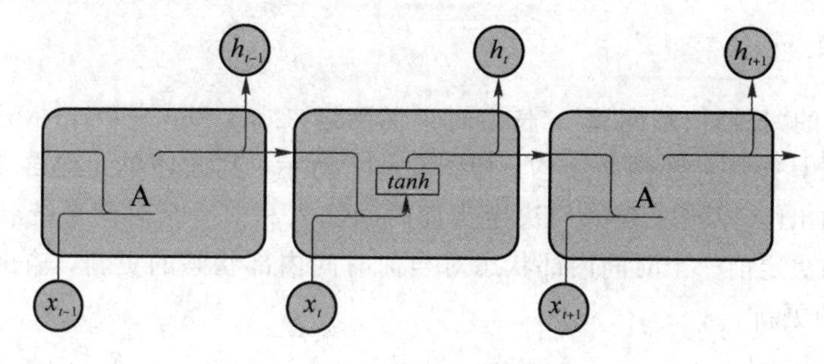

图 6－10　RNN 网络结构简图

6.3.3　网络训练

由于循环神经网络结构的特殊性，其网络参数训练一般采用时间反向传播(Back Propagation Through Time，BPTT)算法，其核心思想仍然为梯度下降。具体讲，就是将 RNN 按时间序列展开，首先采用前向传播(Forward Propagation)算法将输入数据正向传播到最后一层，然后通过反向传播(Back Propagation)从最后一个时间累积损失误差传递回第一层。BPTT 算法流程如表 6－1 所示。

表 6－1　BPTT 算法

循环神经网络的训练算法：BPTT Input：样本数据 Output：训练好的网络模型
第一步：前向计算每个神经元的输出值； 第二步：反向计算每个神经元的误差项值，求误差函数对神经元加权输入的偏导数； 第三步：计算权重梯度； 第四步：用随机梯度下降算法更新权重

理论上，循环神经网络可以支持任意长度的序列结构，然而在实际训练过程中，如果序列过长，一方面会导致网络训练的梯度消失或梯度爆炸，另一方面，展开后的前馈神经网络会占用过大内存，因此，一般都会规定网络的最大长度。此外，RNN 网络在第 i 步的输出结果蕴含了从初始到当前所有已输入的数据信息，但 RNN 并无法实现这样的长时间记忆，即长期依赖问题(Long-Term Dependency)，尤其，随着时间推进，RNN 对早期输入数据的记忆是不断消散的，所以在训练网络参数时，具有记忆长度限制。

6.4 循环神经网络改进

6.4.1 LSTM

针对 RNN 的“长期依赖问题”，长短时记忆网络(Long Short-Term Memory，LSTM)采用门控算法设计循环神经网络结构，如图 6-11 所示，其循环单元包含 3 个门控：输入门、遗忘门和输出门。其中，输入门决定当前时间输入和前一个时间系统状态对内部状态的更新，遗忘门决定前一个时间内部状态对当前时间内部状态的更新，输出门决定内部状态对系统状态的更新。

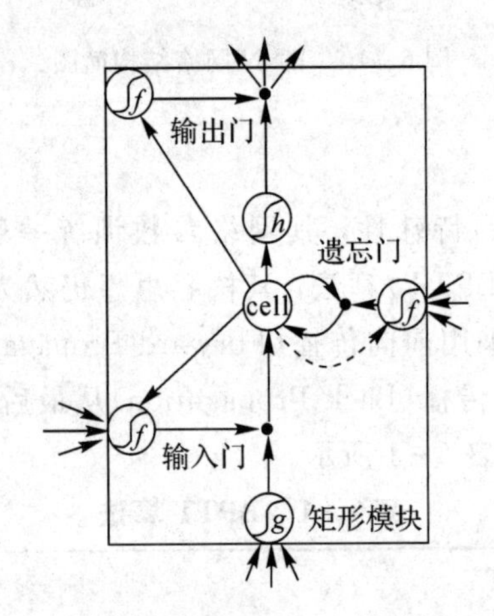

图 6-11　LSTM 的循环单元

如图 6-12 所示，LSTM 的结构与 RNN 类似，但其循环单元具有四层。其中，矩形模块代表一个具体的神经网络层，箭头代表整个数据向量(Vector)从一个节点输出到另一个节点输入的流向，圆圈符号是按位操作(Pointwise Operations)。

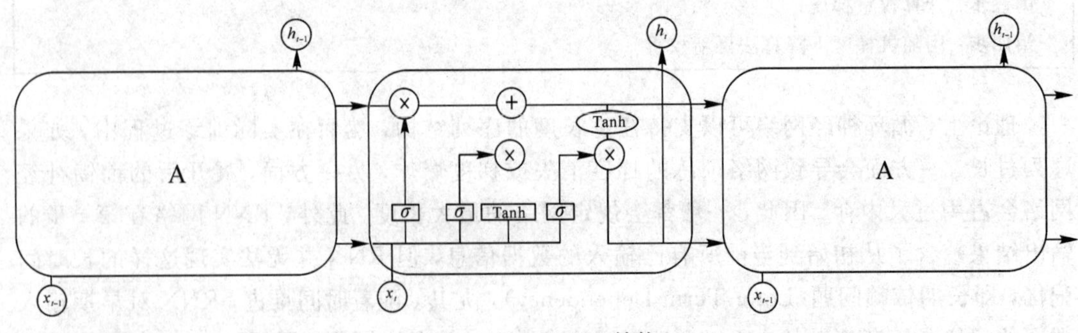

图 6-12　LSTM 结构

LSTM 中循环单元沿着整个链式网络传输的过程中，通过逻辑门(gate)来控制循环单元状态，一般来讲，一个逻辑门可以由 Sigmoid 激活函数和按位乘操作构成，其输入是向量，输出是 0 到 1 区间的实数向量，其权重向量和偏置项依然为网络训练和学习的参数。在这三个逻辑门中，第一个门用来控制长期状态的保存，第二个门负责控制把即时状态输入到长期状态，第三个门负责控制长期状态的遗忘，如图 6 - 13 所示。

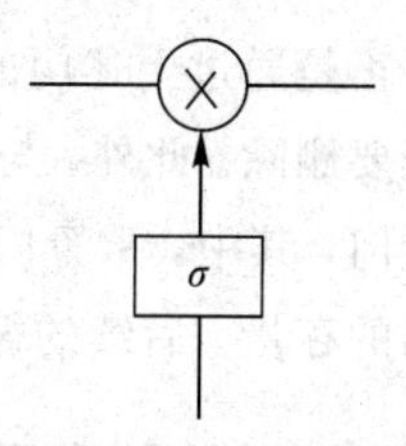

图 6 - 13　Sigmoid 激活函数和按位乘操作

如图 6 - 14 所示，通常输入的激活函数为 Sigmoid 函数，输出的激活函数为 Tanh 函数。其中，Sigmoid 层的输出值被挤压在 0 和 1 之间，0 表示逻辑门关闭，1 表示逻辑门开启。

一个 LSTM 网络用三个逻辑门来控制循环单元的状态，遗忘门来决定抛弃哪些信息，输入门和 Tanh 层共同决定哪些信息需要存储，如图 6 - 15 所示。

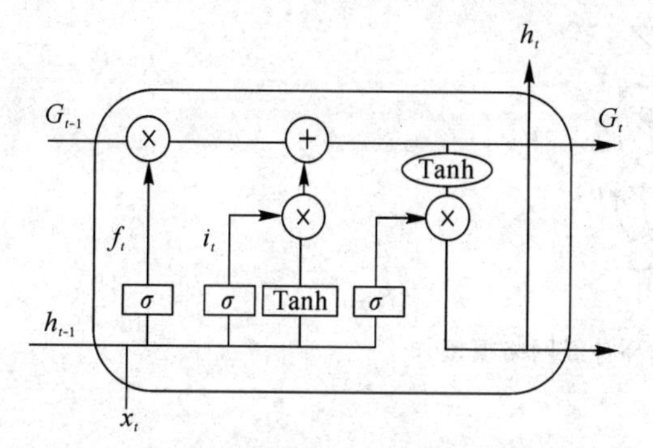

图 6 - 14　遗忘门

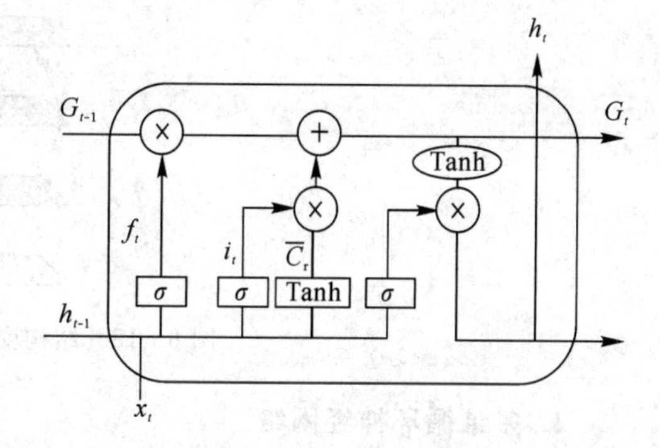

图 6 - 15　输入门和 Tanh 层

通过门控制 cell 状态的更新，符合算法规则的信息才会留下，不符合算法规则的信息则通过遗忘门被遗忘，如图 6 - 16 所示。

通过 Sigmoid 激活函数决定输出循环单元状态的哪一部分，再通过 Tanh 函数将循环单元输出状态值约束在[−1，1]区间，如图 6 - 17 所示。

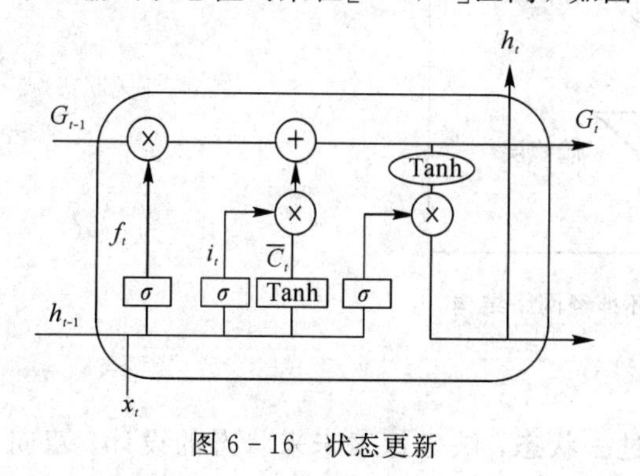

图 6 - 16　状态更新

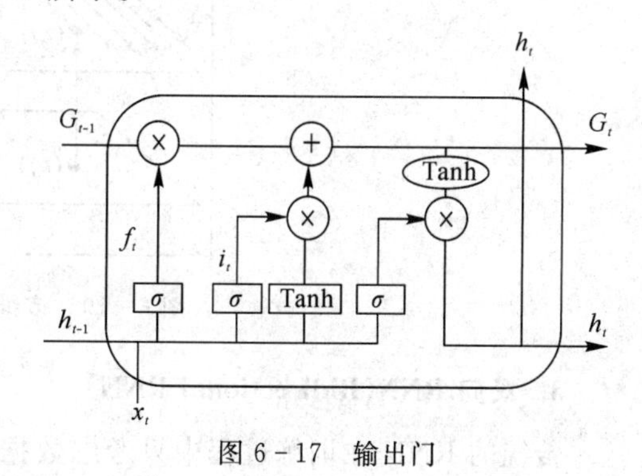

图 6 - 17　输出门

正是通过上述门的结构设计，才让 LSTM 网络知道输入序列中哪些数据要保留，哪些数据要删除。此外，与 LSTM 网络类似，GRU(Gated Recurrent Unit)网络设计了更新门和重置门，其中，重置门决定新输入信息与记忆的结合方式，更新门定义了记忆保存到当前时间的存量。后续的循环神经网络技术基本上都是按照上述思路实现的。

6.4.2 其他改进模型

1. 结构受限循环神经网络

结构受限循环神经网络(Structurally Constrained Recurrent Neural Network，SCRN)的研究发现：隐藏状态在网络训练过程中会快速变化，因此，为解决梯度消失问题，SCRN 网络添加了特定循环矩阵结构，如图 6－18 所示。

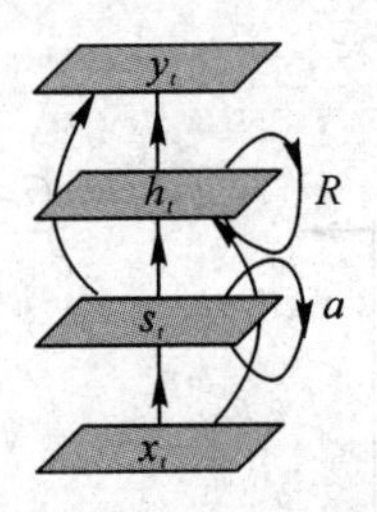

图 6－18 结构受限循环神经网络模型

2. 多维循环神经网络

多维循环神经网络(MDRNN)是 RNN 在高维序列学习中的实现，通过在每个维度使用循环连接以学习数据内的关系。如图 6－19 所示，数据序列在二维 RNN 中前向传递的同时，隐藏层平面的连接是不断循环的。

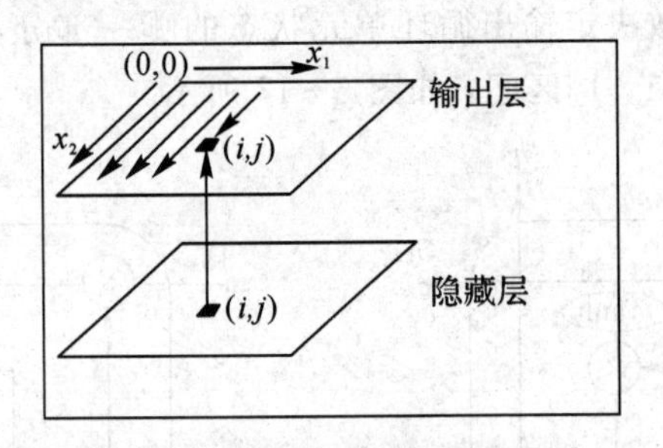

图 6－19 多维循环神经网络结构

3. 双向 RNN(Bidirectional RNN)

传统的 RNN 在训练过程中只考虑数据的过去状态，缺乏探索未来状态的设计。双向

RNN(BRNN)利用过去和未来的所有可用输入序列评估输出向量，用一个 RNN 以正向时间方向处理序列，以及用另一个 RNN 以反向时间方向处理序列，其结构如图 6－20 所示。

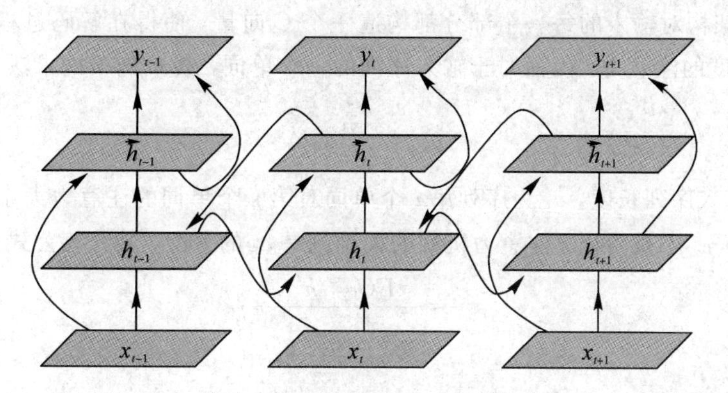

图 6－20　双向 RNN 展开结构

4. Seq2Seq

在机器翻译、聊天对话等应用中，输入和输出的序列长度不一定相等，我们将这种输入序列映射到另一个可变长度序列的 RNN 架构称为编码-编码架构或序列到序列架构(Seq2Seq)。

Seq2Seq 模型实际上是一个 Encoder-Decoder 的网络模型，由 Encoder 将变长的序列编码压缩成固定长度的向量，然后由 Decoder 解码成目标序列。每一个输入参与到后一个输入的编码过程，使每一个输入的信息累积起来，编码完成后输出一个固定长度的向量 C。C 向量作为条件参与到每一个输出的解码过程，如图 6－21 所示。

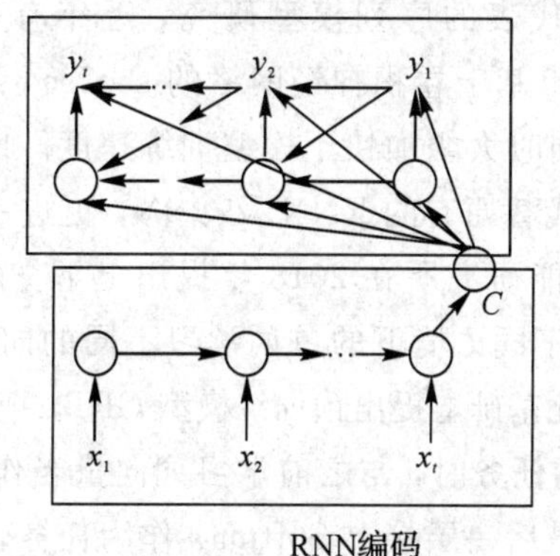

图 6－21　Seq2Seq 模型

该架构的问题是，对于一个长序列，C 向量难以恰当地概括输入序列的特征，尤其是在机器翻译应用中，效果不佳。由此，引入注意力机制(Attention Mechanism)来帮助解决这个问题。该架构对输入的每一个部分都构造一个 C 向量，使得在解码过程中，对不同部分分配不同程度的注意力。因而对于输入序列的一个单词，其 C 向量的求法为：

$$C_i = \sum_{j=1}^{N_x} a_{ij} h_j \tag{4}$$

其中，N_x 为输入序列长度，a_{ij} 为序列第 i 个单词对第 j 个单词的注意力大小，h_j 为第 j 个单词的特征编码。不难看出，注意力机制的关键就是 a_{ij} 的分配，其计算公式为

$$a_{ij} = \frac{F(h_j, h'_{i-1})}{\sum_{j=1}^{N_x} F(h_j, h'_{i-1})} \tag{5}$$

其中，F 函数用来衡量编码端第 j 个词对解码端第 i 个词的影响程度，其计算方式有很多种，不同的计算方式代表不同的 Attention 模型，常见的计算方式如下：

$$F(h_j, h'_{i-1}) = \begin{cases} h_j^{\mathrm{T}} h'_{i-1}, & \text{点积} \\ h_j^{\mathrm{T}} W_a h'_{i-1}, & \text{矩阵乘法} \\ W_a [h_j^{\mathrm{T}};\ h'_{i-1}], & \text{连接} \end{cases} \tag{6}$$

6.5 研究进展与应用领域

6.5.1 研究进展

关于以循环神经网络为代表的序列模型研究，近年有一些突破性进展。2017 年，Facebook 人工智能实验室提出基于卷积神经网络的 seq2seq 架构，将 RNN 替换为带有门控单元的 CNN，提升效果的同时大幅加快了模型训练速度。此后，Google 提出 Transformer 架构，使用 Self - Attention 代替原有的 RNN 及 CNN，更进一步降低了模型复杂度。在词表示学习方面，Allen 人工智能研究所在 2018 年提出上下文相关的表示学习方法 ELMo，利用双向 LSTM 语言模型对不同语境下的单词学习不同的向量表示，在多个 NLP 任务上取得了提升。OpenAI 团队在此基础上提出预训练模型 GPT，把 LSTM 替换为 Transformer 来训练语言模型，在应用到具体任务时，与之前学习词向量当作特征的方式不同，GPT 直接在预训练得到的语言模型的最后一层接上 Softmax 作为任务输出层，然后再对模型进行微调，在多项任务上 GPT 取得了更好的效果。不久之后，Google 提出 BERT 模型，将 GPT 中的单向语言模型拓展为双向语言模型(Masked Language Model)，并在预训练中

引入了 sentence prediction 任务。BERT 模型在多个任务中取得了目前最好的效果，是深度学习在 NLP 领域又一个里程碑式的工作。

BERT 自从在 arXiv 上发表以来，获得了研究界和工业界的极大关注，随后涌现出一大批类似“BERT”的预训练(pre - trained)模型，有引入 BERT 双向上下文信息的广义自回归模型 XLNet、改进 BERT 训练方式和目标的 RoBERTa 和 SpanBERT，还有结合多任务以及知识蒸馏(Knowledge Distillation)强化 BERT 的 MT - DNN 等。

6.5.2 应用领域

循环神经网络是当前深度学习热潮中最重要和最核心的技术之一，提高了神经网络对序列数据处理的能力，在语音识别、机器翻译、音乐生成、文本生成、情感分类、DNA 序列分析、视频行为识别、实体名字识别等方面具有良好应用，在如下重要场景中也具有重要发展潜力。

1. 知识图谱

知识图谱能够描述复杂的实体关联关系，应用极为广泛，尤其在搜索引擎中可为搜索结果提供结构化结果关联。同时，微软小冰、苹果 siri 等聊天机器人中也融入了知识图谱应用，IBM Watson 是问答系统中应用知识图谱的典型例子。按照应用方式，可以将知识图谱的应用分为语义搜索、知识问答，以及基于知识的大数据分析和决策等。尤其，在大规模知识库用户搜索关键词和文档内容进行语义标注时，循环神经网络对序列数据的处理优势可以得到充分发挥，如图 6 - 22 所示。

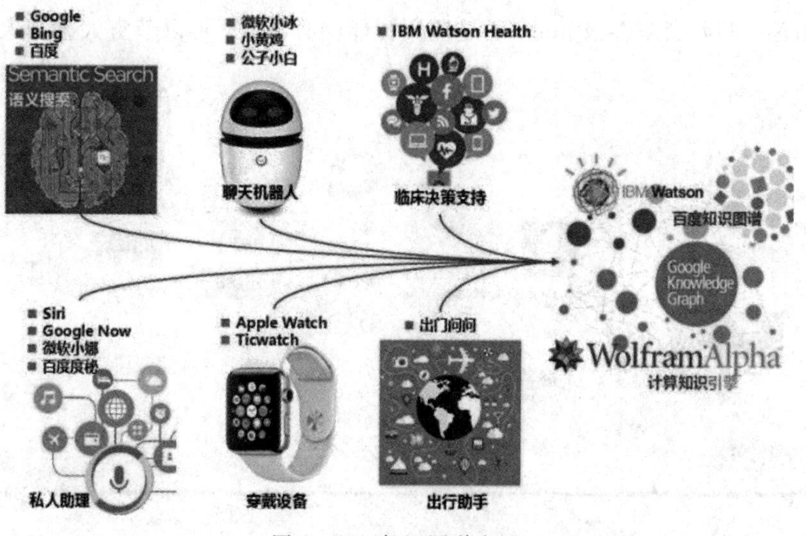

图 6 - 22　知识图谱应用

2. 机器翻译

机器翻译是自然语言处理最为人知的应用场景，一般是将机器翻译作为某个应用的组成部分，例如跨语言的搜索引流等。目前以IBM、谷歌、微软为代表的国外科研机构和企业均相继成立机器翻译团队，专门从事智能翻译研究，如IBM于2009年9月推出Via Voice Translator机器翻译软件，为自动化翻译奠定了基础。2011年开始，伴随着语音识别、机器翻译技术、深度神经网络技术的快速发展和经济全球化的需求，口语自动翻译研究成为当今信息处理领域新的研究热点。Google于2011年1月正式在Android系统上推出了升级版的机器翻译服务；微软的Skype于2014年12月宣布推出实时机器翻译的预览版，支持英语和西班牙语的实时翻译，并支持40多种语言的文本实时翻译；百度在2015年发布了全球首个互联网神经网络翻译系统，解决了大规模数据训练、集外词问题、漏译问题、数据稀疏等一系列国际公认难题。此外，百度与途鸽合作研发了全球首个共享Wi-Fi翻译机，将Wi-Fi和语音翻译集成，实现80多个国家的4G网络高速连接和10种语言的高质量语音翻译，如图6-23所示。

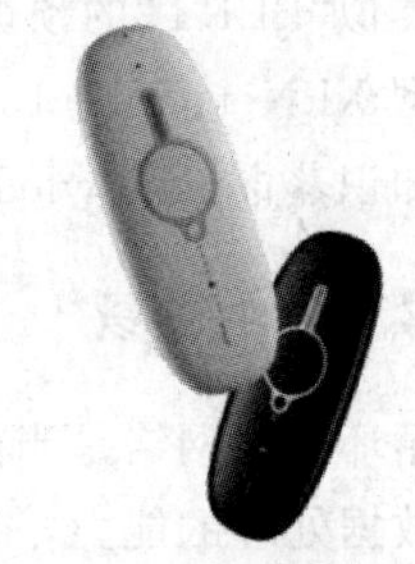

图6-23　百度-途鸽Wi-Fi翻译机

3. 聊天机器人

聊天机器人是指能通过聊天app、聊天窗口或语音唤醒app进行交流的计算机程序，是被用来解决客户问题的智能数字化助手，例如Siri、小娜等对话应用场景，其特点是成本低、高效且持续工作，其发展路线如图6-24所示。除此之外，聊天机器人可以在电商网站充当客服角色，例如京东客服jimi，通过应用智能问答系统，可以节省大量的人工成本。

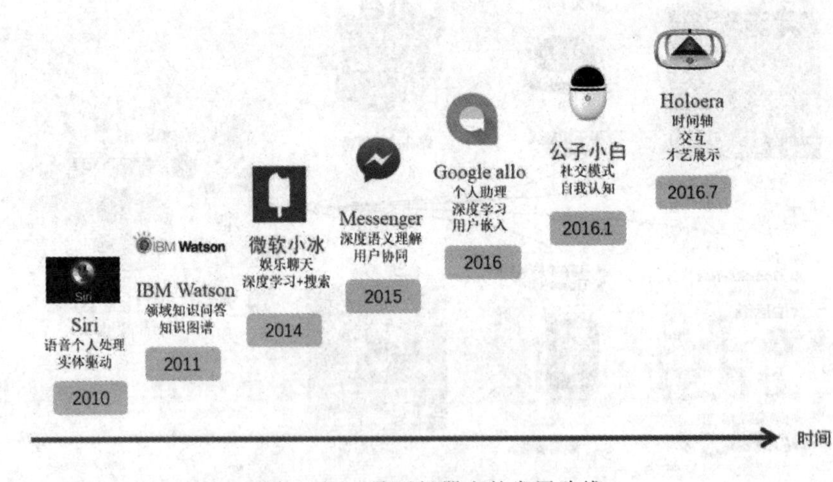

图6-24　聊天机器人的发展路线

4. 搜索引擎

循环神经网络的自然语言处理技术在搜索引擎中常常被使用。搜索引擎的职责不单单是帮助用户找到答案，还能帮助用户找到所求，连接人与实体世界的服务，如图 6-25 所示。搜索引擎最基本的模式是自动化聚合足够多的内容，并对之进行解析、处理和组织，响应用户的搜索请求找到对应结果返回。每一环节，都要用到自然语言处理。一方面，自然语言处理技术使得搜索引擎能够快速精准地返回用户搜索结果；另一方面，搜索引擎在商业上的成功，也促进了自然语言处理技术的进步。

图 6-25　广义的搜索引擎

6.6　温故知新

循环神经网络是解决序列数据学习的重要工具，在自然语言理解等领域具有重要作用。本章主要涉及的知识点有：

(1) 自然语言处理，是指用计算机对自然语言的形、音、义等信息进行处理，即对字、词、句、篇、章的输入、输出、识别、分析、理解、生成等的操作和加工，包括自然语言理解和自然语言生成两个流程。

(2) 语言模型是语言表示的概率模型，其目的是描述给定词序列的概率分布，即计算句子/段落/文档的概率。

(3) 词向量是自然语言处理研究的基石，其基本假设为：语义相似的词上下文也相似。

(4) 循环神经网络包括输入层、循环隐藏层和输出层，其核心思想是按照时间维度进行网络参数权重共享。

6.7 习　题

习题 6-1　在人工智能领域或者语音信息处理领域中，学者们普遍认为采用图灵试验可以判断计算机是否理解了某种自然语言，具体的判别标准有以下几条：

(1) 问答，机器人能正确回答输入文本中的有关问题。

(2) 文摘生成，机器有能力生成输入文本的摘要。

(3) 释义，机器能用不同的词语和句型来复述其输入的文本。

(4) 翻译，机器具有把一种语言翻译成另一种语言的能力。

请结合图灵测试，分析并设计计算机理解自然语言中智能语音识别性能的判断流程。

习题 6-2　百度提出的持续学习语义理解框架艾尼(ERNIE)利用百度海量数据和飞桨多机多卡高效训练优势，融合大数据及知识，持续地构建词法、句法和语义三个层次的多种预训练任务，通过持续的多任务学习技术进行训练更新。目前，ERNIE 2.0 在自然语言推断、自动问答、阅读理解等多种中文 NLP 任务和英文通用自然语言理解任务 GLUE 上，效果超越 BERT 和 XLNET，如图 6-26 所示。

请结合本章所学的循环神经网络和自然语言处理知识，尝试在百度 ERNIE 开源工具中进行算法调试和案例部署实验，在理论学习的同时，提高实践能力。

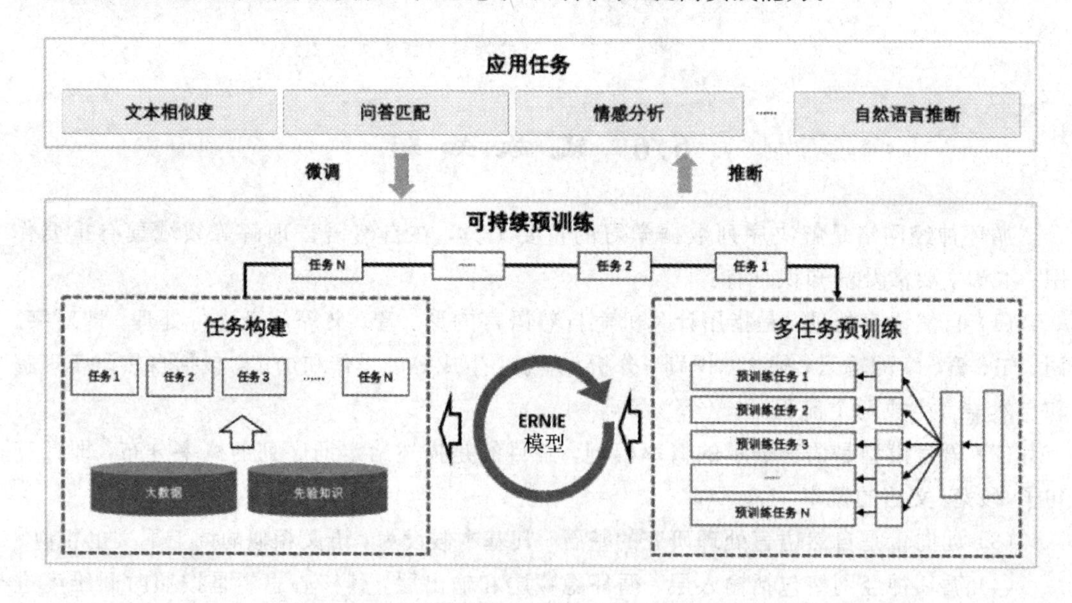

图 6-26　百度持续学习语义理解框架 ERNIE 2.0

习题 6-3　来自德勤研究的人工智能层级分布图表明，AI 全面进入机器学习时代，尤

其，随着技术的进步和发展，人类学习知识的途径逐渐从进化、经验和传承演化为借助计算机和互联网进行传播和储存，如图 6－27 所示。

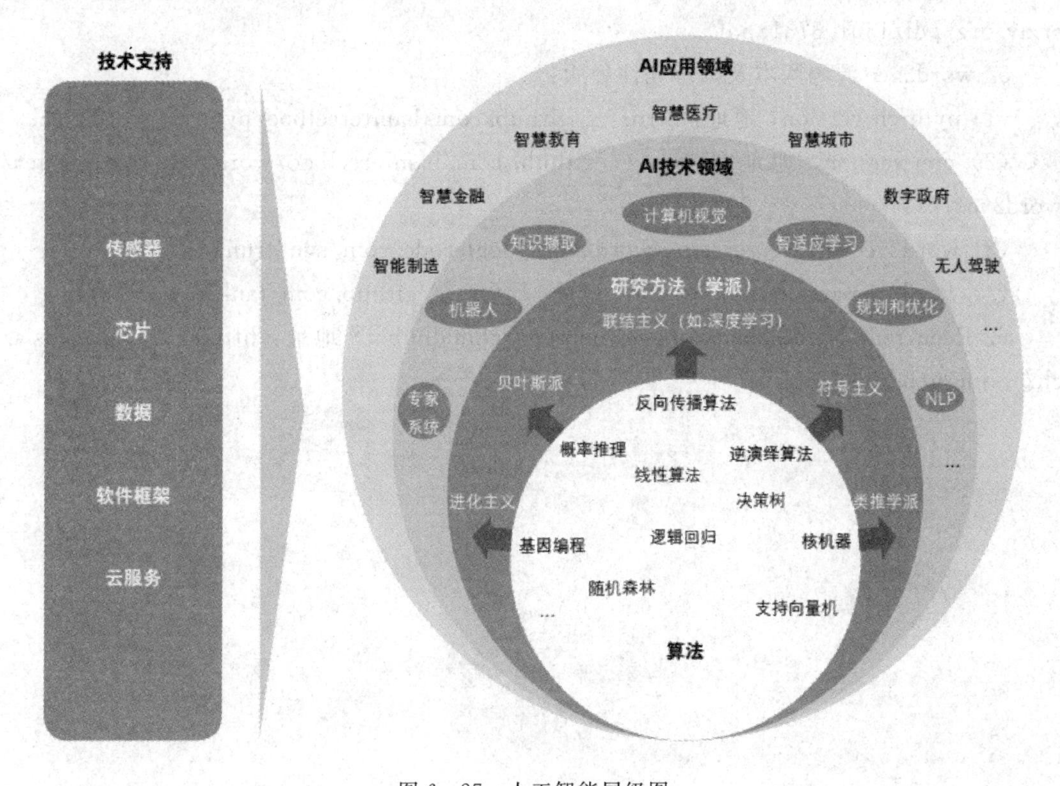

图 6－27　人工智能层级图

请结合循环神经网络技术特点，梳理其在人工智能层级分布中的位置，并思考如何从“问题导向，应用驱动”的角度，拓展其在人工智能背景下的应用领域。

习题 6－4　LSTM 的发明人、德国计算机科学家 Jürgen Schmidhuber 在接受英国《卫报》采访时表示，宇宙史上重大事件的发生间隔似乎在几何式地缩短——前后两个里程碑事件的间隔约为前一个间隔的四分之一。按照这一规律，人工智能可能在 2050 年超过人类智商。人工智能将造就一种新型的生命，像是生物大爆炸。

请结合循环神经网络技术的发展及应用，谈谈对 Schmidhuber 教授观点的认识。

参考资源

1. 中文信息处理发展报告，2016.

2. 2006－2020 年国家信息化发展战略，中共中央办公厅、国务院办公厅，2006.

3. 自然语言处理，AMiner 研究报告第八期(AMiner. org).

4. word2vec 论文，Efficient Estimation of Word Representations in Vector Space(https://arxiv. org/pdf/1301. 3781. pdf).

5. word2vec 源码版本及其源码注释版：

(1) pytorch-version，地址：https://github. com/bamtercelboo/pytorch_word2vec；

(2) cpp-version，地址：https://github. com/bamtercelboo/word2vec/tree/master/word2vec；

(3) word2vec-source-version，word2vec. googlecode. com/svn/trunk/；

(4) word2vec-annotation-version，地址：https://github. com/tankle/word2vec.

6. Recurrent Neural Networks；Juergen Schmidhuber，地址：http://people. idsia. ch/ ~juergen/rnn. html.

第 7 章　深度强化学习方法解析

作为引爆人工智能大潮的关键事件，谷歌 DeepMind 团队提出了 AlphaGo 和 AlphaGo Zero，其关键支撑技术为深度强化学习，因此，强化学习与深度神经网络的结合是人工智能历史上新的里程碑。其中，强化学习通过与环境的交互来使智能体不断学习，并定义了智能应用问题优化的目标，深度神经网络则给出优化问题的解决方式。可以说，深度强化学习是最接近于通用人工智能(AGI)的范式之一。

由于深度强化学习理论性较强，涉及大量理论推导，因此，本章以具体案例设计强化学习场景，由浅入深剖析深度强化学习的方法脉络。本章主要涉及的知识点包括：

· 讲解强化学习的基础知识，掌握强化学习的定义、相关概念，以及马尔可夫决策过程。

· 理解传统强化学习的主要方法及 Q-learning 算法。

· 以 DQN 为例，掌握深度强化学习的关键方法及其改进模型。

· 了解深度强化学习的应用领域及研究进展。

7.1　强化学习概述

强化学习(Reinforcement Learning，RL)从动物学习、参数扰动、自适应控制等理论发展而来，用于描述和解决智能体(Agent)在与环境的交互过程中通过学习策略以达成回报最大化或实现特定目标的问题。其基本原理是：如果 Agent 的某个行为策略得到环境正向的奖赏信号反馈，那么 Agent 以后产生该行为策略的趋势便会加强。

强化学习在机器人学科中被广泛应用。在与障碍物碰撞后，机器人通过传感器收到负面的反馈从而学会避免冲突。在视频游戏中，我们可以通过反复试验采用一定的动作，获得更高的分数。Agent 能利用回报去理解玩家最优的状态和当前他应该采取的动作。

如图 7－1 所示为强化学习的基本流程，迷宫环境中的老鼠模拟 Agent，其任务是走出迷宫，根据当前所处状态(即观察)，按照某种策略选择下一步动作，并从环境中得到奖励(如一块蛋糕)。通过这种方式，Agent 在行动评价的环境中获得知识，改进行动方案以适应环境。

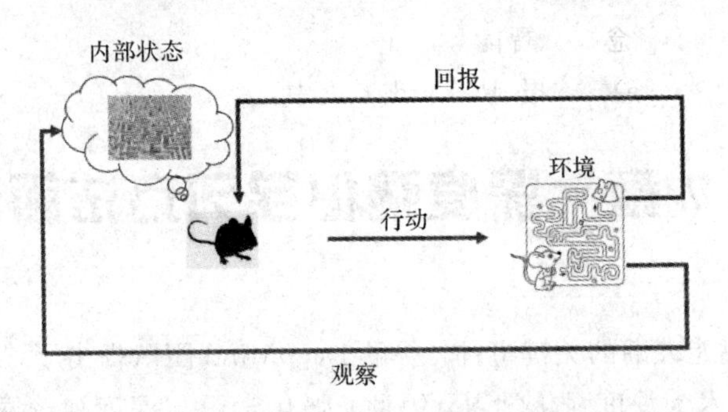

图 7-1　强化学习的基本学习流程

DeepMind 的强化学习大牛 David Silver 曾给出这样的定义：

深度学习(DL)+强化学习(RL)=深度强化学习(DRL)=人工智能(AI)

其中，深度学习可以在数据中自动提取特征向量，而强化学习通过自身与环境的交互获取无标签数据，同时，强化学习可以通过深度神经网络来拟合<状态，动作>的映射，使其适应所处环境以换取最高奖励。因此，深度学习+强化学习既有典型监督型学习的特征，又可以克服无预先数据集、数据集非独立同分布等天然缺陷。

简言之，强化学习是多学科多领域交叉的产物，其本质是解决“decision making”的问题，即学会自动决策。在计算机科学领域体现为机器学习算法；在工程领域体现在决定动作序列来得到最好的结果；在神经科学领域体现在理解人类大脑如何做出决策，主要的研究是反馈系统(Reward System)；在心理学领域，研究动物如何做出决策，动物的行为是由什么导致的；在经济领域体现在博弈论的研究。上述所有问题最终归结为一个问题，即人为什么能够且如何做出最优决策。实际上，强化学习的框架是灵活而抽象的，比如，时间步长不只特指真实的时间间隔，还可以指任意决策或者动作的连续阶段；动作行为可以是低层次的信号控制，也可以是高层次的判断，抑或是智能体的具体决策。所以，动作可以是任何我们想要学习或者制定的决策，状态可以是任何决策的相关信息，如金融趋势、天气预报、动物行为、电量需求、顾客消费情况、投票情况等，尤其，DeepMind 使用强化学习算法框架优化了谷歌数据中心的能源损耗，极大地拓展了强化学习的应用领域。此外，强化学习在过程控制、任务调度、机器人设计、语音识别、汽车导航及游戏等领域均取得了广泛应用。

7.2　强化学习基础

7.2.1　定义及相关概念

强化学习不仅是机器学习的重要分支，更是多学科多领域交叉的产物，其本质是解决自动决策问题，四个核心概念为：智能体(Agent)、环境(Environment)、状态(State)、回报(Reward)。其中，智能体和环境是主体，后者是前者存在于其中并与之互动的世界，在交互的每一步中，智能体会获得环境的状态信息，并决定之后要采取的行动。随着环境和智能体之间不断地进行反馈，两者的状态也会不断变化。智能体在环境之中会接收到反馈信号，信号会说明现在智能体所处状态的好坏程度。智能体的目标就是最大化累积反馈，也就是回报，如图 7-2 所示。

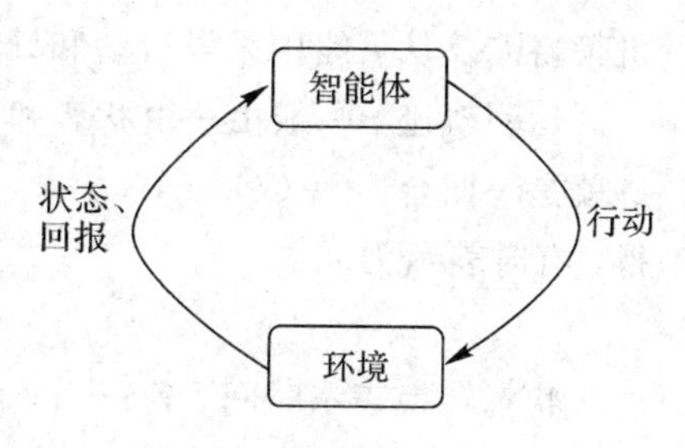

图 7-2　智能体与环境交互

为了便于后续概念讲解，强化学习所涉及的术语列举如下：状态和观察(States and Observations)、动作空间(Action Spaces)、策略(Policies)、行动轨迹(Trajectories)、奖励与回报、目标函数和值函数。

状态是关于环境状态的完整描述，观察是对状态的部分描述。在深度强化学习中，一般用实数向量、矩阵或高阶张量(tensor)表示状态和观察。例如，视觉观察可以用 RGB 像素矩阵表示；机器人状态可以通过关节角度和速度来表示。

注意：强化学习有时用符号 s 代表状态，有些地方也会写作观察符号 o。尤其当智能体在决定采取什么动作的时候，理论上动作是基于状态的，但实际上，动作是基于观察的，因为智能体并不能直接知道状态本身，只能通过观察了解状态，这与人类认知是相符的。

在不同环境中可以进行不同动作，所有有效动作的集合称为动作空间。以 Atari 游戏和围棋为例，智能体只能采取有限种动作，是典型的离散动作空间。例如，智能体在物理世界中控制机器人，此时，智能体的选择是无限的，即连续动作空间。

策略的本质是动作选择函数，相当于智能体的大脑决定智能体下一步行动的规则，分为确定性策略和随机性策略，表示为

$$a_t=\mu(s_t) \tag{1}$$

$$a_t\sim\pi(\cdot\mid s_t)=p(\cdot\mid s_t) \tag{2}$$

通常，“策略”和“智能体”二者可互换，例如“策略的目的是最大化奖励”，其实质指智能体的目的是最大化奖励。

在深度强化学习中，参数化策略的输出依赖于一系列计算函数，这些函数可以以具备大量网络参数的神经网络形式呈现，因此，面向神经网络的优化算法都可以作为改变智能体行为的方式。带参数的策略表示如下：

$$a_t=\mu_\theta(s_t) \tag{3}$$

$$a_t\sim\pi_\theta(\cdot\mid s_t)=p_\theta(\cdot\mid s_t) \tag{4}$$

深度强化学习中确定性策略适用于离散行动空间，类似于离散空间的分类器。常见随

机策略涉及从策略中采样行动和计算特定行为的似然 $\log\pi_\theta(a|s)$两个重要计算。

运动轨迹 τ 一般由一组状态和行动序列构成，也被称作回合(Episode)，即一条运动轨迹就是一回合，$\tau=(s_0, a_t, s_1, a_1, \cdots)$。第一个状态 s_0，通常从开始状态分布中随机采样获得，有时表示为 ρ_0：

$$s_0 \sim \rho_0(\cdot) \tag{5}$$

状态转换表示时间 t 到 $t+1$，由环境所确定的状态 s_t 到状态 s_{t+1} 的变化。状态转换具有无后效性，分为确定性和随机性两种：

$$s_{t+1} = f(s_t, a_t) \tag{6}$$

$$s_{t+1} = p(\cdot|s_t, a_t) \tag{7}$$

在强化学习中，奖励函数由当前状态、已经执行的行动和下一步状态共同决定。

$$r_t = R(s_t, a_t, s_{t+1}) \tag{8}$$

智能体行动轨迹的累计奖励 $R(\tau)$，即在固定时间窗口内行动轨迹获得的累计奖励：

$$R(\tau) = \sum_{t=0}^{T} r_t \tag{9}$$

值得注意的是，由于不能保证 r_t是收敛序列，故 T 不可取∞。此外，为保证序列收敛并加大现在的奖励权重，折扣奖励将智能体获得的全部奖励之和按时间衰减(折现)，衰减率取值 $\gamma\in(0, 1)$。

$$R(\tau) = \sum_{t=0}^{T} \gamma^t r_t \tag{10}$$

无论选择何种方式衡量奖励(累计奖励或折扣奖励)或策略，强化学习的优化目标就是通过最优策略或值函数将预期收益最大化。假设状态转换和策略都是随机的，则 t 步行动轨迹为：

$$P(\tau \mid \pi) = \rho_0(s_0) \prod_{t=0}^{T-1} P(s_{t+1} \mid s_t, a_t)\pi(a_t \mid s_t) \tag{11}$$

则预期收益为：

$$J(\pi) = \int_\tau P(\tau \mid \pi)R(\tau) = \underset{\tau\sim\pi}{E}[R(\tau)] \tag{12}$$

因此，强化学习中的核心优化问题可以表示为(π^* 是最优策略)：

$$\pi * = \arg\max_\pi J(\pi) \tag{13}$$

强化学习中，值函数可以对下一步状态进行预测，并判断当前状态好坏，即衡量从某一状态或者状态行动对开始，按照某个策略运行所获得的期望回报。下面讲解四种值函数：

同策略值函数 $V^\pi(s)$，即从某一个状态 s 开始，之后每一步行动都按照策略 π 执行：

$$V^\pi(s) = \underset{\tau\sim\pi}{E}[R(\tau)|s_0 = s] \tag{14}$$

同策略行动一值函数 $Q^{\pi}(s, a)$，即从某一个状态 s 开始，先随便执行一个行动 a，之后每一步都按照固定的策略 π 执行：

$$Q^{\pi}(s, a)=\underset{\tau\sim\pi}{E}[R(\tau)|s_0=s, a_0=a] \tag{15}$$

最优值函数 $V^*(s)$，即从某一个状态开始，之后每一步都按照最优策略执行：

$$V^*(s)=\max_{\pi}\underset{\tau\sim\pi}{E}[R(\tau)|s_0=s] \tag{16}$$

最优行动一值函数 $Q^*(s, a)$，即从某一个状态 s 开始，先随便执行一个行动 a，之后每一步都按照最优策略执行：

$$Q^*(s, a)=\max_{\pi}\underset{\tau\sim\pi}{E}[R(\tau)|s_0=s, a_0=a] \tag{17}$$

7.2.2　马尔可夫决策过程

强化学习要解决的问题可以抽象成马尔可夫决策过程(Markov Decision Process, MDP)，即智能体与环境的交互过程可以看作是 MDP 过程，在服从马尔科夫性质的系统过程中，状态转移只依赖最近的状态和行动，而不依赖之前的历史数据。其数学模型为五元数组 $\langle S, A, R, P, \rho_0\rangle$，$S$ 是所有有效状态的集合，A 是所有有效动作的集合，R 是奖励函数，P 是状态转移规则概率，ρ_0 是初始状态的分布。

为了简单起见，可以将智能体与环境的交互看作是离散的时间序列，如 7.2.1 小节图 7-2 所示，智能体从感知到的初始环境 s_0 开始，决定做一个相应的动作 a_0，环境相应地发生改变得到新的状态 s_1，并反馈给智能体一个即时奖励 r_1，然后智能体又根据状态 s_1 做一个动作 a_1，环境相应改变为 s_2，并反馈奖励 r_2…这样的交互可以一直进行下去，得到具有马尔可夫性质的行动轨迹与奖励随机变量序列：

$$s_0, a_0, s_1, r_1, a_1, \cdots, s_{t-1}, r_{t-1}, a_{t-1}, s_t, r_t, \cdots$$

由马尔可夫过程(Markov Process)可知，下一个时刻状态 s_{t+1} 只取决于当前状态 s_t：

$$p(s_{t+1}|s_t, \cdots, s_0) = p(s_{t+1}|s_t) \tag{18}$$

其中，$p(s_{t+1}|s_t)$ 称为状态转移概率。MDP 在马尔可夫过程中加入额外变量动作 a，即下一个时刻状态 s_{t+1} 和当前时刻状态 s_t 以及动作 a_t 相关：

$$p(s_{t+1}|s_t, a_t, \cdots, s_0, a_0) = p(s_{t+1}|s_t, a_t) \tag{19}$$

其中，$p(s_{t+1}|s_t, a_t)$ 为状态转移概率，给定策略 $\pi(a|s)$，马尔可夫决策过程的行动轨迹概率为：

$$\begin{aligned} p(\tau) &= p(s_0, a_0, s_1, a_1\cdots), \\ &= p(s_0)\prod_{t=0}^{T-1}\pi(a_t \mid s_t)p(s_{t+1} \mid s_t, a_t) \end{aligned} \tag{20}$$

图 7-3 为 MDP 过程的示意图。

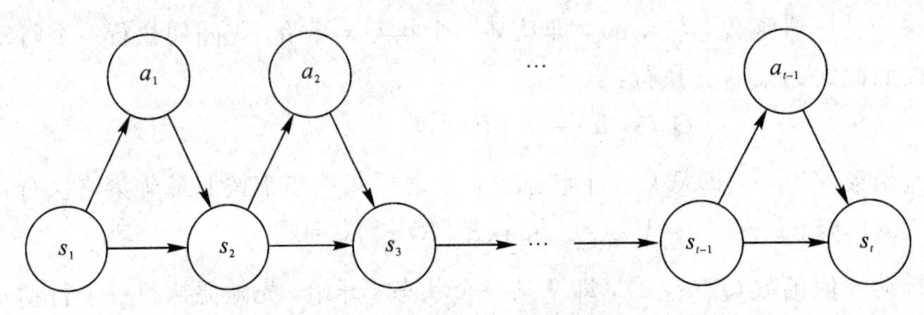

图 7-3　马尔可夫决策过程

回到 7.2.1 节讲解的值函数，全部四种值函数都遵守的一致性方程叫作贝尔曼方程(Bellman Equation)，其基本思想是将值函数分解为当前奖励和折扣的未来值函数，即当前状态的值函数可以通过下个状态的值函数来计算。如果给定策略 $\pi(a|s)$、状态转移概率 $p(s'|s, a)$和奖励 $r(s, a, s')$，就可以通过迭代的方式来计算值函数。由于存在衰减率，迭代一定周期后，整个序列就会收敛。关于 Q 函数的贝尔曼方程如下：

$$Q^{\pi}(s, a)=E_{s'\sim p(s'|s, a)}\{r(s, a, s')+\gamma E_{a'\sim\pi(a'|s')}[Q^{\pi}(s', a')]\} \tag{21}$$

综上所述，求解 MDP 的核心是贝尔曼方程，可以通过递归方式找到相应的最优策略和值函数，以及通过后文讲解的 Q-Learning 或 SARSA 方法求解。

7.3　经典强化学习

在学习强化学习方法之前，需要厘清几个概念。强化学习和监督学习的区别在于：

(1) 强化学习的样本通过不断与环境进行交互产生，即试错学习，而监督学习的样本由人工收集并标注。

(2) 强化学习的反馈信息只有奖励，并且是延迟的，而监督学习需要明确的指导信息，即状态对应的动作。

现代强化学习可以追溯到两个来源：一是心理学中的行为主义理论，即有机体如何在环境给予奖励或惩罚的刺激下，逐步形成对刺激的预期，产生能获得最大利益的习惯性行为；另一个是控制论领域的最优控制问题，即在满足一定约束的条件下，寻求最优控制策略，使性能指标取极大值或极小值。

7.3.1　强化学习分类

按照值函数与策略的结合情况，强化学习可以分为基于值函数的方法、基于策略的方法，以及融合两者的方法。从是否具有智能体对环境的评估模型角度划分，强化学习算法体系分为有模型(Model-Based)和免模型(Model-Free)两大类，如图 7-4 所示。

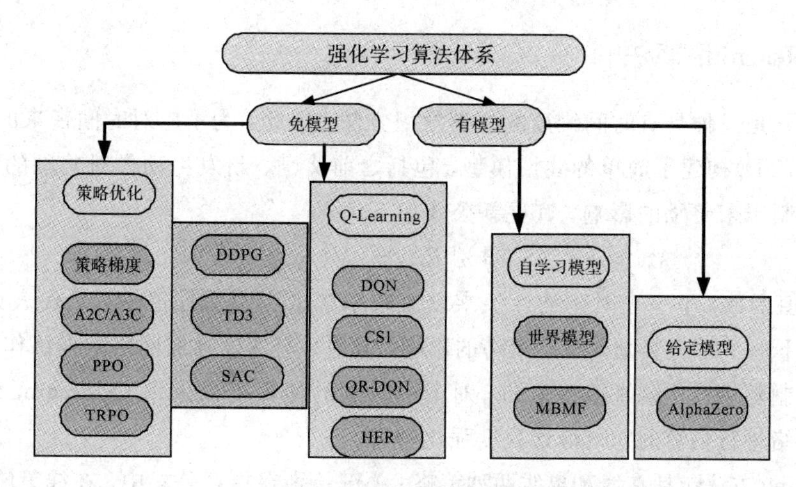

图 7-4 强化学习算法

强化学习中，基于模型的方法源于最优控制领域，通常利用高斯过程或贝叶斯网络等工具对具体问题进行建模，然后通过模型预测控制、线性二次调节器、线性二次高斯、迭代学习控制等机器学习或最优控制方法进行求解。免模型的方法来源于机器学习领域，属于数据驱动方法，利用大量采样、智能体状态估计以及值函数和回报函数优化动作策略。二者的主要差别是智能体是否能完整了解或学习到可以预测状态转换和奖励函数的环境模型。有模型方法中，智能体可以基于给定经验模型提前规划，可以提前尝试和选择候选项。例如，AlphaZero 可以把预先规划的结果提取为学习策略，以大幅度提升采样效率。有模型学习的最大缺点是智能体通常不能获得环境的真实模型，必须完全从给定经验中学习，导致学习的模型和真实模型间存在误差，直接影响真实环境中的模型表现。相比于有模型学习，虽然免模型学习放弃了在样本效率方面的优势，但该类算法往往更加易于实现和优化调整。

强化学习的经典方法包括动态规划法(Dynamic Programming)、免模型的蒙特卡洛法(Monte Carlo Method)、时间差分法(Temporal Difference)，它们的具体特征和分类见表7-1。其中，Q-learning 和 SARSA 算法最为经典。

表 7-1 经典强化学习算法

算法	特　征	分　类
动态规划	将问题拆分成子问题，利用递推(分治)方式解决	有模型；基于策略；基于值函数
蒙特卡洛法	环境状态未知，与环境交互获取状态、动作、奖励序列	免模型
时间差分法	结合动态规划与蒙特卡洛法，以 Q-learning 和 SARSA 算法为代表	免模型；基于策略

7.3.2 Q-learning 算法

强化学习是一种具有时间维度的机器学习方法，因此，为了应对时间带来的不确定性，时间差分法(TD)构建了简单的线性模型，包括之前奖励、新发生动作对奖励的影响，并引入衰减率控制未来奖励的影响，其更新公式如下：

$$V(S_t) \leftarrow V(S_t) + \alpha[R_{t+1} + \gamma V(S_{t+1}) - V(S_t)] \tag{22}$$

其中，V 为值函数，下一个时刻估计值乘以衰减率减去当前估计值的差，代表策略的间接影响，加上下一个时刻奖励，即该策略的影响，同时，与深度神经网络的训练作用类似，学习率用来控制随机性。但值函数未知，对下一时刻的估算可以采用 Q-learning 等方法，当采用神经网络进行估算时，则得到深度强化学习。

Q-learning 方法包括在线和离线两种策略，关键差别在更新公式中，在线策略 Q-learning 也称为 SARSA(State-Action-Reward-State-Action)算法。

在离线策略 Q-Learning 的更新公式中，下一个时刻估计值由下一时刻最大估计替代，即根据已有经验或者贪婪策略，选择局部最优，然后进行不断更新。

$$V(S_t) \leftarrow V(S_t) + \alpha[R_{t+1} + \gamma \max_a V(S_{t+1}, a) - V(S_t)] \tag{23}$$

因此，离线策略 Q-learning 在学习过程中估计每个动作价值函数的最大值，并通过迭代直接找到 Q 函数的极值，从而确定最优策略，其算法流程如图 7－5 所示。

1. 随机初始化所有的状态和动作对应的价值 Q，对于终止状态其 Q 值初始化为 0。
2. for i from 1 to T，进行迭代：

(a) 初始化 S 为当前状态序列的第一个状态；

(b) 用贪婪法 ε 在当前状态 S 选择出动作 A；

(c) 在状态 S 执行当前动作 A，得到新状态 S' 和奖励 R；

(d) 更新价值函数：$Q(S, A) \leftarrow Q(S, A) + \alpha[R + \gamma \max_a Q(S', A) - Q(S, A)]$；

(e) $S = S'$；

(f) 如果 S' 是终止状态，则当前轮迭代完毕，否则转到步骤(b)。

图 7－5　Q－learning 算法

在具体实现时，状态和动作集合是需要人工预先设计的有限离散集，所有状态、动作的 $Q(s, a)$ 存储在二维表格 Q-Table 中(该表格的初始化是执行 Q-learning 算法的第一步)，通过 Bellman 方程不断改进 Q-Table 来选择最佳动作直到收敛。当表格中的 Q 值都等于零时，可以使用 ε－贪婪策略改善探索/利用(exploration/ exploitation)的平衡。

在 SARSA 算法(即在线策略 Q-learning)中，其更新公式为

$$V(S_t, A_t) \leftarrow V(S_t, A_t) + \alpha[R_{t+1} + \gamma V(S_{t+1}, A_{t+1}) - V(S_t, A_t)] \tag{24}$$

SARSA 算法更新公式中，智能体无法像离线算法那样选择一个最优策略，其算法流程如图 7－6 所示。

1. 随机初始化所有的状态和动作对应的价值 Q，对于终止状态其 Q 值初始化为 0。
2. for i from 1 to T，进行迭代：
(a) 初始化 S 为当前状态序列的第一个状态。设置 A 为贪婪法 ε 在当前状态 S 选择的动作；
(b) 在状态 S 执行当前动作 A，得到新状态 S' 和奖励 R；
(c) 用贪婪法 ε 在当前状态 S' 选择出动作 A'；
(d) 更新价值函数：$Q(S, A) \leftarrow Q(S, A) + \alpha[R + \gamma Q(S', A') - Q(S, A)]$；
(e) $S = S'$，$A = A'$；
(f) 如果 S' 是终止状态，则当前轮迭代完毕，否则转到步骤(b)。

图 7－6　SARSA 算法

综上所述，SARSA 选取的是一种保守的策略，它在更新 Q 值的时候已经为未来规划好了动作，对错误和死亡比较敏感。而 Q-learning 每次在更新的时候选取的是最大化 Q 的方向，而当下一个状态时，再重新选择动作，Q-learning 是一种鲁莽、大胆、贪婪的算法，对于死亡和错误并不在乎。在实际中，如果你比较在乎机器的损害就用一种保守的算法，在训练时，可以减少机器损害的次数。

但是，不管是在线还是离线 Q-learning，在训练的时候都需要做经验回放，即在训练时再调用之前的训练状态。此外，上述例子可以通过蒙特卡罗法引入随机性，但是，Q-learning 框架是免模型的，其核心思路就是更新状态对应的估值表，只是学习到反映奖励和策略间相关性的 Q-Table，而非人类所学习的因果关系。

最后，对于强化学习来说，很多实际应用问题的输入数据是高维的，如图像、声音，用一个函数来逼近价值函数或策略函数成为解决这个问题的一种思路，函数的输入是原始的状态数据，函数的输出是价值函数值或策略函数值。在有监督学习中，我们用神经网络来拟合分类或回归函数，同样的，也可以用神经网络来拟合强化学习中的价值函数和策略函数，这就是深度强化学习的基本思想。

7.3.3　存在挑战

强化学习是实现人工智能的重要方法，通过智能体不断与环境进行交互，并根据经验调整其策略来最大化其长远的所有奖励的累积值。相比其他机器学习方法，强化学习更接近生物学习的本质，可以应对多种复杂的场景，从而更接近通用人工智能系统的目标。但经典强化学习也有如下问题：

(1)"维数灾难"问题(Curse of Dimensionality)。

经典强化学习方法比较适合离散的小状态空间问题，利用表格式的数据结构存储值函数，每个表项是状态或状态动作对和其对应的值函数。在学习过程中，智能体不断修改表项直至值函数收敛。但在一些大状态空间或连续状态空间的学习任务中，该方法并不适用，系统往往没有足够的能力在有限时间内学习到一个较合理的解决方案。此时，需要采用聚类方法、值函数逼近方法、基于任务分解的思想方法。

(2) 平衡探索与利用问题(Balance Exploration-Exploitation)。

智能体为了最大化期望累积奖赏，需要利用已学到的知识在已知的动作中贪心地选择一个奖赏最大的动作(即利用策略)；同时，为了寻找更好的策略，智能体需要尝试以前没有尝试过的或较少尝试的动作(即探索策略)。因此，该问题归结为使用已知最优动作还是探索未知动作。

(3) 收敛速度慢问题。

这主要有两方面原因：首先，大多数强化学习方法收敛到最佳解决方案的理论证明都是基于"任意状态可被无限次访问"的前提条件，但在大状态空间或连续状态空间中，智能体无法保证每一个状态可以在有限时间内获得足够多的访问次数；其次，在学习过程中，策略的改进仅仅基于交互过程中得到的立即奖赏，而忽略了大量其他有用的信息。

(4) 时间信度分配问题(Temporal Credit Assignment Problem)。

即环境反馈给智能体的奖赏如何恰当地分配到智能体先前执行的动作上，各自分配多少信度是比较困难的，因为，整个学习过程是经过多步累积导致的结果。但是，尤其是数据内在规则不明确的情况下，强化学习可以一定程度上将工作自动化、简单化、高度抽象化。

7.4 深度强化学习

在 Q-learning 中，第一步就是初始化 Q-Table 来存储 Q 值，但当有大量状态和行为时，Q-Table 则无法使用，因此，可以采用价值近似函数代替 Q-Table，用神经网络来表示传统 Q-learning 算法中的价值近似函数，这就是强化学习与深度学习进行结合的第一步，Q 值就成了 Q 网络，深度强化学习应运而生。

7.4.1 DQN 算法

Deep Mind 公司提出的 DQN(Deep Reinforcement Learning)是深度强化学习的开山之

作，并以Atari游戏对算法进行测试。深度强化学习将深度学习的感知能力和强化学习的决策能力相结合，可以直接根据输入数据进行控制，是一种更接近人类思维方式的人工智能方法。在DQN中，使用卷积神经网络作为价值函数拟合Q-learning中的动作价值，这是第一个直接从原始像素中成功学习到控制策略的深度强化学习算法。DQN模型的核心就是卷积神经网络，使用Q-learning来训练，其输入为相邻4帧的游戏画面，输出为在这种场景下执行各种动作时所能得到的Q函数的极大值，其网络结构如图7-7所示。

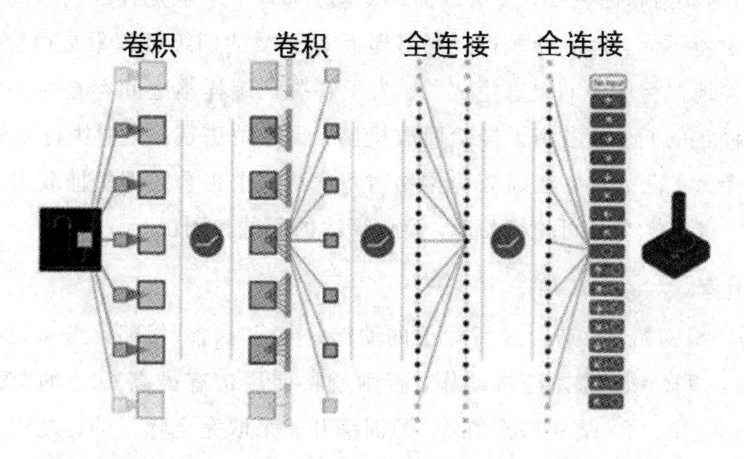

图7-7　DQN网络模型

DQN有如下关键步骤及具体改进设计。

1. 训练数据处理

输入数据是四张屏幕照片，其尺寸调整到84×84，灰度调整为256阶灰度。从经典Q-learning角度看，上述输入数据具有$256^{84}\times 84\times 4\approx 10^{67970}$种可能的游戏状态，意味着Q-Table有$10^{67970}$行。因此，使用神经网络表示$Q$函数，并将状态(四个游戏屏幕)和动作作为输入，将对应的Q值作为输出是可行方案。

2. 损失函数设计

由CNN、RNN的学习可知，神经网络的训练通过反向传播算法来优化损失函数，使得神经网络的损失最小化。但监督学习中，只有输入数据，没有Q网络的输出标签是无法进行神经网络训练的。因此，结合Q-learning算法特点，基于贝尔曼方程利用下一时刻状态可获得的最大Q值，计算当前状态、动作可达到的最大Q值，称为target_q，即直接把Q-learning计算得到的Q值作为神经网络的训练标签，而Q网络基于当前状态、动作获得的Q值，称为policy_q。用于计算target_q的网络是target_net，用于计算policy_q的网络是 policy_net，target_net 的网络参数落后于 policy_net 的网络参数。这样的双网络设计，使算法获得更好的泛化性。

基于 target_q 和 policy_q 差值构建的损失函数如下：

$$L(w)=E[(r+\gamma Q(s', a', w)-Q(s, a, w))^2] \tag{25}$$

3. 经验回放

DQN 的训练数据和标签、损失函数都具体化了，接下来就是神经网络的训练问题。与普通的有监督学习不同，基于卷积神经网络逼近 Q 函数的训练过程不是很稳定，而且训练样本是通过不停地执行动作而动态生成的。为了解决训练样本之间存在相关性，以及样本的概率分布不固定的问题，采用了经验回放机制，具体做法是：先把执行动作构造的训练样本存储到一个大的集合中，在训练 Q 网络时每次从这个集合中随机抽取出部分样本作为训练样本，以此打破样本之间的相关性，简化算法的调试和测试。

4. 探索-开发

在 Q 网络随机初始化，选择最高 Q 值的动作，执行“探索”策略；当 Q 函数收敛时，采用 ε-贪心探索，以概率 ε 选择随机动作，否则就将使用带有最高 Q 值的“贪心”动作。在 DeepMind 的实验中，将 ε 从 1 降至 0.1，即训练开始采取完全随机的行动以最大化地探索状态空间，然后再稳定在一个固定的探索率上。

如图 7-8 所示，DQN 是经典的三卷积层卷积神经网络，后面跟随着两个全连接层，可以发现，DQN 中没有池化层，可想而知，池化层强化了平移不变性，但造成网络对图像中物体位置不敏感，会直接影响游戏中物体位置判断，进而影响潜在的奖励。

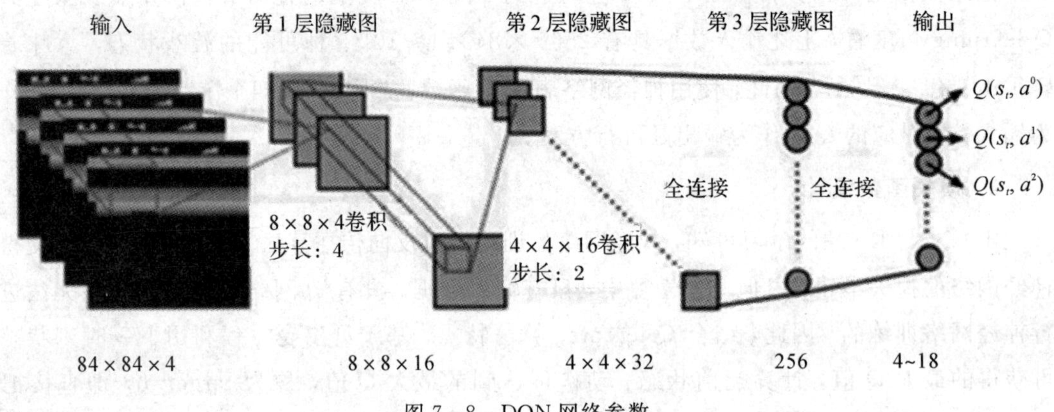

图 7-8 DQN 网络参数

DQN 算法流程如图 7-9 所示。

输入： 像素点和游戏得分

输出： Q 值

步骤：

1. 令世代 $E=1$，……，M；
2. 构建初始状态 s_1；
3. $D\leftarrow\{\}$；
4. 令 $t=1\cdots\cdots T$；
5. $a_t=\begin{cases}\text{随机选择状态，依概率 }\varepsilon\\ \max\limits_a Q(s_t,a;\theta),\text{依概率}1-\varepsilon\end{cases}$
6. 执行 a_t；
7. $r_t\leftarrow$ 获得当前收益；
8. $s_{t+1}\leftarrow$ 采样并加以处理获得下一状态；
9. $D\leftarrow D+(s_t, a_t, r_t, s_{t+1})$；
10. $(s_j, a_j, r_j, s_{j+1})\leftarrow$ 从 D 中采样；
11. $y_j=\begin{cases}r_j,\ \text{若}s_{j+1}\text{是终点}\\ r_j+\gamma\max\limits_a Q(s_{j+1},a;\theta),\text{若}s_{j+1}\text{不是终点}\end{cases}$
12. 执行梯度下降

图 7－9　DQN 算法流程

虽然 DQN 取得了成功，但还有很大的优化空间，此后 DQN 出现了大量改进型算法，这些改进包括系统整体结构、训练样本的构造、神经网络结构等方面。

7.4.2　深度强化学习的改进算法

1. 基于值函数的方法

传统纯 value-based 方法主要包括 TD 学习、Q-learning、SARSA 等，其与深度学习结合的算法主要为 DQN 及各种变体。这类方法的基本思路是建立值函数的线性或非线性映射，先评估值函数，再改进当前策略。这类方法的优点在于样本利用效率高，值函数估计方差小，不易陷入局部最优。但其缺点在于其动作空间通常为离散空间，连续空间通常无能为力，且 ε-greedy 策略容易出现过估计的问题等。

在 DQN 以及一系列改进算法中，Prioritized Experience Replay 方法根据 TD 偏差给经验赋予权重提升学习效率，为经验池中每个样本赋予优先级，增大有价值的训练样本在采样时的概率；Dueling DQN 方法改进网络结构，将动作值函数分解为状态值函数和优势函数，实现动作选择和策略评估分离，降低了过高估计 Q 值的风险，提升函数逼近效果；Double DQN 将动作选择和动作评估用不同参数实现，解决过估计问题；Retrace 方法修正 Q 值的计算公式，以减小值估计的方差；Noisy DQN 方法给网络参数添加噪声，增加探索程度；Distributed DQN 方法将 Q 值的估计细化为 Q 分布的估计。

2. 基于策略的方法

传统纯 policy-based 方法包括 policy gradient、trust region、evolution 等。其中 policy gradient 和 trust region 是基于梯度的方法，evolution 是无梯度方法。这类方法通过直接对策略进行迭代计算，迭代更新策略参数直到累积奖励最大化。相比纯基于值函数方法，其策略参数化简单，收敛性质更好，且适用于离散和连续的动作空间。其缺点在于轨迹方差大，样本利用效率低且易收敛到局部最优等。

其改进方法中，主要包括 PG、信任区域政策优化（TRPO）、近端政策优化（PPO）等算法。PPO 和 TRPO 在 PG 基础上对更新步长做了约束，其中，TRPO 引入 KL 散度的硬约束，允许更大的训练步骤和更快的收敛速度；PPO 使用 KL 散度的代理损失函数，解决 TRPO 估算 Fisher 信息矩阵共轭梯度的难题。

3. Actor-critic 方法

Actor-critic 方法结合了 value-based 方法和 policy-based 方法的优点，利用 value-based 方法训练 Q 函数提升样本利用效率，利用 policy-based 方法训练策略，适用于离散和连续动作空间，通过对价值（critic）和行为（actor）使用单独的网络近似值，让两个网络相互配合，使彼此规范化并有望获得更稳定的结果。此外，可以将这类方法看作基于值函数方法在连续动作空间上的扩展，也可以看作基于策略方法对减少采样方差的改进。这类方法虽然吸收了二者的优点，同时也继承了相应的缺点，例如，critic 同样存在过估计问题，actor 同样存在探索不足的问题等。

在 AC 算法及其一系列改进版本中，如图 7-10 的 A3C 算法流程，通过将 AC 算法进行异步并行，打乱数据间的相关性，提升数据收集和训练速度；A2C 是 A3C 的同步、确定性 policy 版本，同步的梯度更新可以让并行训练更快收敛；DPG（Deterministic policy gradients）算法继承 DQN 的 target network，actor 为确定性策略，训练更加稳定简单；双延迟深度确定性策略梯度算法（TD3）引入 Double DQN 的方式和延迟更新策略，解决过估计问题；SAC 算法（Soft Actor Critic）在 Q 值估计中引入熵正则化，提升探索能力。

此外，还有最大熵方法和策略/值迭代等方法，例如，SAC 便是 actor-critic 与最大熵的结合，value-based 和 policy-based 方法里也包含策略/值迭代的思想。

此外，作为引爆人工智能大潮的关键事件，AlphaGo Zero 对之前的版本进行了很大改进：

（1）权值完全随机初始化，进行随机策略选择，使用强化学习进行自我博弈和提升。

（2）无需先验知识，无需人为手工设计特征。

（3）降低神经网络结构的复杂性，将策略网络和价值网络合为一个神经网络。

A3C 算法流程

1. 循环直到 $T>T_{max}$
2. 梯度清零：$d\theta \leftarrow 0, d\theta_v \leftarrow 0$
3. 同步模型参数：$\theta' \leftarrow 0, \theta'_v \leftarrow 0$
4. 基于策略模型完成轨迹采样
5. $T \leftarrow T+n$
6. 计算每个采样的价值：
7. $R=\begin{cases}0，终点状态\\ v(s_t;\theta'_v),非终点状态\end{cases}$
8. 循环 $i \in \{n-1, 0\}$
9. $R \leftarrow r_i + \gamma R$
10. 累积策略模型梯度；
11. 累积价值模型梯度；
12. 循环
13. 对全局模型进行异步更新：$\theta \leftarrow d\theta, \theta_v \leftarrow d\theta_v$

图 7－10　A3C 算法流程

（4）舍弃快速走子网络，完全将神经网络得到的结果替换为随机模拟，从而在提升学习速率的同时，增强神经网络估值的准确性。

（5）神经网络引入残差结构，便于进行深层次特征提取。

（6）减少硬件资源需求，只使用单机 4 块 TPU 便能完成训练任务。

（7）学习时间更短，棋力提升非常快。

7.4.3　小结

基于模型的强化学习尝试建立环境知识，并利用这些知识采取明智的措施，其目标通常是降低无模型变量的样本复杂性。一般而言，基于值函数的方法策略在更新时可能会导致值函数的改变比较大，对收敛性有一定影响，而基于策略函数的方法在策略更新时更加平稳。但后者因为策略函数的解空间比较大，难以进行充分的采样，导致方差较大，并容易收敛到局部最优解。actor-critic 算法通过融合两种方法，取长补短，有着更好的收敛性。综上所述，强化学习算法的优化步骤分为三步：

（1）执行策略，生成样本。

（2）估计回报。

(3) 更新策略。目前，深度强化学习更多的是同时使用策略网络和值网络来近似策略函数和值函数。

此外，将深度学习用于强化学习也存在如下挑战：

(1) 深度学习需要大量有标签的训练样本，而强化学习算法需要根据回报值进行学习，但回报值往往是稀疏、有噪声、有延迟的，而非每个动作都可立即得到回报，当前时刻的动作所得到的回报在未来才能得到体现。

(2) 有监督学习一般要求训练样本之间相互独立，而强化学习的状态序列前后高度相关，前后两个状态间存在明显概率关系。

(3) 深度学习中训练样本的概率分布固定不变，而强化学习中，随着学习到新的动作，样本数据的概率分布会发生变化。

7.5 重要应用

强化学习应用广泛，被认为是通向强人工智能/通用人工智能的核心技术之一。深度学习与强化学习结合使得强化学习技术真正走向实用，得以解决现实场景中的复杂问题。如图 7-11 所示，强化学习的主要应用场景包括游戏、机器人学、自然语言处理、计算机视觉、金融、商务管理、医疗、教育、能源、交通、计算机系统以及科学、工程和艺术等。

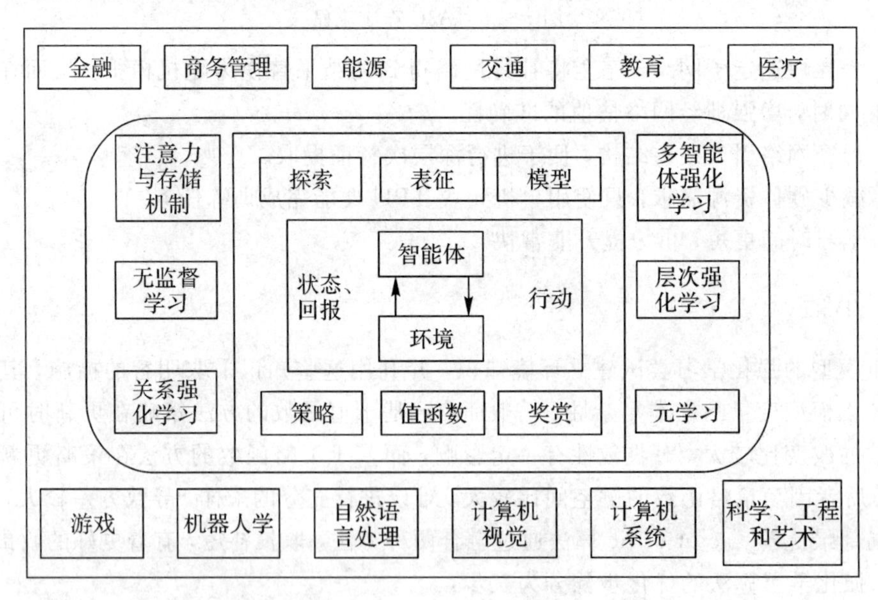

图 7-11　强化学习的应用领域

(1) 控制领域。这是强化学习技术应用最成熟的领域。控制领域和机器学习领域各自发展了相似的思想、概念与技术，可以互相借鉴。比如当前被广泛应用的马尔可夫决策算法就是一种特殊的强化学习。在机器人领域，相比于深度学习只能用于感知，强化学习相比于传统的方法有自己的优势：传统方法一般基于图搜索或概率搜索学习到一个轨迹层次的策略，复杂度较高，不适合用于做重规划；而强化学习方法学习到的则是状态－动作空间中的策略，具有更好的适应性。

(2) 自动驾驶领域。驾驶就是一个序列决策的过程，因此天然适合用强化学习来处理。从 20 世纪 80 年代的 ALVINN、TORCS 到如今的 CARLA，业界一直在尝试用强化学习解决单车辆的自动驾驶问题和多车辆的交通调度问题。类似的思想也广泛应用在各种飞行器、水下无人机领域。

(3) NLP 领域。相比于计算机视觉领域的任务，以对话系统为代表的 NLP 领域的很多任务需通过多次迭代交互来寻求最优解；而且任务的反馈信号往往需要在一系列决策后才能获得，如机器写作。这些问题适合用强化学习来解决，因此，文本生成、文本摘要、序列标注、对话机器人(文字/语音)、机器翻译、关系抽取和知识图谱推理等都有强化学习的身影。成功的应用案例包括 MILABOT 对话机器人、Facebook 聊天机器人、Microsoft 的机器翻译。

(4) 推荐系统与检索系统领域。强化学习系列算法早已被广泛应用于商品推荐、新闻推荐和在线广告等领域，目前在信息检索、排序的任务中也有重要应用。此外，强化学习强大的序列决策能力已经被金融系统所关注，包括华尔街巨头摩根大通在内的金融公司都在其交易系统中引入强化学习技术。

7.6　研究进展

Deep Mind 是一家英国人工智能公司，是对强化学习影响最大的公司，创立于 2010 年，2014 年被 Google 收购。公司创始人哈萨比斯出生于伦敦，13 岁便获得国际象棋大师的头衔，19 岁开始学习围棋，当前是围棋业余初段。Deep Mind 于 2014 年开始开发 AlphaGo，并取得了辉煌战绩：2015 年 10 月，AlphaGO 以 5：1 的比分战胜樊麾；2016 年 3 月，AlphaGo 以 4：1 的比分战胜李世石；2017 年 5 月，AlphaGO 以 3：0 的比分战胜柯洁。2017 年 10 月 19 日，AlphaGo Zero 发表在《Nature》，其思路是从零开始、自我对弈，40 天超过所有版本。2018 年 12 月 7 日，AlphaZero 发表于《Science》，AlphaZero 使用与 AlphaGo Zero 类似但更一般性的算法，在不做太多改变的前提下，将算法从围棋延伸到将棋与国际象棋上。2018 年 12 月，Deep Mind 公司推出 AlphaFold，它可以根据基因序列预测蛋白质结构。2019 年 1 月 25 日，Deep Mind 公司推出 AlphaStar，并在《星际争霸 II》中以 10：1 的比分战胜人类职业玩家。强化学习的另一条战线在美国，由著名的 Open AI 公司领衔，这是

Hinton 的高徒 Ilya Sutskever(AlexNet 发明人)创立的公司。2019 年 4 月,Open AI 推出 five dota2,并以 2∶0 的比分战胜 Dota2 的 TI8 冠军战队 OG。

在研究方法上,Deep Q-Network(DQN)利用神经网络对 Q 值进行函数近似,并利用了 experience replay 和 fixed target network 的策略让 DQN 可以收敛,在 Atari 的不少游戏上都超过了人类水平。Double DQN 是深度学习版本的 double Qlearning,它通过微小的修改就成功减小了 DQN 中 max 操作带来的 bias。再后来,Dueling DQN 将 Q-network 分成了 action-dependent 和 action-independent 两个部分,从而提高了 DQN。DQN 是为 Value 的期望建模,greedy 的时候也是最大化期望的形式,Categorical DQN 的想法是直接为 Value 的分布进行建模。Noise DQN 在网络中添加了噪声,从而达到 exploration 的效果。DQN 还有非常多的提升版本,rainbow 整合了多种 DQN 版本。Ape-X 从 rainbow 的工作中发现 Replay 的优先级对于性能影响是最大的,故扩大 Prioritised Replay Buffer,并使用 360 个 actor 做分布式训练,比 rainbow 更快,也更好。

在深度强化学习的研究前沿方面,主要有如下方向:

(1) 分层深度强化学习。

利用分层强化学习(Hierarchical Reinforcement Learning,HRL)将最终目标分解为多个子任务来学习层次化的策略,并通过组合多个子任务的策略形成有效的全局策略。

(2) 多任务迁移深度强化学习。

在传统 DRL 方法中,每个训练完成后的 agent 只能解决单一任务。然而在一些复杂的现实场景中,需要 agent 能够同时处理多个任务,此时多任务学习和迁移学习就显得异常重要。RL 的迁移分为行为上的迁移和知识上的迁移两大类,也被广泛应用于多任务 DRL 算法中。

(3) 多 Agent 深度强化学习。

在遇到真实场景下的复杂决策问题时,单 Agent 系统的决策能力是远远不够的。例如,在拥有多玩家的 Atari 2600 游戏中,要求多个决策者之间存在相互合作或竞争的关系。因此,在特定情形下,需要将 DRL 模型扩展为多个 Agent 间相互合作、通信及竞争的多 Agent 系统。

(4) 基于记忆与推理的深度强化学习。

在解决一些高层次的 DRL 任务时,Agent 不仅需要很强的感知能力,也需要具备一定的记忆与推理能力,只有这样才能学习到有效的决策。因此,赋予现有 DRL 模型主动记忆与推理的能力就显得十分重要。

7.7 温故知新

由于深度强化学习理论性较强,涉及大量理论推导,因此,在此就本章主要涉及的知识点总结如下：

(1) 强化学习的四个核心概念为智能体、环境、状态、回报。

(2) 强化学习的优化目标是：通过最优策略或值函数将预期收益最大化。

(3) 贝尔曼方程的基本思想是将值函数分解为当前奖励和折扣的未来值函数，即当前状态的值函数可以通过下个状态的值函数来计算。

(4) Q-learning 是基于值的强化学习算法，利用 Q 函数寻找最优的策略。

(5) Q-learning 算法的所有状态、动作值存储于二维表格 Q-Table 中。

(6) 深度强化学习的本质为采用神经网络近似值函数。

(7) 强化学习算法优化分为三步：执行策略、生成样本，估计回报，更新策略。

7.8　习　　题

习题 7-1　在星际争霸和围棋等游戏中，强化学习已取得了举世瞩目的成功。而这些成功背后的核心则是用于求解马尔可夫决策过程(MDP)的贝尔曼最优性方程(Bellman Optimality Equation)。贝尔曼方程因提出者美国应用数学家 Richard Bellman(1920—1984)而得名。Bellman 是美国国家科学院院士，是动态规划创始人。

请结合本章讲解和资料查阅，分析动态规划在深度强化学习演进过程中的地位。

习题 7-2　1950 年，图灵提出的"图灵测试"中：如果一个人(代号 C)使用测试对象皆理解的语言去询问两个他不能看见的对象任意一串问题，对象为：一个是正常思维的人(代号 B)、一个是机器(代号 A)，如果经过若干询问以后，C 不能得出实质的区别来分辨 A 与 B 的不同，则此机器 A 通过图灵测试。请注意，"图灵测试"的概念已经蕴含了"反馈"的概念——人类借由程序的反馈来进行判断，而人工智能程序则通过学习反馈来欺骗人类。

从反馈中逐渐提升能力，这不正是 RL 的学习方式么？可以看出，人工智能的概念从被提出时其最终目标就是构建一个足够好的从反馈学习的系统。

请谈谈对"反馈学习是实现智能的核心要素"的认识。

习题 7-3　强化学习是什么？和其他机器学习技术有何区别？强化学习是一种机器学习技术，它使代理能够使用自身行为和经验的反馈通过反复试验在交互式环境中学习。尽管监督学习和强化学习都使用输入和输出之间的映射，但监督学习提供给智能体的反馈是执行任务的正确动作集，而强化学习则将奖惩作为正面和负面行为的信号。无监督学习的目标是发现数据点之间的相似点和差异，而在强化学习的情况下，目标是找到合适的行为模型，以最大化智能体的总累积奖励。

请结合图 7-12，分析机器学习的三类算法(监督学习、无监督学习、强化学习)的共同点和差异性。

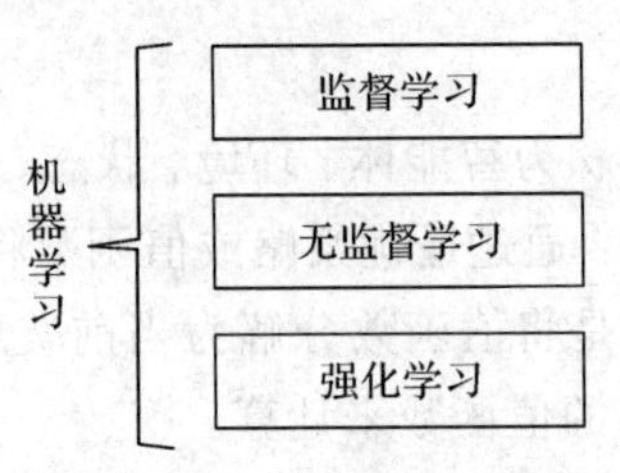

图 7-12 机器学习的分类

参考资源

1. DeepMind 基于 JAX(TensorFlow 简化库)的神经网络、强化学习库 Haiku 和 RLax，开源地址：https：//github. com/deepmind/haiku；https：//github. com/ deepmind/ rlax.

2. 马尔可夫决策过程资料，地址：http：//ai. berkeley. edu/home. html.

3. Sutton 与 Barto 的《强化学习导论》，地址：http：//incompleteideas. net/ book/ thebook-2nd. html.

4. 有关 MDP 的介绍，请参阅吴恩达的论文《Shaping and policy search in Reinforcement learning》，地址：http：//rll. berkeley. edu/deeprlcourse/docs/ng-thesis. pdf.

5. David Silver 的课程：http：//rll. berkeley. edu/deeprlcourse/ ＃related-materials.

6. 台大_李宏毅_深度强化学习(国语)课程，地址：https：//zhuanlan. zhihu. com/p/37690204 1. 3.

7. 开发环境 OpenAI Gym，地址：http：//gym. openai. com/.

8. 顶级强化学习公司 OpenAI 和 DeepMind 官网，地址：https：//www. openai. com/和 https：//www. deepmind. com/.

9. 百度开源的强化学习框架 PARL(PAddle Reinfocement Learning)，地址：https：//github. com/PaddlePaddle/PARL.

10. 分布式强化学习与神经科学多巴胺奖惩机制的最新研究成果，《Nature》论文链接：https：//www. nature. com/articles/s41586-019-1924-6.

11. DQN 的 TensorFlow 参考代码，地址：https：// github. com/ MorvanZhou/ Reinforcement-learning-with-tensorflow/tree/master/contents/5_Deep_Q_Networ.

第三篇　实战应用篇

本篇以实战应用为主线，将基于卷积神经网络的2D人体姿态估计、基于强化学习的游戏控制、面向边缘智能的人群数量计算、边缘计算场景下的垃圾识别分类、基于生成式对抗网络的图像生成与翻译等场景进行程序实现，与基础入门、方法解析相结合呼应，构成符合学习规律的全周期闭合回路。本篇是从综合案例实践角度对全书知识点的总结与提升，以期让人工智能技术不只是“上层建筑”，更是实实在在有温度、接地气的落地应用。

第 8 章　基于卷积神经网络的 2D 人体姿态估计实战

人体姿态估计是计算机视觉领域的研究热点，指在复杂环境中将图像或视频中的人体关节点进行定位，并正确连接形成人体骨架，抽象出 2D 火柴人形象。近年来由于深度学习的发展，卷积神经网络在图像特征提取上成果显著、应用广泛。基于卷积神经网络的 2D 人体姿态估计可以分为单人人体姿态估计和多人人体姿态估计，后者较之前者需要对图像中的关节点进行分类判别。多人姿态估计又可以分为自上而下和自下而上两类。

本章主要讲解姿态估计的研究现状、典型算法及其具体实现过程，主要涉及的知识点及预期目标为：

- 理解姿态估计的定义及研究现状。
- 理解以 Stacked Hourglass Network 为代表的单人姿态估计的流程算法。
- 掌握以 OpenPose 为代表的自下而上的多人姿态估计。
- 学会基于 TensorFlow 框架的 OpenPose 编程实战。

8.1　人体姿态估计概述

随着人工智能技术的发展，人体姿态估计的应用领域越来越广泛，在人机交互、智能监控等领域发挥着重要作用。目前总体研究方法有两类：基于可见光图像和深度图像的传统方法，以及基于卷积神经网络的方法。两种方法都是从图像视频中提取人体骨架信息。

基于可见光图像的传统方法主要利用了人工设定的 HOG（Histogram of Oriented Gradient）特征和人体轮廓特征等设计特征提取器和局部探测器，这些特征对于图像角度的变换、光照的强弱、人体的遮挡不具备良好的鲁棒性。基于深度图像的传统方法，是依靠专业设备采集深度图像，为了克服遮挡问题，需要将不同视角的视频采集设备做同步处理，此类方法成本昂贵、处理过程复杂且应用场景有限。

基于卷积神经网络的方法较之传统的人工特征提取，不仅可以得到更加丰富的语义信息，而且能够获得不同感受野下的多尺度多类型的人体关节点特征向量和每个特征的全部上下文，摆脱对部件模型结构设计的依赖，然后对这些特征向量进行坐标回归以反映当前姿态，从而将姿态信息应用于具体实际之中。基于卷积神经网络的人体姿态估计方法由单人推广到多人，由 2D 拓展到 3D，其中 2D 人体关键点坐标检测始终是姿态估计的基础。

基于卷积神经网络的2D人体姿态估计可以划分为单人姿态估计和多人姿态估计，多人姿态估计又可分为自上而下和自下而上两类。自上而下的多人姿态估计方法包括两个步骤：人体检测和人体关节点检测，首先通过目标检测算法从视频图像中识别不同个体，而后利用单人姿态估计的方法对关节点位置进行检测；自下而上的方法也包括两个步骤：关节点检测和关节点聚类，首先预测关节点的热点图，找到视频图像中所有的关节点，而后进行关节点聚类成所属个体。

如图8-1所示，单人姿态估计的方法主要有DeepPose、CPM和Stacked Hourglass Network等。多人姿态估计中，自上而下的方法有RMPE、Mask-RCNN等；自下而上的方法有OpenPose、Associative embedding等。

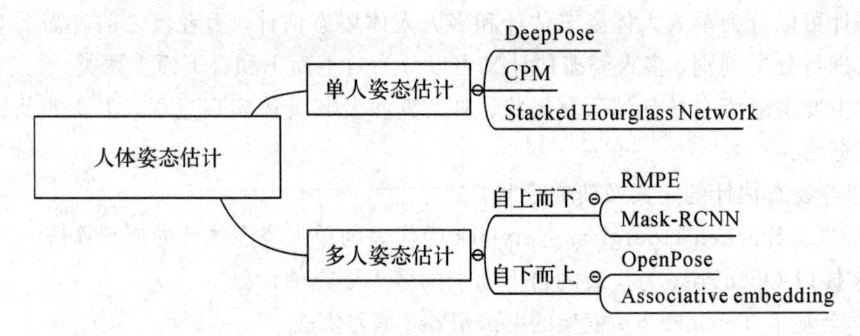

图8-1　人体姿态估计方法

人体姿态的关键点检测是计算机视觉的基础，对于表述人体姿态、预测人体行为至关重要，具有广泛的应用前景。主要应用于以下几方面：

(1) 安防监控。通过对人体姿态和手势的识别理解来访者的意图，从而提前做好应对措施。

(2) 医疗看护。实时监测独居老人的身体状况，判断是否发生摔倒等意外情况，以便及时通知医护人员。

(3) 生物特征识别。分析人体的姿态和步态等信息，判断人体特定属性，可用于身份识别。

(4) 辅助教学。辅助用户进行特定的动作训练，例如，通过对运动员、舞蹈演员等群体的姿态识别来判定特定动作完成得是否标准。

(5) 游戏娱乐。例如，抖音上的尬舞机进行人机交互，从而实现用户姿态到目标姿态的准确匹配。

8.2　人体姿态估计技术回顾

基于卷积神经网络的人体姿态估计技术，包括卷积、池化和全连接，以及CNN的多种改进网络架构，相关内容请参见第4章关于卷积神经网络的基础讲解。人体姿态估计的类别包括单人姿态估计和多人姿态估计，下面相应的讲解两种典型算法 Stacked Hourglass Network 和 OpenPose。

8.2.1　单人姿态估计

以 Stacked Hourglass Network 为例，对单人姿态估计的网络模型进行介绍。该方法在 2016 年 5 月的 MPII 姿态分析竞赛中位列榜首，其网络结构可以捕获并整合图像所有尺度的信息，形状像堆叠的沙漏，该网络的设计思路是由 Residual 模块到 Hourglass 子网络再到完整网络的顺序依次进行构建。

1. Residual 模块

如图 8-2 所示，上半支路为卷积路，由三个卷积层串联而成，提取较高层次的特征；下半支路为跳级路，只包含一个卷积层，为单位映射，保留原有层次信息。所有的卷积层都不改变数据尺寸，只对数据深度(channel)进行变更，可以处理任意尺寸的图像。

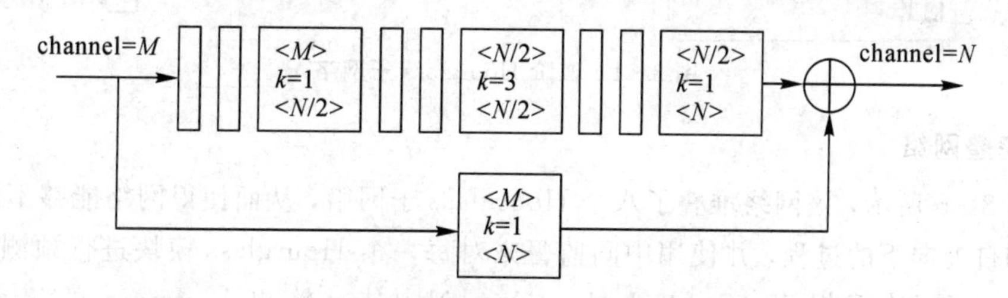

图 8-2　Residual 模块示意图

2. Hourglass 子网络

Hourglass 子网络是由 Residual 模块组成的算法核心部分。

图 8-3 为一阶 Hourglass 子网络，图中小模块即为 Residual 模块，多模块整合逐步提取更深层次的特征。其中，上半支路在原尺度进行，下半支路先后经历降采样和升采样。同理，可将上图中的 Residual 模块替换为一阶 Hourglass 子网络，从而得到二阶、四阶以及更高阶的 Hourglass 子网络。

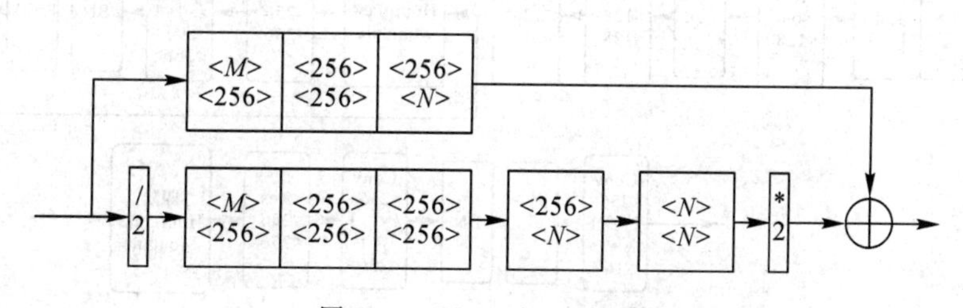

图 8-3　Hourglass 子网络

为了简化表示，图 8-4 中四阶 Hourglass 子网络的每个方框分别对应一个 Residual 模块。每次降采样之前，需要分出上半路保留原尺度信息；每次升采样之前，需要和上一尺度的数据进行相加；两次降采样之间，使用三个 Residual 模块提取特征；两次相加之间，使用一个 Residual 模块提取特征。将 feature map 层层叠加后，得到一个大的 feature map，既保留了所有层的信息，又没有改变原图的数据尺寸。

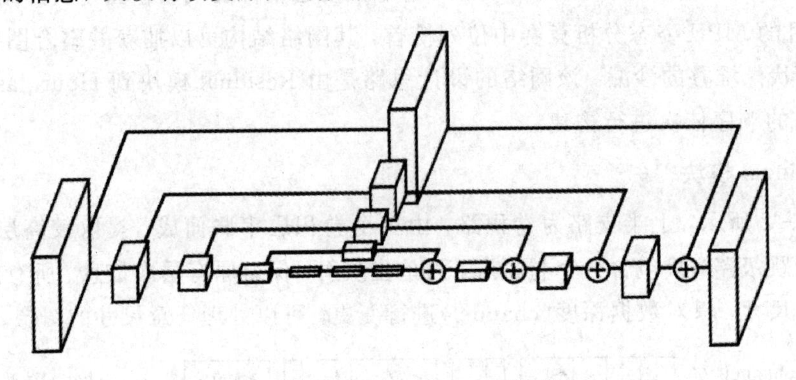

图 8-4　四阶 Hourglass 子网络

3. 完整网络

如图 8-5 所示，该网络堆叠了八个 Hourglass 子网络，从而使得网络能够不断重复自下向上和自上向下的过程，并使用中间监督来对每一个 Hourglass 模块进行预测，即对中间的 heatmaps 计算损失。Stacked Hourglass Network 输出 heatmaps 的集合，每个 heatmaps 表征了关节点在每个像素点存在的概率。由于 Stacked Hourglass Network 采用了 MPII 数据集，在完整网络结构图中，ReLU 后面的监督层和整体网络输出的通道数为 16，即将人体 16 个关节点进行表征。

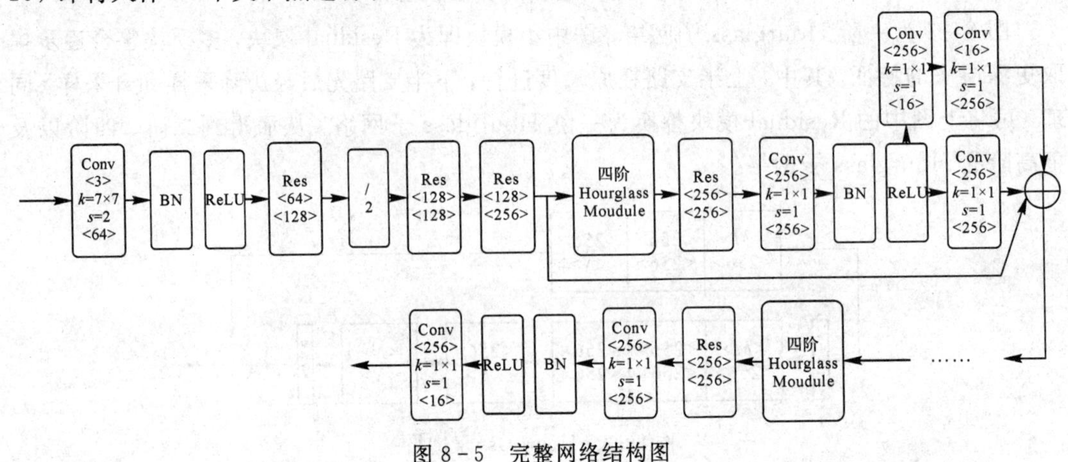

图 8-5　完整网络结构图

8.2.2　多人姿态估计

自下而上的方法直接对图像视频中的关节点进行检测，较之自上而下的方法在速度上具有天然优势，不受图像视频中人体数量的限制。

以自下而上的 OpenPose 为例，对多人姿态估计的网络进行介绍。OpenPose 人体姿态识别来自卡内基梅隆的开源算法，基于 VGG－19，为骨架卷积神经网络，可以实现单人和多人的人体动作和手指关节等的识别，在计算机视觉、机器学习、深度学习、人机交互等方面取得了突破性进展，是多人姿态估计的代表方法之一。OpenPose 理论来源于 CVPR 2017 的一篇论文 Realtime Multi-Person 2D Pose Estimation using Part Affinity Fields。

OpenPose 先通过 VGG－19 卷积神经网络获取图像特征，之后经历两个分支预测关键点置信度和关键点亲和度向量，最后将关键点进行聚类连接，恢复人体骨架信息。其算法流程如图 8－6 所示。

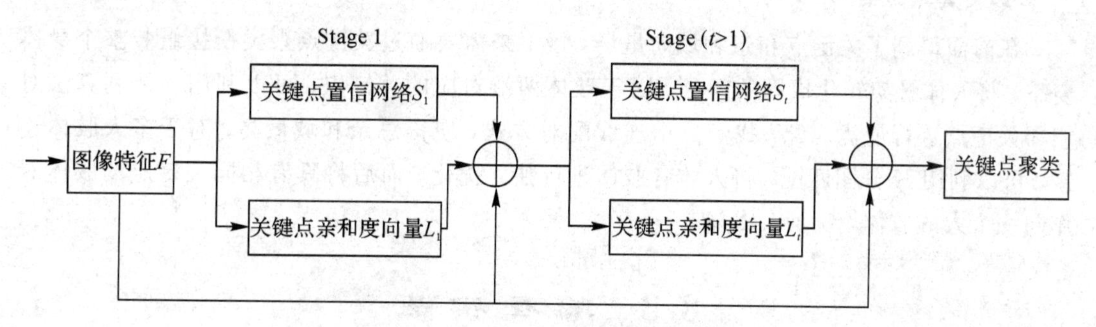

图 8－6　OpenPose 算法流程示意图

1. 关键点置信度

输入图像经过 VGG－19 卷积神经网络得到基础图像特征 F 后，进行关键点置信度的预测，检测图像中的关键点，一个关键点对应一个置信度图(Part Confidence Maps)，即每个置信度图中只存在一个峰值关键点，训练时的置信度为图中峰值关键点到真实位置关键点之间的高斯距离。

OpenPose 源码中输出的关节点顺序为：1 鼻子，2 脖子，3 右肩，4 右肘，5 右腕，6 左肩，7 左肘，8 左腕，9 右髋，10 右膝，11 右踝，12 左髋，13 左膝，14 左踝，15 左眼，16 右眼，17 左耳，18 右耳，19 pt19。

2. 关键点亲和度

先判断点 p 是否在肢体上，点 p 在肢体上需要满足两个条件：其一，点 p 与起始关键点在肢体方向的距离不能超过末端关键点；其二，点 p 在垂直肢体方向的距离不能超过肢体宽度。若满足上述条件，则亲和度向量(Part Affinity Fields)为两个关键点连线方向的单位向量，反之为零向量。针对图像中出现的多人进行累加取平均，得到关键点亲和度。如图8-7所示。

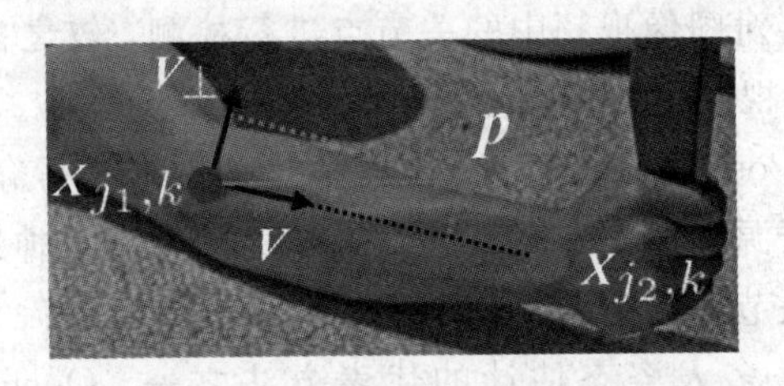

图 8-7　p 在肢体上的判断条件

网络在每一阶段引入一个损失函数补充梯度，该损失函数由预测值和真实值之间的 L2 范数确定。

3. 关键点聚类

在前面得到了关键点和亲和域向量场，接下来需要通过关键点聚类衔接组装整个身体姿态，将人体骨架转化成图的问题。对于肢体两端对应的关键点，可以利用匈牙利算法对相邻关键点进行最优匹配，找到一个连线配对方式，使得总亲和域最高；对于多人肢体连接，可以利用 K 分图匹配，将人体各肢体进行独立优化，而后将具有相同关键点的肢体看作同一个人的肢体，恢复人体姿态。

8.3 编程实战

本小节以 OpenPose 模型为例，基于 Tensor Flow 框架讲解人体姿态估计的编程实现。主要包括实验环境、数据准备、模型构建、运行测试等部分。

8.3.1 实验环境

本实验硬件配置为 Intel(R) Core(TM) i7-9750H CPU，NVIDIA GeForce GTX 1080 GPU，操作系统为 Windows10，OpenPose 的预训练骨架网络基于 Caffe 实现，后续的编程实战由 TensorFlow 实现。

1. 工具包下载

Python 的开源来自 Anaconda，其下载命令为 conda install package_name。Cuda 和 CuDNN 的安装地址分别为 https://developer.nvidia.com/cuda-downloads 和 https://developer.nvidia.com/rdp/cudnn-archive。按照向导安装，添加环境变量，然后导入工具包 argparse、cv2、math、time、numpy。如图 8-8、图 8-9 所示。

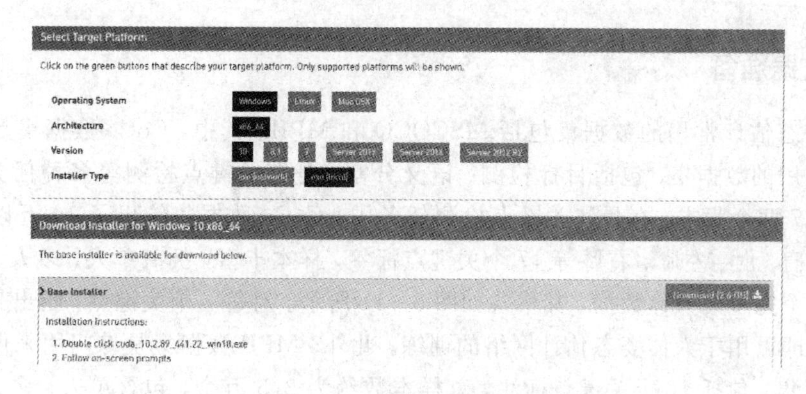

图 8－8　Cuda 下载主页面

cuDNN Archive

NVIDIA cuDNN is a GPU-accelerated library of primitives for deep neural networks.

Download cuDNN v7.6.4 (September 27, 2019), for CUDA 10.1

Download cuDNN v7.6.4 (September 27, 2019), for CUDA 10.0

Download cuDNN v7.6.4 (September 27, 2019), for CUDA 9.2

Download cuDNN v7.6.4 (September 27, 2019), for CUDA 9.0

Download cuDNN v7.6.3 (August 23, 2019), for CUDA 10.1

Download cuDNN v7.6.3 (August 23, 2019), for CUDA 10.0

Download cuDNN v7.6.3 (August 23, 2019), for CUDA 9.2

Download cuDNN v7.6.3 (August 23, 2019), for CUDA 9.0

Download cuDNN v7.6.2 (July 22, 2019), for CUDA 10.1

图 8－9　CuDNN 下载主页面

2. 编译环境

首先下载 OpenPose，其项目 GitHub 地址为 https：//github. com/ CMU-Perceptual－Computing-Lab/ openpose，解压后执行 openpose-master\ 3rdparty\ windows 目录下的. bat 文件，即可得到 caffe、OpenCV 等相关库，如图 8－10 所示。

名称	修改日期	类型
caffe	2020/2/27 11:38	文件夹
caffe3rdparty	2020/2/27 11:40	文件夹
freeglut	2020/2/27 11:39	文件夹
opencv	2020/2/27 11:36	文件夹

图 8－10　安装库示例

8.3.2 数据准备

人体姿态估计常用的数据集包括 MSCOCO 和 MPII。其中，CoCo 数据集是计算机视觉任务中常用的数据集，包括目标检测、语义分割、骨骼关键点检测等多种任务标签，有 2014 和 2017 两个版本。在骨骼关键点检测任务中，CoCo 数据集给出了 10 万以上的人体数据，包含肩、肘、左膝、右膝等 17 个关键点标签，样本丰富，拥有单人、多人、全身的样本。对于一个完整的人体数据，其格式如图 8-11 所示。对每一个关键点，给出其标签和具体的位置，即可用于人体姿态估计网络的训练。此外，MPII 数据集是专门用来做人体姿态估计的数据集，包括 16 个关键点标注，总样本数约为 2.5 万个，包含单人、多人、全身人物的样本数据。

```
"supercategory": "person",
"id": 1,
"name": "person",
"keypoints": ["nose","left_eye","right_eye","left_ear","right_ear","left_shoulder","right_shoulder","left_elbow","right_elbow",
        "left_wrist","right_wrist","left_hip","right_hip","left_knee","right_knee","left_ankle","right_ankle"],
"skeleton": [[16,14],[14,12],[17,15],[15,13],[12,13],[6,12],[7,13],[6,7],[6,8],[7,9],[8,10],[9,11],[2,3],[1,2],[1,3],[2,4],[3,5],[4,6],[5,7]]
```

图 8-11　CoCo 数据集格式

CoCo 数据集提供了 Matlab、Python 等语言的 API 接口，可进行数据的加载可视化等操作，具体操作可参考 http://mscoco.org/dataset/#download 提供的教程。本项目的训练过程使用的是 Matlab 对数据进行读取。下面对 OpenPose 的关键代码进行介绍。

8.3.3 模型构建

1. 网络结构设计

Stage0 中人体姿态估计的骨干网络为 VGG-19，由多个卷积、池化、激活块构成，其网络模型的构建写在 model.py 中，具体结构如下：

```
#定义卷积层
01  def conv(x, nf, ks, name, weight_decay):
02      kernel_reg = l2(weight_decay[0]) if weight_decay else None
03      bias_reg = l2(weight_decay[1]) if weight_decay else None
04      x = Conv2D(nf, (ks, ks), padding='same', name=name,
05                 kernel_regularizer=kernel_reg,
06                 bias_regularizer=bias_reg,
07                 kernel_initializer=random_normal(stddev=0.01),
08                 bias_initializer=constant(0.0))(x)
09      return x
```

```
#定义池化层
01  def pooling(x, ks, st, name):
02 x = MaxPooling2D((ks, ks), strides=(st, st), name=name)(x)
03 return x
#定义激活层
01  def relu(x): return Activation('relu')(x)
#定义 V-GG19 网络结构
01  def vgg_block(x, weight_decay):
    # Block 1
02      x = conv(x, 64, 3, "conv1_1", (weight_decay, 0))
03      x = relu(x)
04      x = conv(x, 64, 3, "conv1_2", (weight_decay, 0))
05      x = relu(x)
06      x = pooling(x, 2, 2, "pool1_1")
    # Block 2
07      x = conv(x, 128, 3, "conv2_1", (weight_decay, 0))
08      x = relu(x)
09      x = conv(x, 128, 3, "conv2_2", (weight_decay, 0))
10      x = relu(x)
11      x = pooling(x, 2, 2, "pool2_1")
    # Block 3
12      x = conv(x, 256, 3, "conv3_1", (weight_decay, 0))
13      x = relu(x)
14      x = conv(x, 256, 3, "conv3_2", (weight_decay, 0))
15      x = relu(x)
16      x = conv(x, 256, 3, "conv3_3", (weight_decay, 0))
17      x = relu(x)
18      x = conv(x, 256, 3, "conv3_4", (weight_decay, 0))
19      x = relu(x)
20      x = pooling(x, 2, 2, "pool3_1")
    # Block 4
21      x = conv(x, 512, 3, "conv4_1", (weight_decay, 0))
22      x = relu(x)
23      x = conv(x, 512, 3, "conv4_2", (weight_decay, 0))
24      x = relu(x)
    # Additional non vgg layers
```

```
25      x = conv(x, 256, 3, "conv4_3_CPM", (weight_decay, 0))
26      x = relu(x)
27      x = conv(x, 128, 3, "conv4_4_CPM", (weight_decay, 0))
28      x = relu(x)
29      return x
```

另外，stage $t(t=1, 2, 3)$的多阶段的网络结构定义如下：

```
# 定义第一阶段的网络结构
01  def stage1_block(x, num_p, branch, weight_decay):
    # Block 1
02      x = conv (x, 128, 3, "Mconv1_stage1_L%d" % branch,
                 (weight_decay, 0))
03      x = relu(x)
...
10      x = conv(x, num_p, 1, "Mconv5_stage1_L%d" % branch,
                 (weight_decay, 0))
11      return x
# 定义 t 阶段的网络结构
01  def stageT_block(x, num_p, stage, branch, weight_decay):
    # Block 1
02      x = conv(x, 128, 7, "Mconv1_stage%d_L%d" % (stage, branch),
                 (weight_decay, 0))
03      x = relu(x)
04      x = conv(x, 128, 7, "Mconv2_stage%d_L%d" % (stage, branch),
                 (weight_decay, 0))
05      x = relu(x)
06      x = conv(x, 128, 7, "Mconv3_stage%d_L%d" % (stage, branch),
                 (weight_decay, 0))
07      x = relu(x)
08      x = conv(x, 128, 7, "Mconv4_stage%d_L%d" % (stage, branch),
                 (weight_decay, 0))
09      x = relu(x)
10      x = conv(x, 128, 7, "Mconv5_stage%d_L%d" % (stage, branch),
                 (weight_decay, 0))
11      x = relu(x)
12      x = conv(x, 128, 1, "Mconv6_stage%d_L%d" % (stage, branch),
                 (weight_decay, 0))
```

```
13        x = relu(x)
14        x = conv(x, num_p, 1, "Mconv7_stage%d_L%d" % (stage, branch),
                   (weight_decay, 0))
15        return x
```

OpenPose模型利用VGG骨干网络从图像中提取人体特征，并将这些特征输入到置信度预测，以获得人体骨架的特定部分；输入到亲和力预测，以获得组件间的关联程度。其完整定义程序如下：

```
01   def get_training_model(weight_decay):
02       stages = 6
03       np_branch1 = 38
04       np_branch2 = 19
...
16       img_normalized = Lambda(lambda x: x / 256 - 0.5)(img_input) # [-0.5, 0.5]
     # VGG
17       stage0_out = vgg_block(img_normalized, weight_decay)
     # stage 1 - branch 1，即亲和度
18       stage1_branch1_out = stage1_block(stage0_out, np_branch1, 1, weight_decay)
19       w1 = apply_mask(stage1_branch1_out, vec_weight_input, heat_weight_input,
                         np_branch1, 1, 1)
     # stage 1 - branch 2，即置信度
20       stage1_branch2_out = stage1_block(stage0_out, np_branch2, 2, weight_decay)
21       w2 = apply_mask(stage1_branch2_out, vec_weight_input, heat_weight_input,
                         np_branch2, 1, 2)
...
     # stage sn >= 2
25       for sn in range(2, stages + 1):
          # stage SN - branch 1，即亲和度
26           stageT_branch1_out = stageT_block(x, np_branch1, sn, 1, weight_decay)
27           w1 = apply_mask(stageT_branch1_out, vec_weight_input,
                             heat_weight_input, np_branch1, sn, 1)
          # stage SN - branch 2，即置信度
28           stageT_branch2_out = stageT_block(x, np_branch2, sn, 2, weight_decay)
29           w2 = apply_mask(stageT_branch2_out, vec_weight_input,
                             heat_weight_input, np_branch2, sn, 2)
...
35       return model
```

2. 关键点定位

OpenPose模型的关键点定位，通过特征的heatmap来预测关键点的位置，峰值peak即代表骨骼关键点位置，其代码实现如下：

```
01 all_peaks = []
02 peak_counter = 0 #峰值计数器
03 prinfTick(1)
04 for part in range(18):
05      map_ori = heatmap_avg[:, :, part]
06      map = gaussian_filter(map_ori, sigma=3)
#找到峰值(当前像素值大小比上下左右的都大)
...
15 peaks_binary = np.logical_and.reduce(
16      (map >= map_left, map >= map_right, map >= map_up,
        map >= map_down, map > params['thre1']))
17 peaks = list(zip(np.nonzero(peaks_binary)[1], np.nonzero(peaks_binary)[0]))
18 peaks_with_score = [x + (map_ori[x[1], x[0]], ) for x in peaks]
19 id = range(peak_counter, peak_counter + len(peaks))
20 peaks_with_score_and_id = [peaks_with_score[i] + (id[i], ) for i in range(len(id))]
    #存入所有part的峰值
21 all_peaks.append(peaks_with_score_and_id)
22 peak_counter += len(peaks)
```

在OpenPose模型的关键点连接中，其核心是基于上一步输出的关键点位置，利用二分图最大权匹配算法来对关键点进行组装，其代码实现如下：

```
...
#计算线性积分
04 for k in range(len(mapIdx)):
05      score_mid = paf_avg[:, :, [x-19 for x in mapIdx[k]]]
06      candA = all_peaks[limbSeq[k][0]-1] #第k个limb中左关节点的候选集合A
07      candB = all_peaks[limbSeq[k][1]-1] #第k个limb中右关节点的候选集合B
08      nA = len(candA)
09      nB = len(candB)
10      indexA, indexB = limbSeq[k]
11      if(nA != 0 and nB != 0): #有候选开始连接
12          connection_candidate = []
        #连接所有检测出的关节点(nA * nB)
```

```
13        for i in range(nA):
14          for j in range(nB):
            # 计算单位向量
15            vec = np.subtract(candB[j][:2], candA[i][:2])
16            norm = math.sqrt(vec[0] * vec[0] + vec[1] * vec[1])
17            vec = np.divide(vec, norm)
            # 在 A[i], B[j]连线上取 mid_num 个采样点
18            startend = zip(np.linspace(candA[i][0], candB[j][0],
                           num=mid_num),
19                         np.linspace(candA[i][1],
                           candB[j][1], num=mid_num))
            # 根据特征图取采样点的 paf 向量
20              vec_x = np.array([score_mid[int(round(startend[I][1])),
                                int(round(startend[I][0])), 0]
21                              for I in range(len(startend))])
22            vec_y = np.array([score_mid[int(round(startend[I][1])),
                              int(round(startend[I][0])), 1]
23                              for I in range(len(startend))])
            # 计算余弦值，用来衡量相似度
24              score_midpts = np.multiply(vec_x, vec[0]) +
                    np.multiply(vec_y, vec[1])
25              score_with_dist_prior = sum(score_midpts)/len(score_midpts) + min
                    (0.5 * oriImg.shape[0]/norm-1, 0)
            # 评判连接有效的两个标准
26             criterion1 = len(np.nonzero(score_midpts > param_['thre2'])[0]) >
               0.8 * len(score_midpts)
27              criterion2 = score_with_dist_prior > 0
28                if criterion1 and criterion2:
29                    connection_candidate.append([i, j, score_with_dist_prior,
                                                  score_with_dist_prior+candA[i]
                                                  [2]+candB[j][2]])
# 对所有连接进行排序
30        connection_candidate = sorted(connection_candidate, key=lambda x: x[2],
                                     reverse=True)
31        connection = np.zeros((0, 5))
      # 留下对于每个关节点得分最高的连接，连接数保证不大于 nA, nB 的最小值
...
```

8.3.4 运行测试

在 https：//github.com/CMU-Perceptual-Computing-Lab/openpose_train 中提供了训练好的多个模型，只需按说明对其进行加载即可。OpenPose 的执行代码如下：

```
…
19 model = get_testing_model()
20 model.load_weights(keras_weights_file)
24 cv2.imwrite(input_image, cap)
25 params, model_params = config_reader()
…
```

运行结果如图 8-12 所示，可以准确定位人体关节点，并进行聚类连接，在遮挡重叠的情况下，对图像中单人和多人姿态的识别情况良好。

(a)

(b)

图 8-12　测试结果

8.4　温故知新

本章利用卷积神经网络实现了人体姿态估计，对单人和多人的场景都具有良好的识别效果，一定程度上克服了遮挡、光照等外界环境干扰，可以将人体姿态估计与日常生活建立关联，拓展更广泛的应用领域。为便于理解，本章的关键知识点如下：

(1) 姿态估计问题可以分为 2D 姿态估计和 3D 姿态估计两大类，前者是每个关键点预测一个二维坐标，后者增加深度信息，为每个关键点预测一个三维坐标。本章主要介绍 2D 人体姿态估计。

(2) 2D 姿态估计问题的求解思路包括 top-down 和 bottom-up 两种，前者精度高，后者速度快。

(3) OpenPose 通过 Part Confidence Maps 预测关键点位置，通过 Part Affinity Fields 在关键点之间建立向量场，使用二分图最大权匹配算法来对关键点进行组装。

参考资源

1. https://arxiv.org/pdf/1611.08050.pdf.

2. 姿态估计基础，Human Pose Estimation 101，地址：https://github.com/cbsudux/Human-Pose-Estimation-101.

3. 姿态估计数据集，2D 部分，MPII Human Pose Dataset、LSP、FLIC、FLIC-plus；3D 部分，Human3.6M、HumanEva、MPI-INF-3DHP、Unite The People.（Github 地址：https://github.com/cbsudux/awesome-human-pose-estimation）.

第9章　利用深度强化学习玩游戏实战

开源项目OpenAI Gym中的CartPole-v0游戏是强化游戏领域的经典问题，本章以如何利用深度强化学习玩游戏为主线，从强化学习在游戏领域的应用现状出发，回顾深度强化学习的技术原理，利用Pytorch框架训练Deep Q-learning(DQN)智能体，同时，利用TensorFlow实现基于策略梯度的神经网络，从编程实战角度，加深对基于值函数和基于策略的深度强化学习的理解。本章主要知识点及预期目标为：

- 理解深度强化学习在游戏领域的发展现状及趋势。
- 掌握DQN的原理。
- 了解OpenAI的Gym环境，以及Pytorch和TensorFlow开发框架。
- 掌握Pytorch和TensorFlow的编程实战操作。

9.1　实战背景

9.1.1　深度强化学习在游戏领域的应用

深度强化学习作为近年最火热的研究方向之一，在围棋和游戏领域具有良好表现。深度强化学习发展的里程碑事件有：AlphaGo Zero程序在围棋领域横扫专业棋手；Dota Five程序达到Dota类游戏顶尖玩家水平；AlphaStar程序在星际争霸游戏中击败职业玩家。深度强化学习的全球领军公司有美国的OpenAI公司、英国的DeepMind公司等，如图9-1所示。

(a)美国的OpenAI公司

(b)英国的DeepMind公司

图9-1　深度强化学习的全球领军公司

强化学习算法的重要应用场景是游戏。在游戏领域，机器人(Bot)程序和非玩家角色(Non-Player Character，NPC)很重要，可以丰富游戏情节，增加游戏挑战性，或是帮助新手更快地学习游戏玩法。然而，传统方法通常基于规则构建行为树，即在规定情况下做规定动作，成本及效果不理想。而深度强化学习是让智能体在环境中不断进行探索、试错学习以最大化累积奖赏，从而得到最优策略，该方法不必标记样本和人工规则。

深度强化学习必须通过不断试错、探索环境进行学习来寻找更好的策略，而游戏是仿真的环境，探索成本低，因此，在游戏场景中，深度强化学习可以获取大量样本，以提升训练效果。在游戏场景中应用强化学习，其核心为将场景抽象为马尔可夫决策过程(MDP)：将所需训练的 Bot 或 NPC 等角色作为智能体，所面临的游戏作为环境，角色从游戏中获取其当前的状态和奖赏，并做出相应的动作。状态为当前角色的特征信息，既可以是当前游戏画面，也可以是 CNN 等获得的特征，以及游戏 API 提供的语义信息。角色的动作可以是按键信息或高级动作 API。然后，选择相应的强化学习算法进行训练，例如，采用 DQN、近端策略优化 PPO(Proximal Policy Optimization)等算法调整或训练超参数、网络结构。

此外，利用深度强化学习可以进行游戏中的程序化内容生成(Procedural Content Generation，PCG)、角色动画生成、个性化推荐、智能聊天等。

9.1.2　Gym 介绍

OpenAI Gym(http：//gym. openai. com/)是强化学习相关算法的开源工具包，包含经典的仿真环境和各种数据，并兼容常见深度学习框架(例如，TensorFlow 等)。用户无需过多了解游戏实现和智能体先验知识，通过简单接口调用即可测试和仿真。OpenAI Gym 主要包括：

(1) Gym 开源库：包含大量测试问题，尤其在游戏测试中，强化学习的环境即游戏画面。这些环境对外提供公共接口，允许通用算法设计。

(2) OpenAI Gym 服务：提供环境服务和 API 接口，允许对测试结果进行比较，如图 9－2 所示。

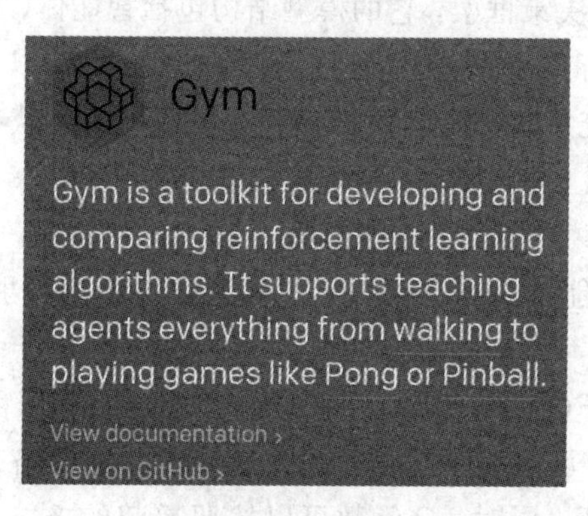

图 9－2　Gym

本章以经典控制问题 CartPole-v0 为游戏场景，如图 9-3 所示，讲解深度强化学习的实战案例。在该游戏场景下，游戏的输入是表示位置、速度等环境状态的 4 个实际值；智能体的动作为向左或向右移动，即动作空间大小为 2；神经网络通过学习来保证小车上的杆子保持直立，当杆直立时间增加时，则智能体获得更大的累计奖励。

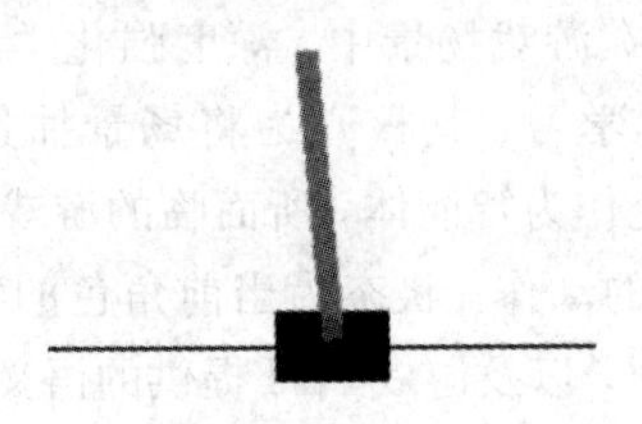

图 9-3 CartPole-v0

9.2 深度强化学习技术回顾

深度学习(DL)是一种用来进行深度表征的机器学习方法，而深度神经网络是一种由大量函数组成的结构体，包括多种变换、非线性激活函数，以及关于输出的损失函数，需要用最优化方法来训练网络参数，所得到的大量网络参数可以用来进行深度特征表示。因此，深度学习是表征学习的通用方法，具有强大的函数表征和逼近能力，深度学习可以利用深度神经网络这种结构进行特征表示。深度学习所学习的就是输入到输出的映射，而映射的本质就是大量网络参数，其载体是深度神经网络这种结构。此外，常用的减少参数的方法为权值共享(Weight Sharing)，例如，循环神经网络按照时间维度进行参数共享，卷积神经网络按空间维度进行参数共享。

与深度学习类似，强化学习(RL)也面临一个优化问题，即如何优化决策以达到最佳结果。强化学习是一个通用的决策框架，它的模型结构包括智能体(Agent)和环境(Environment)两个部分。强化学习的目标是让智能体通过观察环境的状态以及获取的奖励来学会做决策。在强化学习的闭环系统中，智能体执行动作、接收状态、获得奖励，而环境收到动作、发出状态、发送奖励，如图 9-4 所示。

强化学习的智能体至少包括三个关键部分：

(1) 策略(Policy)：智能体的行为函数，即状态到行为的映射，包括确定性策略和随机策略。

(2) 价值函数(Value Function)：评价状态或者行为的好坏程度，即基于当前状态和动作，对未来奖励的预测。Q 函数表示总奖励的期望，即给定策略、衰减因子、当前状态和动作，可获得累计奖励的期望。同时，Q 函数可以按照递归的方式分解为贝尔曼方程。此外，最优价值函数就可以使得价值函数达到可实现的最大值，并可以得到整个问题的最优解，以及相应的最优策略。

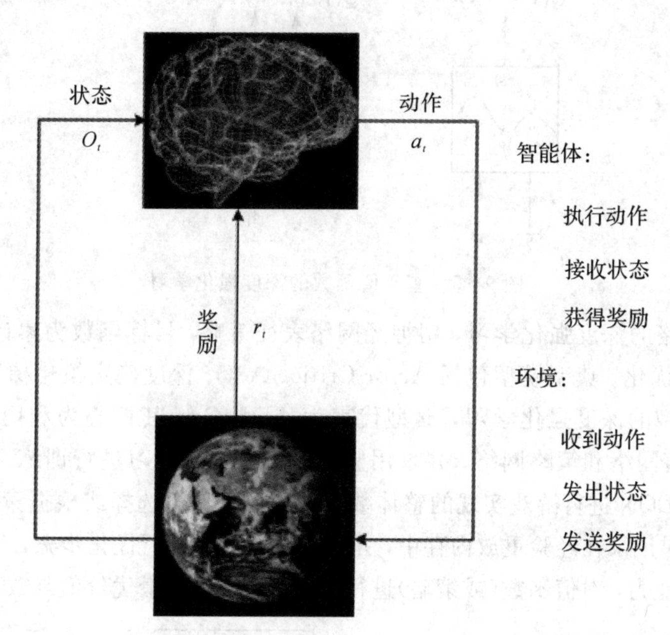

图 9-4　强化学习框架

(3) 模型(Model)：智能体对环境的表征，是从经验中学习的过程。

因此，强化学习包括基于价值(Value-based)、基于策略(Policy-based)以及基于模型(Model-based)三种方法。其中，基于价值的强化学习需要估计 Q 函数的最大值，即在任意策略下能够得到的最优 Q 函数；基于策略的强化学习，直接搜索最优策略，这将得到能够最大化未来奖励的策略；基于模型的强化学习，构建一个环境模型，并基于该模型进行规划。

深度强化学习(DRL)是强化学习与深度学习的结合，其中，强化学习定义了问题的优化目标，深度学习给出问题的表征方式以及求解方法。因此，深度强化学习的提出为实现通用智能提供了重要工具。

(1) 基于值函数的深度强化学习，即用 Q 网络来表示值函数。利用 Q-learning 最小化基于贝尔曼方程的均方误差，并采用梯度下降类优化算法进行求解。将经验重放(Experience Replay)引入基于神经网络的 Q-learning，则可以得到 DQN。该方法可以消除智能体在非平稳动态学习中自身经验的相关性，提高训练数据集质量。如图 9-5 所示，值函数的输入主要有状态-动作对和状态两种类型，模型部分即为用神经网络参数代表的深度强化学习，输出为状态-动作-网络参数对应的值函数。

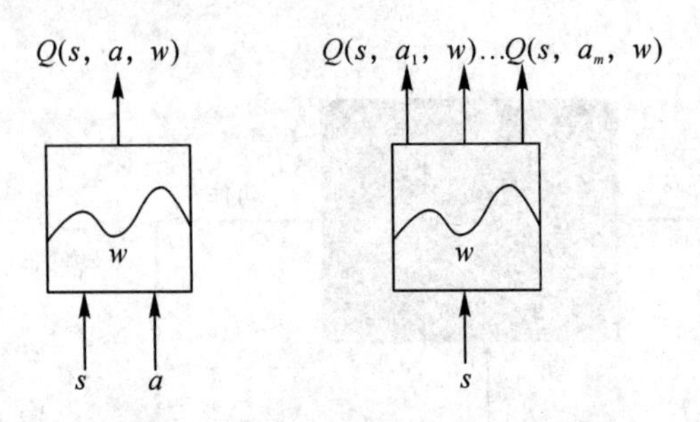

图 9-5　基于值函数的深度强化学习

(2) 基于策略的深度强化学习，用神经网络表征策略，目标函数为累计奖励期望，并基于策略梯度进行优化。典型模型包括 Actor-Critic、A3C、深度确定策略梯度 Deep DPG 等。

(3) 基于模型的深度强化学习，典型代表为 AlphaGo，其核心为利用卷积神经网络构造了 12 层的价值网络和策略网络，并采用监督学习和强化学习进行训练。

此外，基于 DQN 进行游戏实现的整体数据流程中，随机选择或根据策略从 gym 环境中获取动作，将结果记录在经验重放内存中，并在每次迭代时运行优化步骤，利用神经网络强大的函数拟合逼近能力，对值函数(或策略)进行表征，最终获得最优价值函数。如图 9-6 所示。

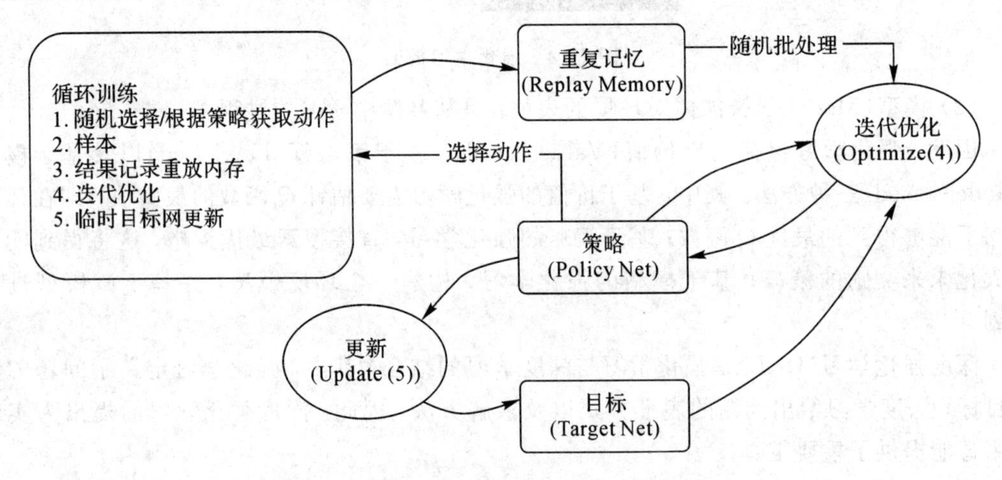

图 9-6　基于 DQN 的游戏实现数据流程

9.3　编 程 实 战

本节基于 Pytorch 实现 DQN 模型，完成经典的 CartPole-v0 游戏。同时，在基于策略的强化学习方面，由浅入深，从简单策略到基于神经网络的策略学习，并利用 TensorFlow 实现基于策略梯度的 CartPole-v0 游戏。

9.3.1 基于 Pytorch 的游戏实战

基于 Pytorch 的游戏实战包括环境准备、模型设置、主程序执行等部分。

1. 环境准备

首先，导入 gym 包，命令如下：

```
pip install gym
```

其中，gym 的核心接口是 env，包含如下核心方法：

(1) reset(self)：重置环境状态，返回观察。

(2) step(self, action)：执行一个时间步长，返回 4 个参数：observation，reward，done，info。其中，observation 为游戏当前的状态；reward 为执行上一步动作后，智能体获得的奖励；done 表示是否需要重置环境；info 是调试过程的诊断信息。

(3) render(self, mode='human', close=False)：重绘环境帧，例如弹出窗口。

(4) close(self)：关闭环境，并清除内存。

```
import gym
env = gym.make('CartPole-v0')
env.reset()
for _ in range(1000):
env.render()
  env.step(env.action_space.sample()) # take a random action
env.close()
```

2. 模型设置

DQN 模型的关键功能包括经验重放、Q 网络输入提取、超参数设置、模型训练等部分。

1) 经验重放

利用经验重放训练 DQN，其关键为状态转换和经验重放，其中，Transition 为状态、动作对的映射转换；ReplayMemory 为经验存放循环缓冲区。具体代码如下：

```
Transition = namedtuple('Transition', ('state', 'action', 'next_state', 'reward'))
class ReplayMemory(object):
def _init_(self, capacity):
self.capacity = capacity
self.memory = []
self.position = 0
def push(self, *args):
```

```
if len(self. memory) < self. capacity:
self. memory. append(None)
self. memory[self. position] = Transition( * args)
self. position = (self. position + 1) % self. capacity
def sample(self, batch_size):
return random. sample(self. memory, batch_size)
def _len_(self):
return len(self. memory)
```

2）Q 网络

DQN 本质为卷积神经网络，包括三个卷积层，具体代码如下：

```
class DQN(nn. Module):
def _init_(self, h, w, outputs):
super(DQN, self). _init_()
self. conv1 = nn. Conv2d(3, 16, kernel_size=5, stride=2)
self. bn1 = nn. BatchNorm2d(16)
self. conv2 = nn. Conv2d(16, 32, kernel_size=5, stride=2)
self. bn2 = nn. BatchNorm2d(32)
self. conv3 = nn. Conv2d(32, 32, kernel_size=5, stride=2)
self. bn3 = nn. BatchNorm2d(32)
def conv2d_size_out(size, kernel_size = 5, stride = 2):
return (size - (kernel_size - 1) - 1) // stride + 1
convw = conv2d_size_out(conv2d_size_out(conv2d_size_out(w)))
convh = conv2d_size_out(conv2d_size_out(conv2d_size_out(h)))
linear_input_size = convw * convh * 32
self. head = nn. Linear(linear_input_size, outputs)
def forward(self, x):
x = F. relu(self. bn1(self. conv1(x)))
x = F. relu(self. bn2(self. conv2(x)))
x = F. relu(self. bn3(self. conv3(x)))
return self. head(x. view(x. size(0), -1))
```

3）输入提取

利用 torchvision 包从环境中提取和处理图像。gym 返回的屏幕尺寸是 400×600×3，或 800×1200×3，因此需要进行裁剪。此外，Q 网络的输入为相邻两屏的差值。具体代码如下：

```
def get_screen():
screen = env. render(mode='rgb_array'). transpose((2, 0, 1))
```

```
# cart 位于下半部分，因此不包括屏幕的顶部和底部
_, screen_height, screen_width = screen.shape
screen = screen[:, int(screen_height * 0.4):int(screen_height * 0.8)]
...
slice_range = slice(cart_location - view_width // 2, cart_location + view_width // 2)
# 去掉边缘，使得我们有一个以 cart 为中心的方形图像
screen = screen[:, :, slice_range]
# 转换为 float 类型，重新缩放，转换为 torch 张量
screen = np.ascontiguousarray(screen, dtype=np.float32) / 255
screen = torch.from_numpy(screen)
# 调整大小并添加 batch 维度(BCHW)
return resize(screen).unsqueeze(0).to(device)
```

4) 超参数设置

模型训练中，数据批大小为 128，优化器为 RMSprop，select_action 按照 ε-贪婪选择行动，代码如下：

```
BATCH_SIZE = 128
GAMMA = 0.999
# 获取屏幕大小接近 3×40×90
init_screen = get_screen()
_, _, screen_height, screen_width = init_screen.shape
# 从 gym 行动空间中获取行动数量
n_actions = env.action_space.n
policy_net = DQN(screen_height, screen_width, n_actions).to(device)
target_net = DQN(screen_height, screen_width, n_actions).to(device)
target_net.load_state_dict(policy_net.state_dict())
target_net.eval()
optimizer = optim.RMSprop(policy_net.parameters())
memory = ReplayMemory(10000)
steps_done = 0
# 选择具有较大预期奖励的行动
return policy_net(state).max(1)[1].view(1, 1)
...
```

5) 模型训练

利用 optimize_model 函数进行模型优化，包括 batch 采样、计算损失值、更新网络权重等部分，代码如下：

```
def optimize_model():
...
    state_batch = torch.cat(batch.state)
    action_batch = torch.cat(batch.action)
    reward_batch = torch.cat(batch.reward)
    #计算Q(s_t, a)—模型计算Q(s_t)，选择动作
    state_action_values = policy_net(state_batch).gather(1, action_batch)
    #计算所有下一个状态的V(s_{t+1})
    next_state_values = torch.zeros(BATCH_SIZE, device=device)
    next_state_values[non_final_mask] = target_net(non_final_next_states).max(1)[0].
detach()
    expected_state_action_values = (next_state_values * GAMMA) + reward_batch
    #计算Huber损失
    loss = F.smooth_l1_loss(state_action_values, expected_state_action_values.unsqueeze(1))
    #优化模型
    optimizer.zero_grad()
    loss.backward()
    for param in policy_net.parameters():
        param.grad.data.clamp_(-1, 1)
        optimizer.step()
```

综合上述步骤及模块，强化学习智能体执行的主程序如下：

```
num_episodes = 20
for i_episode in range(num_episodes):
    #初始化环境和状态
    env.reset()
    last_screen = get_screen()
    current_screen = get_screen()
    state = current_screen - last_screen
    for t in count():
    #选择动作并执行
        action = select_action(state)
        _, reward, done, _ = env.step(action.item())
        reward = torch.tensor([reward], device=device)
        #观察新的状态
        last_screen = current_screen
        current_screen = get_screen()
```

```
if not done：
    next_state = current_screen - last_screen
else：
    next_state = None
    #在记忆中存储过渡
    memory.push(state, action, next_state, reward)
    #移动到下一个状态
    state = next_state
    #执行优化的一个步骤(在目标网络上)
    optimize_model()
    if done：
        episode_durations.append(t + 1)
        plot_durations()
        Break
        #更新目标网络，复制 DQN 中的所有权重和偏差
        if i_episode % TARGET_UPDATE == 0：
        target_net.load_state_dict(policy_net.state_dict())
        ...
```

经历多轮学习后，小车上的杆子可以一直保持平衡，如图 9－7 所示。

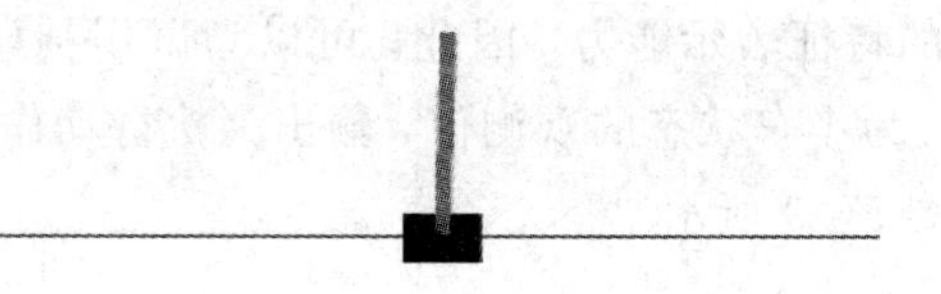

图 9－7　训练结果

9.3.2　基于策略梯度进行 TensorFlow 实战

在 Q-learning 中，采用神经网络拟合 Q 函数来实现深度强化学习。在基于策略的深度强化学习中，使用神经网络模型直接拟合智能体策略函数。下面讲解基于策略梯度的 CartPole-v0 游戏实现，如图 9－8 所示。

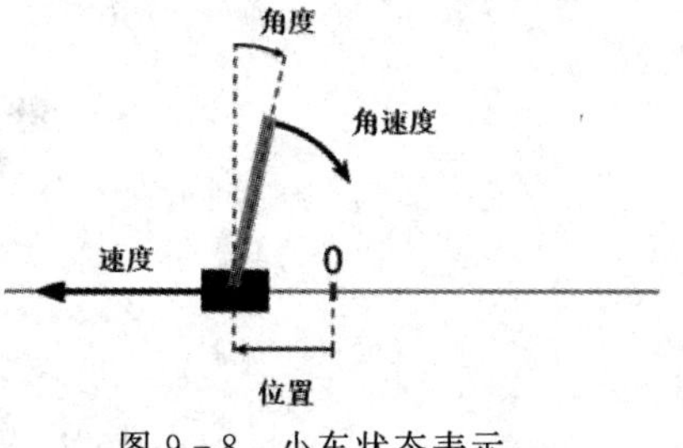

图 9－8　小车状态表示

1. 简单策略

在介绍策略梯度前，先为小车的控制设计一个简单策略，即当杆向右倾斜时向右加速，当杆向左倾斜时向左加速。其中，小车的状态包括其水平位置、速度、杆的角度、角速度四

个量。上述代码的实现如下：

```
    def basic_policy(obs):
    angle = obs[2]
    return 0 if angle < 0 else 1
totals = []
for episode in range(300):
    episode_rewards = 0
    obs = env.reset()
    for step in range(500): # 最多 500 步
        action = basic_policy(obs)
        obs, reward, done, info = env.step(action)
        episode_rewards += reward
        if done:
            break
    totals.append(episode_rewards)
```

可想而知，简单策略效果不好，小车左右摆动强烈，车上杆子左右倾斜。因此需要更加复杂的平衡策略。

2. 神经网络策略

神经网络具有良好的特征表示能力，因此，可以尝试用神经网络去拟合更好的策略函数。其中，神经网络输入为小车状态的观测值，输出为执行动作的概率，然后，智能体根据概率随机选择动作，如图 9-9 所示。

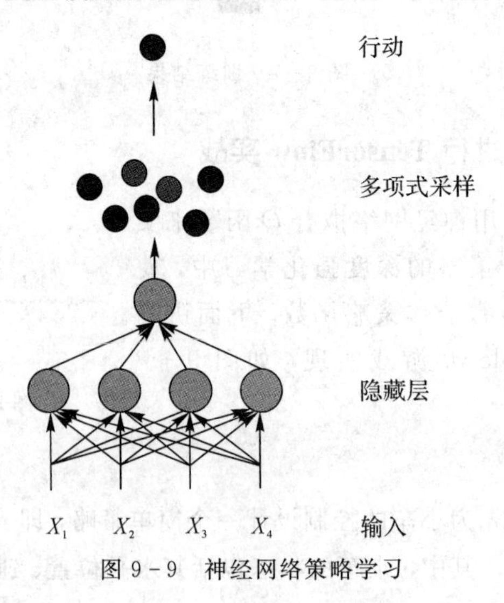

图 9-9　神经网络策略学习

在 CartPole-v0 游戏中，与 Q-learning 中选择最高得分动作不同，基于神经网络策略的输出只需要一个神经元，通过向左动作的概率 P 和向右动作的概率 $1-P$，即可进行动作选择，进而能够平衡智能体新行为探索和已知动作利用间的关系。神经网络模型代码如下：

```
def create_softmax_network(self):
# network weights
W1 = self.weight_variable([self.state_dim, 20])
b1 = self.bias_variable([20])
W2 = self.weight_variable([20, self.action_dim])
b2 = self.bias_variable([self.action_dim])
# input layer
self.state_input = tf.placeholder("float", [None, self.state_dim])
self.tf_acts = tf.placeholder(tf.int32, [None, ], name="actions_num")
self.tf_vt = tf.placeholder(tf.float32, [None, ], name="actions_value")
# hidden layers
h_layer = tf.nn.relu(tf.matmul(self.state_input, W1) + b1)
# softmax layer
self.softmax_input = tf.matmul(h_layer, W2) + b2
#softmax output
self.all_act_prob = tf.nn.softmax(self.softmax_input, name='act_prob')
self.neg_log_prob = tf.nn.sparse _softmax_cross_entropy_ with_logits(logits= self.soft-
max _input, labels=self.tf_acts)
self.loss = tf.reduce_mean(self.neg_log_prob * self.tf_vt) # reward guided loss
self.train_op = tf.train.AdamOptimizer(LEARNING_RATE).minimize(self.loss)
```

3. 策略梯度

在基于策略的强化学习中，神经网络优化的方法可以采用策略梯度算法，即沿着更高奖励的梯度方向来优化策略参数。具体思路为：让神经网络进行多轮游戏，使智能体不断选择行动，并计算梯度，然后计算每个动作的得分，若得分为正，则应用梯度计算加大选择该动作的概率，反之，降低选择该动作的可能性。

在基于策略梯度的强化学习中，需要定义策略梯度类，包括定义策略梯度网络结构、动作选择、状态、动作对存储、学习函数，其关键代码如下：

```
class Policy_Gradient():
def _init_(self, env): # init some parameters
# Init session
def create_softmax_network(self):
# network weights
```

```
    # input layer
    # hidden layers
    # softmax layer
    #softmax output
    def choose_action(self, observation):
    def store_transition(self, s, a, r):
    def learn(self):
```

其中，用于拟合策略的神经网络采用三层全连接结构，损失函数使用 softmax 交叉熵损失函数与状态价值函数的乘积，这样便于 TensorFlow 进行梯度迭代优化。在模型的学习中，采用蒙特卡罗法进行逆向的价值函数计算，代码如下：

```
def learn(self):
    discounted_ep_rs = np.zeros_like(self.ep_rs)
    running_add = 0
    for t in reversed(range(0, len(self.ep_rs))):
        running_add = running_add * GAMMA + self.ep_rs[t]
        discounted_ep_rs[t] = running_add
        discounted_ep_rs -= np.mean(discounted_ep_rs)
        discounted_ep_rs /= np.std(discounted_ep_rs)
```

模型训练中，超参数衰减率为 0.95，学习率为 0.01。

```
    # Hyper Parameters
GAMMA = 0.95 # discount factor
LEARNING_RATE=0.01
```

基于策略梯度的主函数代码如下：

```
    def main():
  # initialize OpenAI Gym env and dqn agent
  env = gym.make(ENV_NAME)
  agent = Policy_Gradient(env)
  for episode in range(EPISODE):
  # initialize task
    state = env.reset()
    # Train
    for step in range(STEP):
      action = agent.choose_action(state) # e-greedy action for train
      next_state, reward, done, _ = env.step(action)
      agent.store_transition(state, action, reward)
```

```
            state = next_state
            if done:
            #print("stick for ", step, " steps")
              agent.learn()
            break
        # Test every 100 episodes
        if episode % 100 == 0:
            total_reward = 0
            for i in range(TEST):
                state = env.reset()
                for j in range(STEP):
                    env.render()
                    action = agent.choose_action(state) # direct action for test
                    state, reward, done, _ = env.step(action)
                    total_reward += reward
...
```

通过上述代码，成功让小车学会了如何控制车上杆子的平衡。与基于 Q-Learning 算法的思路不同，基于策略的强化学习用神经网络直接表征策略，尤其，在 AlphaGo 中也采用了基于策略梯度的方法。

9.4　温故知新

强化学习性能的提升需要大量数据，容易获得大量模拟数据的游戏领域是强化学习大展身手的重要应用场景。此外，强化学习也可以用于文本摘要抽取、聊天机器人、最佳医疗策略制定、在线股票交易预测等领域。本章内容基于第 7 章强化学习理论的讲解，以典型的 CartPole-v0 游戏场景为例，分别利用 Pytorch 和 TensorFlow 框架实现了 DQN 和基于策略梯度的深度强化学习方法，完成了具备控制小车平衡杆智能体的训练。关键知识点总结如下：

（1）深度学习是表征学习的通用方法，具有强大的函数表征和逼近能力。

（2）循环神经网络按照时间维度进行参数共享，卷积神经网络按空间维度进行参数共享。

（3）强化学习是让智能体学会决策的通用框架。

（4）策略是智能体状态与行为的映射函数。

（5）基于当前状态和动作，价值函数对未来奖励进行预测；Q 函数表示给定策略、衰减因子、当前状态和动作，可获得累计奖励的期望，可以利用贝尔曼方程进行递归求解。

(6) 基于策略的深度强化学习，用神经网络表征策略，目标函数为累计奖励期望，并基于策略梯度进行优化。按照输出概率进行动作选择，以平衡智能体新行为探索和已知动作利用间的关系。

(7) 在 DQN 中，利用经验重放(experience replay)可以消除智能体在非平稳动态学习中自身经验的相关性，提高训练数据集的质量。

参考资源

1. OpenAI 开发 Gym 工具包，地址：https://gym.openai.com/.

2. 深度强化学习综述 Deep Reinforcement Learning：An Overview，地址：https://arxiv.org/abs/1701.07274.

3. 深度 Q 网络代码，地址：http://sites.google.com/a/deepmind.com/dqn/.

4. David Silver 演讲视频，地址：http://techtalks.tv/talks/deep-reinforcement-learning/62360/.

5. 强化学习书籍，地址：https://webdocs.cs.ualberta.ca/～sutton/book/bookdraft2016sep.pdf.

6. 强化学习 Github 资源，地址：https://github.com/aikorea/awesome-rl.

7. 台湾大学李宏毅(深度)强化学习课程主页，地址：http://speech.ee.ntu.edu.tw/～tlkagk/courses/.

8. DeepMind，地址：http://www.deepmind.com/publications.html.

第 10 章　面向边缘智能的人群数量计算实战

人群数量计算是计算机视觉领域的前沿研究方向，也是城市安防领域的重要研究课题。尤其，新型冠状病毒肺炎(COVID-19)全球爆发带来的疫情冲击、病毒的聚集性传播增强了人流量检测研究的现实意义。本章主要讲解人群数量计算及边缘智能的发展现状，回顾以 YOLO 模型为代表的目标检测算法、人脸检测算法的原理及其在人群数量计算中的应用，以及后期软硬件开发部署的设计与实际考虑，最后利用 Pytorch 实现边缘智能场景下人群数量计算的实战案例。

本章主要涉及的知识点及预期目标为：

· 理解人群数量计算、边缘智能的发展现状及趋势。

· 掌握 YOLO 等目标检测算法、人脸检测算法的原理。

· 了解 Pytorch 开发框架下 YOLO V3 及 CenterFace 模型的编程实战操作。

10.1　实战背景

10.1.1　人群数量计算

随着各大城市人口密度增长，大量人群的聚集行为越来越多，规模越来越大，尤其是在节假日期间易造成拥堵，极易出现重大的安全事故，因此，对人员密集公共场所进行监督、预警和控制刻不容缓。尽管城市几乎每个角落都装有监控设备，但目前人群聚集情况的管理和控制仍然缺乏有效措施，没有准确实时的客流数据就很难做出合理的、及时的应急处置方案。因此，人群数量计数(Crowd Counting)或者人群密度估计(Crowd Density Estimation)已成为安防领域的重要研究课题。尤其，“新冠病毒”带来的疫情冲击、病毒的聚集性传播也增强了人群数量计算研究的现实意义。

关于人群数量计算的实现，依靠人力实地目测、抽样统计等方法不仅耗时耗力、代价昂贵，而且精准度也不高，一旦发生突发事件，并不能清晰掌握事发区人流数量，导致决策盲目、管理效率低下、应急方式不当等问题。早期的研究工作通过检测身体或头部来估计人群数量，而其他一些方法则学习从局部或全局的特征到实际数量的映射关系来估计数量。最近，人群计数问题被公式化为人群密度图的回归，然后通过对密度图的值进行求和以得到图像中人群的数量。随着深度学习技术的成功，卷积神经网络(CNN)可以生成准确的群体密度图，并能获得比传统方法更好的表现。

1. 传统方法

传统人群数量计算方法通常包括基于检测的方法和基于回归的方法两大类。

1) 基于检测的方法

基于检测的人群数量计算方法是早期工作重点，在基于整体的检测方法中，可以通过分类器提取小波、HOG、边缘等特征进行检测，包括SVM、boosting、随机森林等，主要适用于稀疏人群数量计算，但在遮挡场景下效果较差。在基于部分身体的检测方法中，主要通过检测身体的部分结构(例如头、肩膀等)去统计人群的数量，该方法较基于整体的检测效果略有提升。

2) 基于回归的方法

基于检测的方法很难处理人群间严重的遮挡问题。所以，基于回归的方法逐渐被用来解决人群计数的问题。基于回归的方法，主要思想是通过学习特征到人群数量的映射来解决人群计数问题，主要包括两个步骤：一是低级特征提取，如前景特征、边缘特征、纹理特征、梯度特征；二是回归模型学习，如利用线性回归、分段线性回归、岭回归、高斯过程回归等方法学习低级特征到人群数量的映射关系。此外，基于视频的人群计数算法一般分为前景分割、特征提取、人数回归三个步骤。其中，前景分割是将人群从图像中分割出来以便于后面的特征提取，常用算法有光流法(Optical Flow)、混合动态纹理(Mixture of Dynamic Textures)、小波分析(Wavelets)等；特征提取的常用特征有人群面积和周长、边的数量及方向、纹理特征、闵可夫斯基维度等。

2. 基于深度学习的方法

深度学习具备出色的特征学习能力，在人群计数中表现出优异性能。不同于传统基于检测和基于回归的方法，基于深度学习的人群计数算法利用卷积神经网络实现端对端训练，无需进行前景分割以及人为地设计和提取特征，经过多层卷积之后得到的高层特征(High-level Features)使得算法获得了传统方法无法比拟的优越性能。尤其，深度神经网络可以利用预测密度图(Density Map)对图像中分布不均匀的密集人群区域提取不同尺度的人头特征，进而得到较好的预测结果。以CSRNet为例，CSRNet以VGG-16为前端，利用膨胀卷积提取图像高级特性，并生成高质量的密度图，其效果如图10-1所示。此外，基于深度学习的人群计数方法可以加入景深信息(即焦点前后范围内清晰图像的距离范围)、人体结构信息来进一步适应复杂场景和提升算法的鲁棒性。

图 10－1　CSRNet 的人群数量计算效果

10.1.2　边缘智能

边缘智能是将人工智能部署于边缘计算设备的智能服务模式。尤其，随着万物互联时代的到来和无线网络的普及，网络边缘的设备数量和其产生的数据量都急剧增长。智能终端设备已成为各个应用场景的重要组成部分，传统以云计算为代表的集中式处理模式将无法高效地处理边缘设备产生的数据，无法满足人们对服务质量的需求，实时性不足、带宽受限等问题凸显。因此，边缘计算模型产生。边缘计算模型强调本地计算，降低数据云端传输，这样做可以极大减轻网络带宽压力，大大地减少系统时延，提高服务的响应时间。

将以卷积神经网络、循环神经网络、生成式对抗网络、深度强化学习等模型为代表的人工智能技术部署于边缘设备，可以拓展传统云服务的范围，解决智能服务的“最后一公里”问题。

如图 10－2 所示，边缘智能涉及的主体包括云计算中心、边缘服务器、终端设备三种，人工智能在边缘计算场景的推理模式包括基于边缘服务器的模式、基于终端设备的模式、基于边缘服务器-终端设备的模式、基于边缘服务器-云计算中心的模式。同时，边缘智能依托智能终端，可以融合网络、计算、存储、应用等核心能力，对外提供边缘智能服务，以满足敏捷连接、实时业务、数据优化、应用智能、安全与隐私保护等方面的关键需求。此外，将人工智能部署在边缘设备上，主要面临计算、存储、能耗等资源受限，边缘网络资源不足，人工智能在“边缘”的训练、推理功能并行困难等挑战。

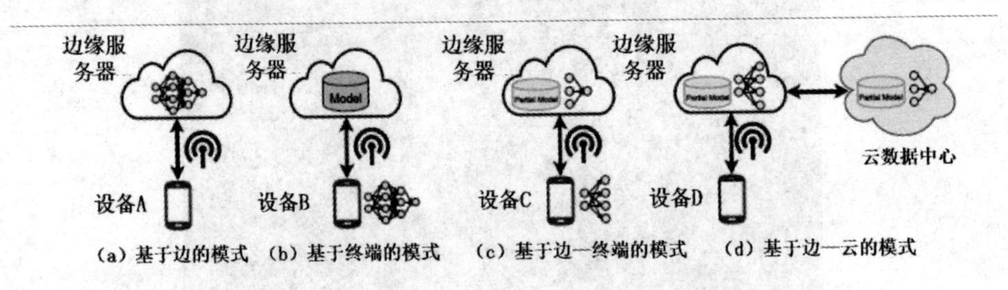

图 10-2　面向边缘计算的人工智能推理模式

目前边缘智能的五个研究方向包括云边端协同、模型分割、模型压缩、减少冗余数据传输、轻量级加速体系结构设计。其中，云边端协同、模型分割、模型压缩主要是减少边缘智能在计算、存储需求方面对边缘设备的依赖；减少冗余数据传输主要用于提高边缘网络资源的利用效率；轻量级加速体系结构设计主要针对边缘特定应用提升智能计算效率。

综上所述，将人工智能部署在边缘设备已成为提升智能服务的有效途径，以人群数量计算为例，边缘智能可以为其提供典型的边缘计算环境，以及高性能的人工智能技术支撑。

10.2　目标检测技术回顾

10.2.1　目标检测

在计算机视觉中关于图像识别有四大类任务：

(1) 分类(Classification)，解决“是什么?”的问题，即判断给定图像或视频里包含什么类别目标，例如垃圾分类等。

(2) 定位(Location)，解决“在哪里?”的问题，即定位出目标的位置。

(3) 检测(Detection)，解决“是什么? 在哪里?”的问题，即定位出目标的位置，并且给出目标物类别。

(4) 分割(Segmentation)，解决“每一个像素属于哪个目标物或场景?”的问题，分为实例分割(Instance-level)和场景分割(Scene-level)。

因此，目标检测机器视觉领域的核心问题之一是找出图像中所有感兴趣的目标，并确定其位置和大小。但由于各类物体有不同的外观、形状、姿态，加上成像时光照、遮挡等因素的干扰，目标检测一直是机器视觉领域最具有挑战性的问题。目标检测技术的进展如图 10-3 所示。

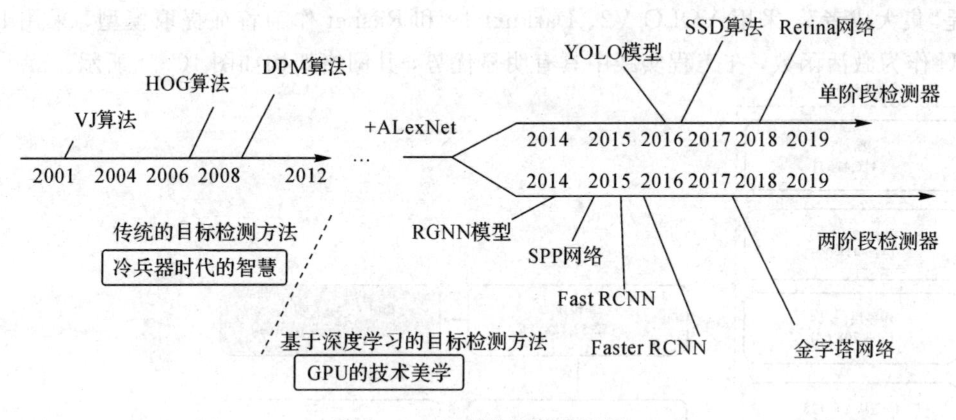

图 10－3　目标检测技术进展

传统的目标检测方法一般分为三个阶段：候选区域生长、特征提取、分类器分类。其中特征提取的好坏对检测结果的影响极大，往往需要很多先验信息作为辅助，并且可移植性较差，一种方法往往只针对某一图像有较好的效果。由于卷积神经网络在特征学习上的突出表现，将其应用到目标检测领域也有不俗的效果。2014 年，R-CNN 将 Pascal VOC 2007 目标检测的 mAP 提升至 48%，开启了目标检测新篇章。下面介绍几个常用的基于深度学习的目标检测模型。

1. Faster R-CNN

基于快速区域的卷积网络方法(Fast R-CNN)在检测目标时，首先对每张图像使用 Selective Search 方法获得候选区域集，然后在卷积特征图中对每个候选区域的感兴趣区域(ROI)用池化提取固定大小的特征向量，最后利用全连接输出对象类和边界框位置。

2. SSD

SSD(Single Shot MultiBox Detector)使用 VGG-16-Atrous 作为基础网络，其核心是物体预测及归属类别打分。它完全取消了候选区域生成、像素重采样、特征重采样等操作，使用小卷积滤波器为每个对象类别生成分数，并产生特定目标的一组边界框。

3. YOLO

YOLO(You Only Look Once)将图像检测视为回归问题，其网络模型与 GoogLeNet 类似，包括 24 个卷积层和 2 个全连接层，将整个图像分割为固定数量的网格单元，每个单元被看作一个候选框，然后检测候选框中是否存在一个或多个对象。在 YOLO 中，每个边界框都是通过整个图像的特征来预测的，每个边界框有 5 个预测值，即 x，y，w，h 和置信度，(x, y)表示相对于网格单元边界的边界框中心，w 和 h 是整个图像的预测宽度和高度。此外，YOLO V2 利用多尺度训练、anchor 机制、批正则化等提高检测速度与精度。YOLO

V3 是“集大成者”，采用 YOLO V2、Darknet-19 和 Resnet 作为特征提取模型，采用 leaky ReLU 作为激活函数，在工程实践中具有明显优势，其网络架构如图 10-4 所示。

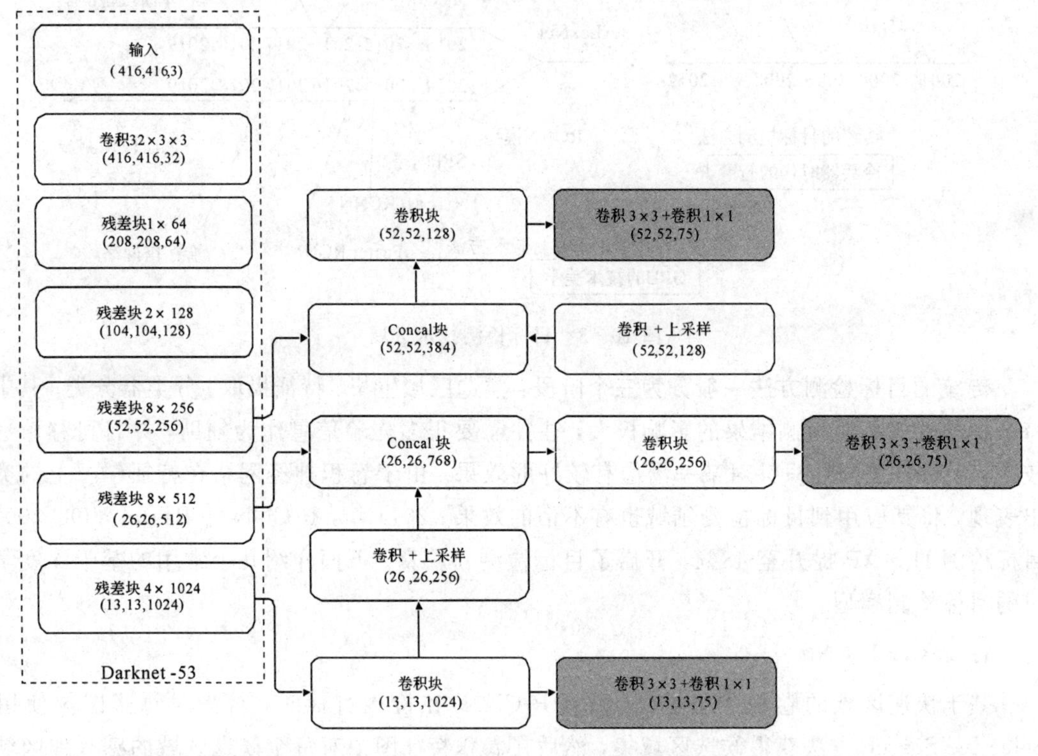

图 10-4　YOLO V3 网络架构

10.2.2　人脸检测

作为人群数量计算的备选算法，人脸检测可以用人脸数量粗略代替人的数量。尤其，随着深度学习技术的发展，基于深度神经网络的人脸识别可以实现自动的特征提取，并获得良好的识别率。通常人脸检测算法以边界框形式输出给定输入图像中所有人脸的位置，其理想状态是对面部、光线、比例、尺度等方面变化具有良好的鲁棒性。常用算法通常可划分为基于特征和基于图像两类，其中，基于特征的算法主要采用模板匹配，即通过匹配图像特征和人脸特征判断是否为人脸，提取特征需要人工设计，如 Haar、HOG 等。基于图像的算法将图像分为多个小窗，然后分别判断每个小窗是否有人脸。通常基于图像的方法主要依赖于统计分析和机器学习，以此建立人脸和非人脸间的统计关系，目前 CNN 是效果最好、速度最快的人脸检测算法。

下面以 CenterFace 为例，介绍 CNN 类人脸检测算法。CenterFace 是一种轻量级

anchor_free 人脸检测器，可以实时、高精度地预测面部框和界标位置。其主要思想是确定图像中特征图的对应位置是否为目标中心点，并计算目标的宽度和高度，通过对人脸位置建立边界框，计算出偏移量和标记界标，进而完成图像中的人脸定位。CenterFace 网络结构的 backbone 为轻量级模型 mobilenet V2，如图 10－5 所示。

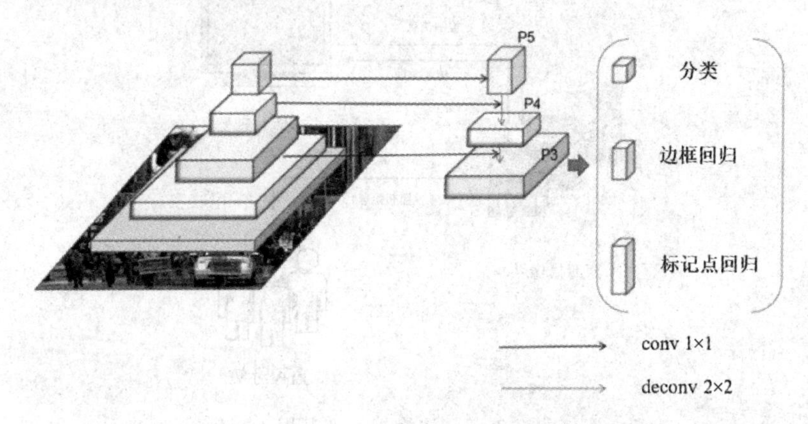

图 10－5　CenterFace 网络结构

10.2.3　面向边缘智能的人群数量计算系统整体流程设计

按照边缘智能的部署思路，整个流程开发遵循线下编程、本地部署、云端管理三大独立模块，其总体框架设计如图 10－6 所示。

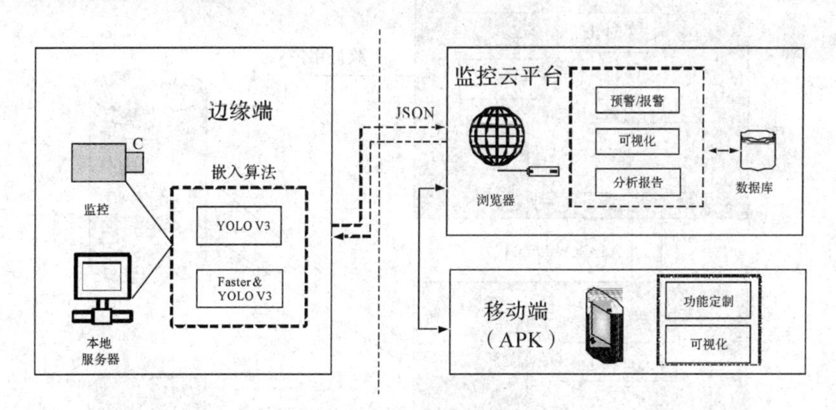

图 10－6　总体框架设计

边缘端主要由高清摄像探头、本地服务器构成，采用运行人群数量计算程序对视频数据进行分析处理，并将实时人流数据以 JSON 形式传输到云端服务器，其具体处理过程如图 10－7 所示。

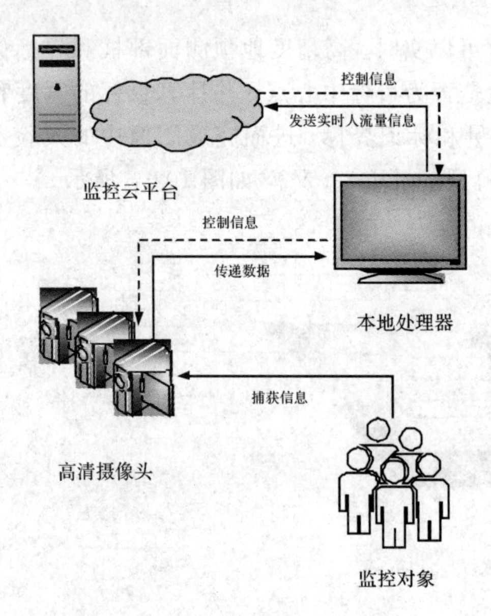

图 10-7　边缘端处理过程

监控云平台提供 Web 应用服务，主要由前端、云服务器以及 MySQL 数据库组成，其整体功能结构图如图 10-8 所示。

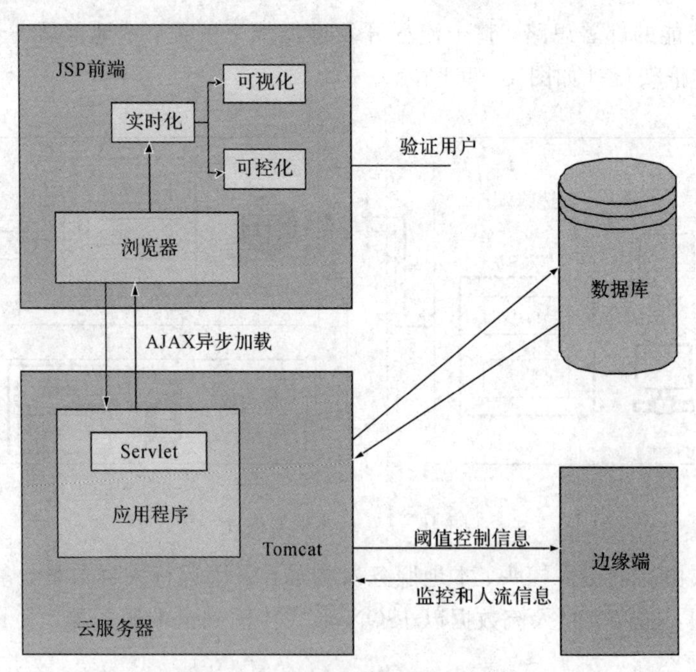

图 10-8　监控云平台功能框架图

前端用户 UI 界面主要由五部分组成，分别是主界面、数据流分析、认证和授权、管理部分、设置，其结构如图 10－9 所示。

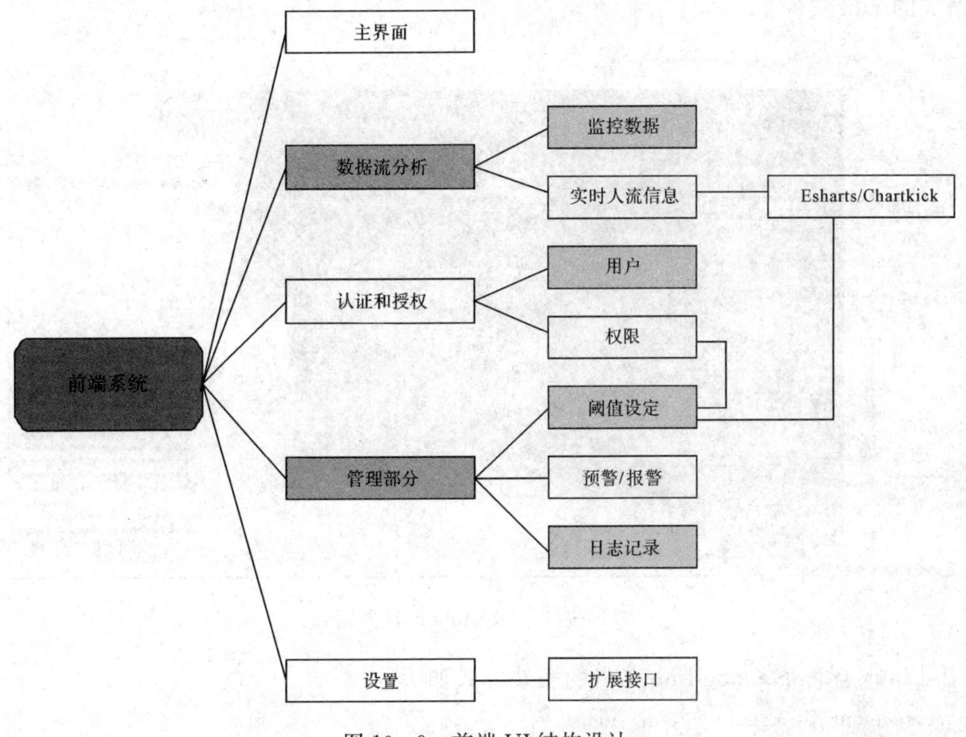

图 10－9　前端 UI 结构设计

基于上述面向边缘智能的人群数量计算系统的整体流程设计与构想，结合目标检测和人脸检测功能，接下来对人群数量计算的关键——目标检测和人脸检测模型进行编程实战讲解。

10.3　编 程 实 战

10.3.1　基于 YOLO V3 的目标检测

基于 YOLO V3 的目标检测主要包括人脸训练数据准备、模型训练、人群数量计算三部分。

1. 人脸训练数据准备

做目标检测的第一步就是数据集制作，可以使用目标检测图片标注工具 labelImge 对人脸数据集进行标注，这样即可在深度学习中训练私有模型。如图 10-10 所示，在 labelImg 工具中，打开图像后，只需用鼠标框出目标，并选择该目标类别，便可自动生成 voc 格式的 xml 文件。

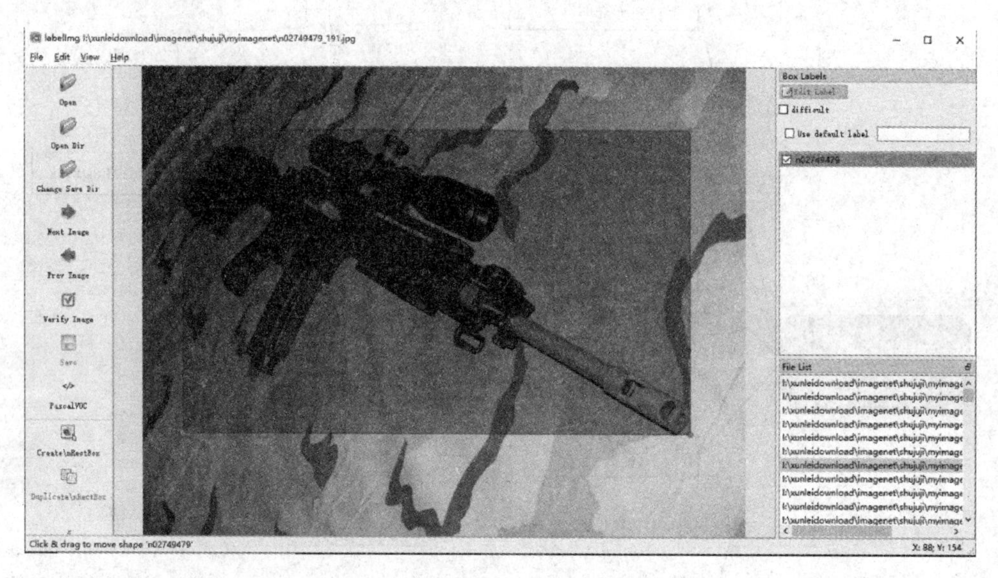

图 10-10　labelImg 工具界面

在 Linux 环境下，labelImg 工具的安装方式如下：

```
sudo apt-get install pyqt5-dev-tools
sudo pip3 install lxml
git clone https://github.com/tzutalin/labelImg.git
cd labelImg
make all
python labelImg.py
```

2. 模型训练

完成人脸训练数据标注后，从 GitHub 上 clone 下 YOLO V3 项目，在训练可以进行人脸检测的私有化 YOLO V3 模型前，需要将带标记的人脸数据（即数据集 Annotations、JPEGImages）复制到 YOLO V3 项目下，作为训练数据（ImageSets）和标签（labels），同时需要将数据变为模型处理格式。具体方式如下：

1）数据及标签转化

创建 makeTxt.py，其关键代码为

```
xmlfilepath = 'data/Annotations'
```

```
txtsavepath = 'data/ImageSets'
total_xml = os.listdir(xmlfilepath)
num = len(total_xml)
list = range(num)
tv = int(num * trainval_percent)
tr = int(tv * train_percent)
trainval = random.sample(list, tv)
train = random.sample(trainval, tr)
ftrainval = open('data/ImageSets/trainval.txt', 'w')
ftest = open('data/ImageSets/test.txt', 'w')
ftrain = open('data/ImageSets/train.txt', 'w')
fval = open('data/ImageSets/val.txt', 'w')
...
```

创建 voc_label.py 文件，其关键代码为

```
def convert(size, box):
    x = (box[0] + box[1]) / 2.0
    y = (box[2] + box[3]) / 2.0
    w = box[1] - box[0]
    h = box[3] - box[2]
...
def convert_annotation(image_id):
    in_file = open('data/Annotations/%s.xml' % (image_id))
    out_file = open('data/labels/%s.txt' % (image_id), 'w')
...
        cls_id = classes.index(cls)
        xmlbox = obj.find('bndbox')
        b = (float(xmlbox.find('xmin').text), float(xmlbox.find('xmax').text),
             float(xmlbox. find('ymin').text),
             float(xmlbox.find('ymax').text))
        bb = convert((w, h), b)
        out_file.write(str(cls_id) + " " + " ".join([str(a) for a in bb]) + '\n')
wd = getcwd()
...
```

执行上述文件，即可获得训练数据及相应标签。

2）文件配置

新建 rbc. data 文件，配置内容如下：

```
classes=1
train=data/train.txt
valid=data/test.txt
names=data/rbc.names
backup=backup/
eval=coco
```

新建 rbc. names 文件，配置内容如下：

```
RBC
```

修改 YOLO V3 的配置文件 yolov3-tiny. cfg，修改内容如下：

```
[convolutional]
size=1
stride=1
pad=1
filters=18
activation=linear
```

3）网络参数下载

下载模型参数 yolov3-tiny. weights 和 yolov3-tiny. conv. 15，导入 YOLO V3 项目。其中，YOLO V3 的网络架构包括卷积(convolutional)、ResNet 结构中的跳连接(shortcut)、上采样(upsample)、路由(route)、yolo 层，代码如下：

```
    [convolutional]
batch_normalize=1
filters=64
size=3
stride=2
pad=1
activation=leaky
[shortcut]
from=-3
activation=linear
    [yolo]
mask = 0, 1, 2
anchors = 10, 13, 16, 30, 33, 23, 30, 61, 62, 45, 59, 119, 116, 90, 156, 198, 373, 326
```

```
classes=80
num=9
jitter=.3
ignore_thresh = .5
truth_thresh = 1
random=1
```

至此模型训练前的准备工作完成，执行如下命令即可开始人脸检测的私有化 YOLO V3 模型训练：

```
python train.py --data-cfg data/rbc.data --cfg cfg/yolov3-tiny.cfg --epochs 5
```

其中，epoch 是将所有训练样本完成一次训练的过程，而在一个批处理(batch)周期内，模型参数更新一次，即完成一次迭代。

最后执行模型预测命令，即可实现基于 YOLO V3 的人脸检测，通过人脸个数的计算即可获得人群数量的计算，其效果如图 10-11 所示。

图 10-11　YOLO V3 的人脸检测效果

10.3.2　基于 CenterFace 的人脸检测

CenterFace 是面向边缘设备的无锚人脸检测与对齐算法，采用 mobilenet_v2 作为主干网络，模型大小 7.3M。其压缩版本 CenterFace-small 性能达到 CenterFace 时，模型大小仅为 2.3M。因此，该模型适合在边缘智能场景下应用，检测出的人脸数量即可粗略当作人群数量，相关编程实现主要需要 Python 基本编程及 OpenCV 等库函数完成。

1. 运行环境

CenterFace所需运行环境为OpenCV 4.1.0、Numpy、Python3.6+，其预训练模型下载地址为https://github.com/Star-Clouds/centerface，项目结构如下图10-12所示。

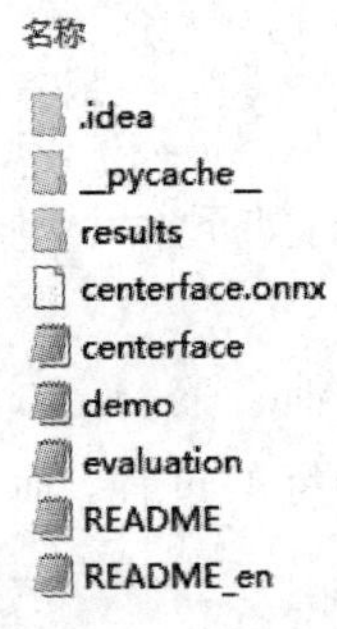

图10-12 CenterFace项目结构

CenterFace预训练模型存储为centerface.onnx，其中，开放神经网络交换格式ONNX(Open Neural Network Exchange)是一个用于表示深度学习模型的标准，是一种针对机器学习所设计的开放式文件格式，可使模型在不同框架之间进行转移，用于存储训练好的模型。它使得不同的人工智能框架(如Pytorch、MXNet)可以采用相同格式存储模型数据并交互。ONNX的规范及代码主要由微软、亚马逊、Facebook和IBM等公司共同开发，以开放源代码的方式托管在Github上。目前官方支持加载ONNX模型并进行推理的深度学习框架有：Caffe2、Pytorch、MXNet、ML.NET、TensorRT和Microsoft CNTK，并且TensorFlow也非官方支持ONNX。

2. 运行CenterFace模型

1）相依模块导入

因为需要对图像或者视频数据进行人脸检测，所以要导入OpenCV和CenterFace类，代码如下：

```
import cv2
from centerface import CenterFace
```

2）图像或视频数据读取

对图像或视频的操作需要调用开源跨平台计算机视觉库OpenCV内置函数，即图像读取函数cv2.imread( )和视频流对象cv2.VideoCapture(0)，代码方式实现如下：

```
#image
img=cv2.imread('####.jpg', 1)
#video
```

```
cap = cv2.VideoCapture(0)
ret, frame = cap.read()
```

3）CenterFace 模型调用

CenterFace 模型将输入数据的高 h 和宽 w 作为参数，即可返回预训练人脸检测器的识别结果，即检测出的人脸数组，其调用方式如下：

```
centerface = CenterFace(h, w)
```

CenterFace 模型直接调用 ONNX 格式预训练模型 centerface.onnx 来实现人脸检测功能。CenterFace 类实现的关键代码如下：

```
class CenterFace(object):
    def _init_(self, height, width):
        self.net = cv2.dnn.readNetFromONNX('centerface.onnx')
...
        blob = cv2.dnn.blobFromImage(img, scalefactor=1.0, size=(self.img_w_new,
                    self.img_h_new), mean=(0, 0, 0), swapRB=True, crop=False)
    def nms(self, boxes, scores, nms_thresh):
        x1 = boxes[:, 0]
        y1 = boxes[:, 1]
        x2 = boxes[:, 2]
        y2 = boxes[:, 3]
        areas = (x2 - x1) * (y2 - y1)
        order = np.argsort(scores)[::-1]
        num_detections = boxes.shape[0]
        suppressed = np.zeros((num_detections, ), dtype=np.bool)
...
                inter = w * h
                ovr = inter / (iarea + areas[j] - inter)
                if ovr >= nms_thresh:
                    suppressed[j] = True
        keep = np.nonzero(suppressed == 0)[0]
        return keep
```

3. 人脸检测结果

CenterFace 模型的识别结果为检测出的人脸数组，每个数组元素有人脸矩形的四个点坐标，以及概率打分值，调用 OpenCV 的矩形绘制函数即可展现人脸检测结果。其代码如下：

```
    # rectangle
    cv2.rectangle(frame, (int(boxes[0]), int(boxes[1])), (int(boxes[2]), int(boxes[3])),
                  (2, 255, 0), 5)
    # show
    cv2.imshow('out', frame)
```

实验结果如图 10-13 所示，可以得出该模型适合于边缘计算设备或低算力设备场景，在 CPU 环境下即可完成快速高效的人脸检测模型推理。

图 10-13　CenterFace 模型人脸检测结果

10.4　温故知新

近年来，计算机视觉领域对群体计数问题展开了广泛的研究。本章利用目标检测的典型模型 YOLO V3 和人脸检测模型中的轻量级 CenterFace 实现了人脸检测，利用人脸数量近似人群数量。上述模型的共同点均为轻量级模型，适合在资源受限的边缘计算终端运行，因此，本章内容可以作为边缘智能条件下人群数量计算的探索。本章的关键知识点总结如下：

(1) 基于回归的人群数量检测方法，包括低级特征提取、回归模型学习两个步骤，完成低级特征到人群数量的映射关系。

(2) 边缘智能是将 CNN、RNN、GAN、DRL 等人工智能模型部署于边缘计算设备的智能服务模式，以满足敏捷连接、实时业务、数据优化、应用智能、安全与隐私保护等方面

的关键需求。

(3) 模型训练中，epoch 是将所有训练样本完成一次训练的过程，而在一个批处理(batch)周期内，模型参数更新一次，即完成一次迭代。

(4) 通过 YOLO V3 和 CenterFace 模型得到的人脸检测结果，可以近似为人群数量计算结果。

参考资源

1. MSCNN 人群计数模型论文，Multi-scale convolutional neural network for crowd counting，基于 Keras 实现的 github，地址：https：//github. com/ xiaochus/ MSCNN.

2. Dense Scale Network for Crowd Counting，地址：https：//arxiv. org/pdf/ 1906. 09707. pdf.

3. R－CNN 论文，地址：https：//arxiv. org/pdf/1311. 2524. pdf；官方代码 Caffe：https：//github. com/rbgirshick/rcnn.

4. CenterFace 项目开源地址：https：//github. com/Star-Clouds/centerface.

5. RetinaFace-MobileNet-0. 25(RetinaFace-mnet)代码地址：https：// github. com/ deepinsight/ insightface.

6. LFFD－v1 代码地址：https：//github. com/ YonghaoHe/ A-Light-and-Fast-Face-Detector-for-Edge-Devices.

7. 图像标注工具 labelImg，地址：https：//pan. baidu. com/s/ 1kwwO5VxL MpAuKFvck PpHyg，提取码：2557.

8. YOLO V3 项目地址：https：//github. com/ultralytics/yolov3.

9. YOLO V3 模型参数地址：https：//pjreddie. com/media/ files/ yolov3-tiny. weights；https：//pan. baidu. com/s/1nv1cErZeb6s0A5UOhOmZcA，提取码：t7vp.

10. YOLO V3 入门教程，地址：https：//blog. csdn. net/ public669/ article/ details/ 98020800.

第11章　边缘计算场景下智能垃圾分类实战

本章介绍了边缘计算场景下的垃圾分类问题，并尝试从智能语音识别和图像分类的技术角度讨论深度学习在垃圾分类中的应用途径。首先介绍垃圾分类问题，以及边缘计算场景下智能应用的新需求，然后讲解智能语音识别、垃圾图像分类技术，以及边缘计算场景下垃圾分类系统软硬件开发部署的设计与实际考虑，最后，对预训练中文语音识别模型和图像分类模型进行编程实战。本案例是智能语音识别、图像分类的综合应用，对人工智能技术的实际落地应用具有探索意义。

本章主要涉及的知识点及预期目标为：

- 理解边缘计算、垃圾分类的发展现状及趋势。
- 掌握语音识别的流程、图像识别的流程及原理。
- 利用智能语音和图像识别模型实现智能垃圾分类。

11.1　实战背景

11.1.1　垃圾分类

随着社会经济发展，垃圾的产生量呈爆炸式增长，分类回收处理情况不容乐观。垃圾种类多、手工分类繁杂，人工垃圾分类效率低下、监管困难且错误率高、耗时长、成本高，人们的垃圾分类意识达不到要求。因此，智能垃圾分类的使用与推广迫在眉睫。2018年3月，全国46个重点城市出台生活垃圾分类管理实施方案。2019年7月，随着《上海市生活垃圾管理条例》的实施，上海市垃圾分类进入了强制时代。2020年底，全国46个重点城市将建成生活垃圾分类管理系统。

目前，智能垃圾回收模式颇为吸引眼球，通过人工智能技术可进行垃圾识别、垃圾分类、垃圾分拣等，其实现主要包括两大步骤：一是训练数据集准备，二是构建垃圾分类检测模型，其中，基于深度卷积神经网络的图像分类检测算法以R－CNN、Fast R－CNN、Faster R－CNN、YOLO V1～V3、SSD、RetinaNet为主流，包括待检测目标候选框分类和直接将目标边框定位转化为回归问题两种思路。在垃圾分类应用方面，小黄狗智能垃圾分类回收桶、"你是什么垃圾"垃圾分类APP等已做出探索性尝试，同时，手机淘宝的"扫一扫”也新增了垃圾分类功能，可以识别干垃圾、湿垃圾、可回收垃圾和有害垃圾。AI 智能在垃圾分类领域的应用举例如下：

1. FANUC 视觉分拣机器人

FANUC 垃圾分拣机器人基于计算机视觉分析对垃圾进行分类，具备垃圾精细辨别和分析能力，其核心为深度神经网络模型，并可支持多个机器人协同操作，提高分拣操作效率。

2. Rocycle 触摸识别垃圾回收机器人

美国麻省理工学院计算机科学和人工智能实验室开发的 Rocycle 垃圾回收机器人可通过手指上的压力传感器以触摸的方式区分纸张、金属和塑料。与视觉机器人相比，触摸更有助于准确判断材料质地。

3. ZenRobotics 高效垃圾分拣设备

基于计算机视觉的 ZenRobotics 垃圾回收设备可同时进行混合型垃圾分类、有用垃圾分类和无用垃圾分类，并对建筑拆迁垃圾、木材垃圾、运输垃圾、纺织垃圾和废金属垃圾进行差异性设计。

4. Oscar 垃圾分类指导系统

Intuitive AI 公司开发的 Oscar 智能垃圾分类系统拥有 32 英寸的显示屏和人工智能摄像头，利用计算机视觉系统对垃圾进行分类。根据识别与分析结果，它能对用户的投放行为进行指导，并与用户进行互动。

5. Trashbot 垃圾流向监控与自动分拣系统

CleanRobotics 公司开发的 Trashbot 利用各种传感器跟踪可回收材料和填埋物的数量，利用人工智能技术自动分拣垃圾和分析回收情况。

以上垃圾分类 AI 系统目前仍处于较为初级的应用阶段，随着人工智能等新一代信息技术的不断提升与创新，相信在不远的未来，智能垃圾分类和高效资源利用会成为现实。

11.1.2　边缘计算发展

传统云计算(cloud computing)通过网络将海量数据存储和计算集中于云端，用户按需获取相应的硬件、平台、软件等资源。然而，大量数据的传输极易造成网络拥塞，尤其 5G 时代的到来，数据处理的实时性需求愈发强烈。如果我们能够在网络的边缘结点去处理、分析数据，那么这种计算模型会更加高效，由此产生了边缘计算。

边缘计算(Edge Computing)就是指在靠近物或数据源头的一侧，采用网络、计算、存储、应用核心能力为一体的开放平台。

如图 11－1 所示，边缘计算将处理、分析能力下沉至网络边缘结点，更靠近数据源，而不是完全依靠云端服务器资源，弥补了云计算对计算实时性、数据隐私安全等方面的缺陷。在数据产生源头和云中心之间任一具有计算资源和网络资源的结点都可以成为边缘结点。目前主要的边缘结点包括通信基站、服务器、网关设备以及终端设备。在理想环境中，边缘计算指的就是在数据产生源附近分析、处理数据，避免过多的数据流转，进而减少网络流量和响应时间。

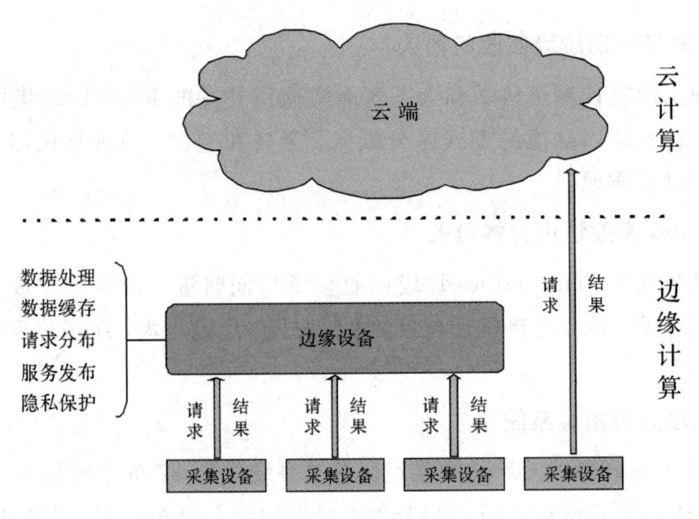

图 11－1　边缘计算模式

边缘结点的服务管理应有以下四个特征：差异化、可扩展性、隔离性和可靠性，进而保证一个高效可靠的边缘计算系统。差异化是指对于不同的服务，应存在差异化的优先级；可扩展性指在边缘网络中，增减服务或边缘结点的适应性；隔离性指不同的操作之间互不干扰；可靠性包括数据传输可靠、系统稳定可靠等。

边缘计算的优势有以下几点：在网络可访问性和延迟方面，边缘计算将设备放置在网络连接不良或不存在的恶劣环境下，可以避免数据云端上传的成本。例如，将计算机视觉任务在本地执行，可以实现更好地实时响应；在自动驾驶场景中，边缘计算更靠近数据源，可快速处理数据，做出实时判断。在减少带宽成本方面，边缘计算支持数据本地处理，大流量业务本地卸载可以减轻回传压力，有效降低成本。在安全性方面，边缘计算中的数据仅在数据产生端和边缘设备间交换，无需全部上传至云端，降低了数据泄露风险。

随着边缘计算、人工智能等新一代信息技术的发展，边缘智能应声而出，即将人工智能融入边缘计算，并部署于边缘设备，以满足敏捷连接、实时业务、数据优化、应用智能、安全与隐私保护等方面的关键需求。同时，也为智能垃圾分类系统的落地应用提供了技术支撑和实现途径。

11.2　相关技术梳理

11.2.1　智能语音识别

语音识别是将语音输入转化为文本输出的过程。如图 11－2 所示，完整的语音识别流程通常包括信号处理和特征提取、声学模型建立、语言模型、解码搜索四个模块。

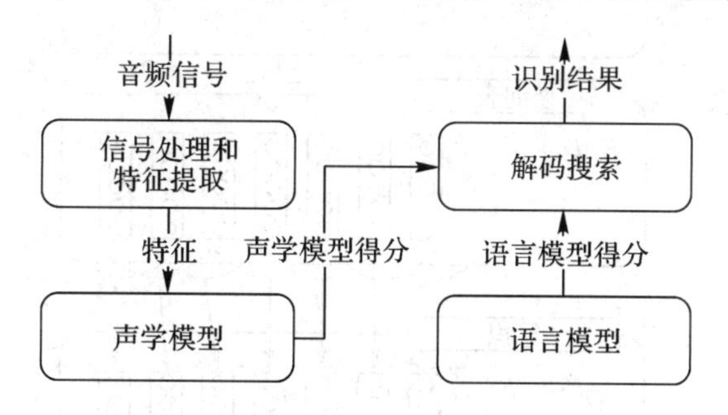

图 11－2　语音识别流程

可以看到，语音识别与自然语言处理具有相当部分的重叠。其中，信号处理和特征提取是音频数据的预处理部分，通过噪声消除和信道增强等预处理技术，将信号从时域转化到频域，为声学模型提取有效特征向量。后续的语言模型即自然语言处理中的 n-gram、RNN 等成熟模型，解码搜索阶段对声学模型得分和语言模型得分进行综合，将得分最高的词序列作为最后的识别结构。

语音识别的本质是序列识别问题，因此，除了基于传统声学模型的语音识别系统，以深度神经网络为代表的端到端智能语音识别是未来最重要的发展方向。如图 11－3 所示，基于深度学习的语音识别流程的核心为深度神经网络。

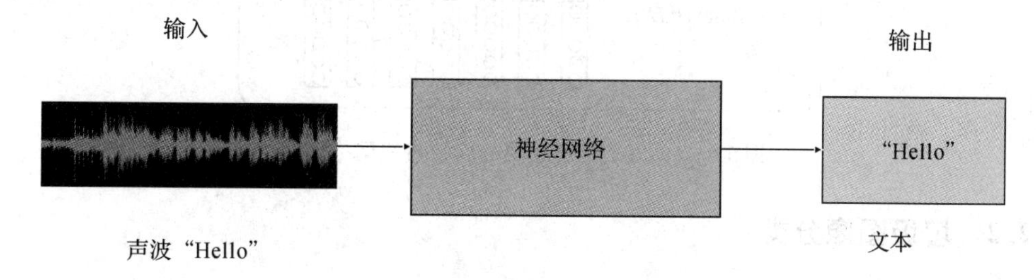

图 11－3　基于深度学习的语音识别流程

在第 6 章内容的讲解中，目前语言建模的方法主要基于循环神经网络实现。此外，开源语音识别模型 MASR(Mandarin Automatic Speech Recognition)是一个端到端的中文普通话语音识别工具，其核心是门控卷积神经网络(Gated Convolutional Network)，其网络结构与Facebook AI研究中心在2016年的研究成果相近。如图11－4所示，MASR采用门控线性单元GLU作为激活函数，其收敛速度优于Hard Tanh等激活函数，可以保留非线性能力，实现并行化，缓和深层网络的梯度消失问题，拓展卷积网络在语音识别领域的应用。

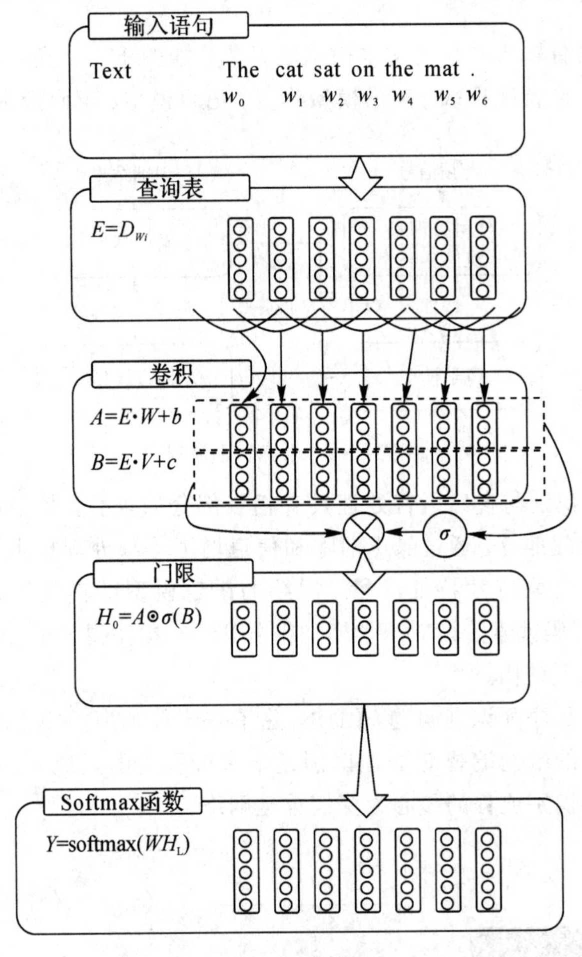

图11－4　用于语言建模的门控卷积网络架构

11.2.2　垃圾图像分类

从人工智能角度看，垃圾图像分类就是图像处理中的图像分类，是第4章卷积神经网络的强项，因此，本章以2017年ImageNet比赛中图像分类任务冠军模型SENet为例，基于卷积神经网络模型研究垃圾图像分类。

SENet 是由中国自动驾驶公司 Momenta 和牛津大学共同提出的一种基于挤压(squeeze)和激励(Excitation)的模型，每个模块通过“挤压”操作嵌入来自全局感受野的信息，通过“激励”操作选择性地诱导增强响应。

如图 11－5 所示，Sequeeze 操作对尺寸为 $c \times h \times w$ 的图像进行全局平均池化，得到 $1 \times 1 \times c$ 的特征图，即全局感受野。Excitation 操作使用全连接神经网络，对 Sequeeze 操作输出进行非线性变换，通过参数 w 为每个特征通道赋予权重，以建立特征通道间的相关性。Scale 操作利用 Excitation 操作的输出作为权重，逐通道加权到之前的特征，完成对原始特征的重新赋权。

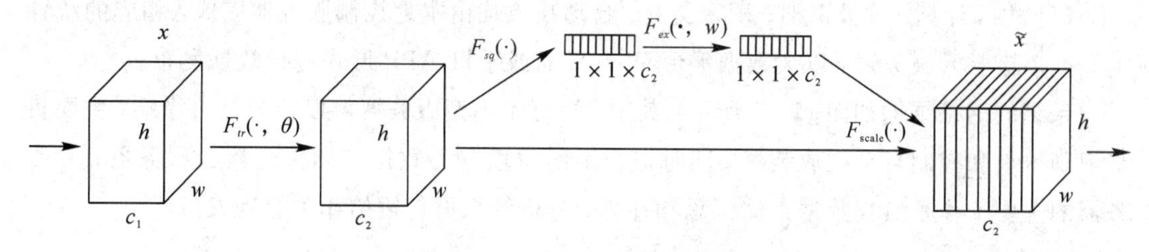

图 11－5　SENet 模型原理

SENet 模型将 Sequeeze 和 Excitation 模块嵌入到 Inception 结构中，其架构如图 11－6 所示。

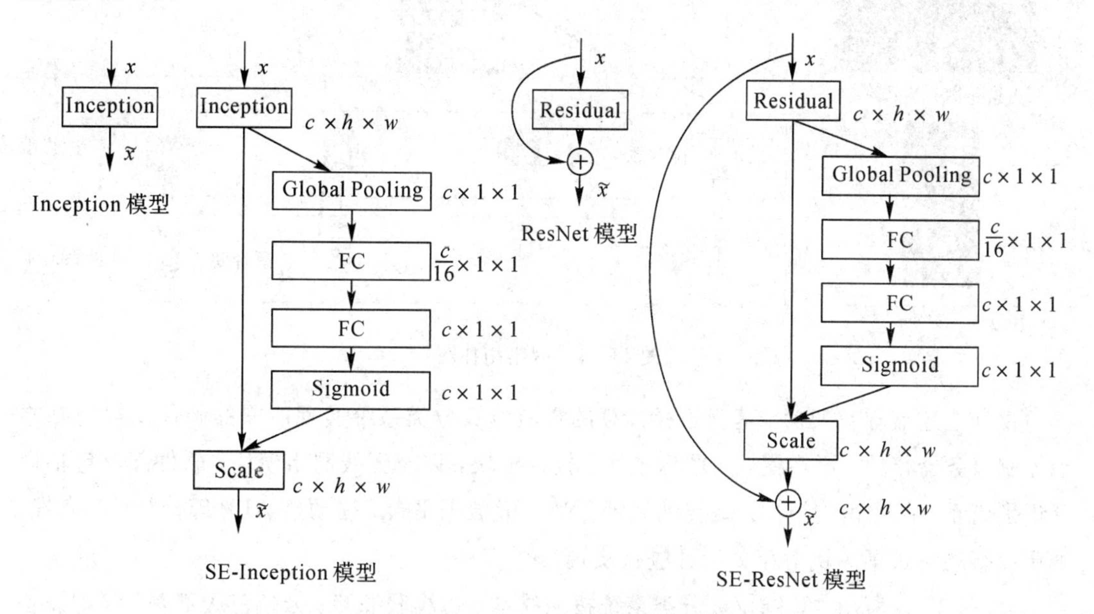

图 11－6　SENet 模型架构

11.2.3 基于边缘计算的智能垃圾分类系统整体流程

基于边缘计算的智能垃圾分类整体流程为：

(1) 语音唤醒，如呼唤其名字“小瑞”，触发语音应答功能。

(2) 图像智能识别，通过图像识别模型对摄像头捕捉到的垃圾进行快速分类。

(3) 语音播报，识别出垃圾种类后，对识别结果进行语音输出。

(4) 自动投放，根据垃圾类别信号，驱动旋转轴将其自动投放至相应类别的垃圾容器。

(5) 边缘计算，垃圾识别、语音交互、自动投放均由本地控制服务器完成，相应的统计类数据传输至云服务端，以大数据平台 Web 界面或手机 APP 形式进行数据发布。

系统的网络结构如图 11－7 所示，其中，树莓派小型服务器可以看成是边缘端，主要负责识别垃圾和控制自动投放装置，同时把识别的垃圾分类数据定期传送给云服务器；云服务器的主要工作是负责数据存储汇总和计算，分析结果可传输给相关管理人员。

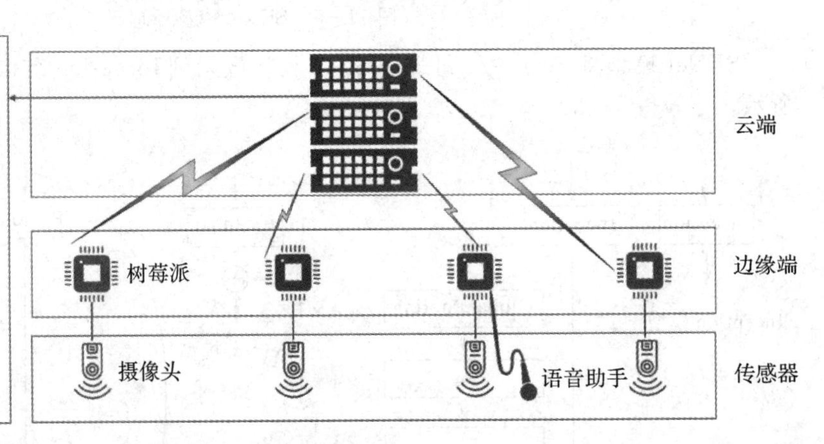

图 11－7 网络拓扑图

根据上述流程及架构，基于边缘计算的智能垃圾分类系统实现所需的硬件支撑包括本地控制服务器模块、语音模块、图像模块、投放模块，以及无线网络模块；软件部分包括语音识别模型、图像识别模型、旋转轴驱动、Web 大数据平台、移动端 APP 等。为便于实现，本章以智能垃圾桶为例对相关设计进行实现。

如图 11－8 所示，智能垃圾分类系统按照终端、边缘服务器、云端三级部署。终端设备包括搭载语音模块、图像模块的智能垃圾桶，边缘服务器端进行靠近数据源的统一管理与控制，云端以大数据平台为主要功能，如图 11－9 所示。

图 11－8 系统部署模型

(a) 智能垃圾桶

(b) 边缘服务器——树莓派

(c) APP访问

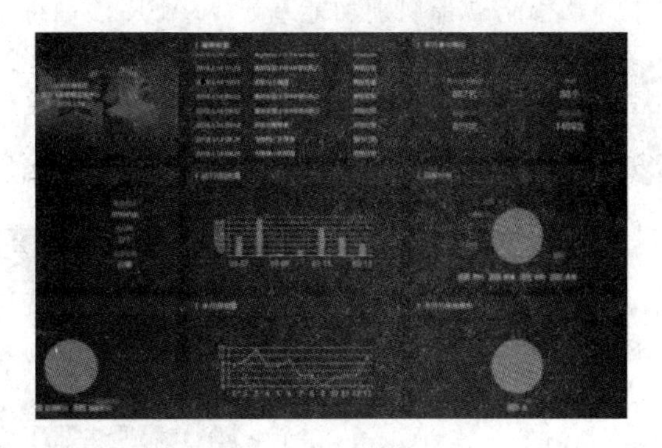

(d) Web大数据平台

图 11－9 智能垃圾分类系统基本样式

综上所述，基于边缘计算的智能垃圾分类系统功能包括语音唤醒、图像智能识别、语音播报、自动投放、边缘计算与云端发布。智能垃圾桶 Demo 设计如图 11－10 所示。

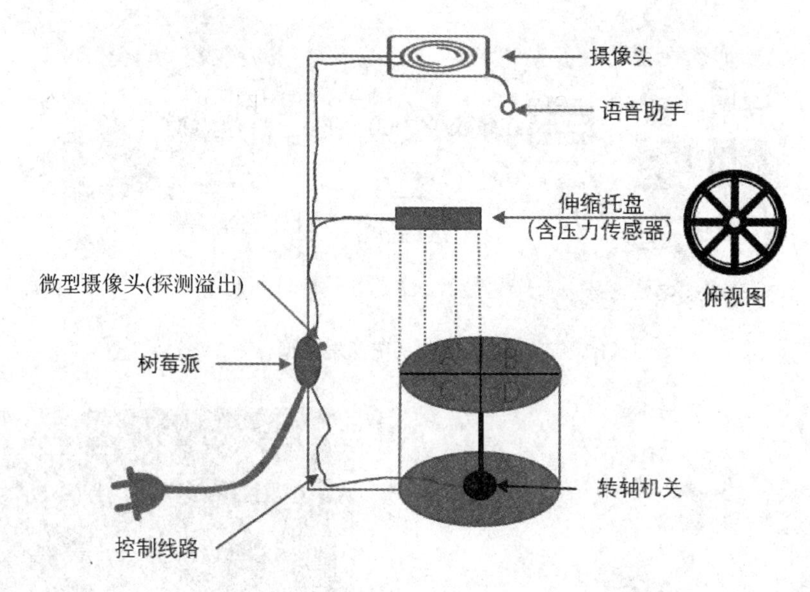

图 11-10　智能垃圾桶 Demo 设计

11.3　编程实战

11.3.1　智能语音识别

智能语音识别功能基于 MASR 预训练模型实现，该模型使用 AISHELL-1 数据集训练，AISHELL-1 数据集含共 150 小时的音频数据，覆盖了 4000 多个汉字。在单片 GTX 1080Ti GPU 训练上，模型每迭代一个 epoch 大约需要 20 分钟。不必担心训练时间和 GPU 的硬件限制，MASR 项目提供了可以直接使用的预训练模型，如图 11-11 所示。

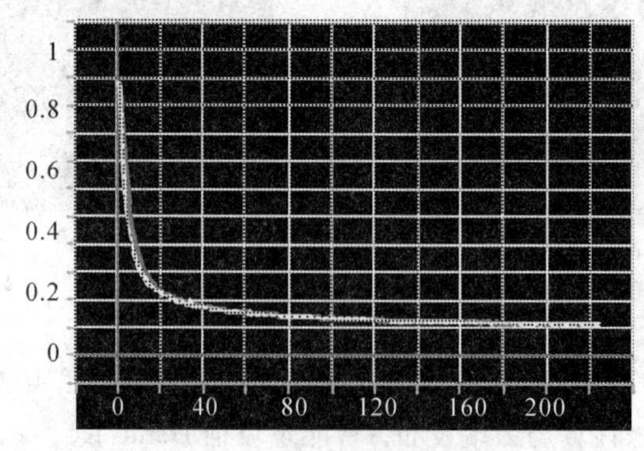

图 11-11　验证集的训练曲线

1. MASR 预训练模型测试

(1) 从 GitHub 上克隆 MASR 预训练模型到本地，如图 11－12 所示，命令如下：

```
git clone https://github.com/libai3/masr.git
```

› masr-master › masr-master

名称	修改日期	类型	大小
docs	2020/1/2 20:17	文件夹	
examples	2020/1/2 20:17	文件夹	
images	2020/1/2 20:17	文件夹	
models	2020/1/2 20:17	文件夹	
.gitignore	2020/1/2 20:17	GITIGNORE 文件	1 KB
beamdecode	2020/1/2 20:17	PY 文件	2 KB
data	2020/1/2 20:17	PY 文件	3 KB
decoder	2020/1/2 20:17	PY 文件	5 KB
feature	2020/1/2 20:17	PY 文件	1 KB
LICENSE.996	2020/1/2 20:17	996 文件	3 KB
README	2020/1/2 20:17	MD 文件	11 KB
requirements	2020/1/2 20:17	文本文档	1 KB
train	2020/1/2 20:17	PY 文件	4 KB

图 11－12　MASR 项目结构

(2) 将预训练模型和测试音频文件拷贝到相应位置，命令如下：

```
mkdir masr/pretrained
cp ~/Downloads/gated-conv.pth masr/pretrained/
cp ~/Downloads/test.wav masr/
cd masr
```

(3) 安装依赖。

```
    pip install -r requirements.txt
torch==1.0.1
librosa
numpy
```

(4) 运行示例。

```
python examples/demo-recognize.py
```

预训练模型加载与模型推理的关键代码如下：

```
model = GatedConv.load("pretrained/gated-conv.pth")
text = model.predict("test.wav")
```

2. 智能语音识别

为实现个性化语音识别，首先需要安装语音依赖库 pyaudio。

pyaudio 语音库可以进行声音录制，其安装方法可以参考 pyaudio 官网。以 Windows 系统为例，用户可直接调用 pip 进行安装，命令如下：

```
pip install pyaudio
```

执行以下命令，可以录 5 秒钟时长的语音(录音时间长度可改)。

```
python examples/demo-record-recognize. py
```

MASR 预训练模型加载、语音录制、模型推理识别的关键代码如下：

```
model = GatedConv. load("pretrained/gated-conv. pth")
record("record. wav", time=5)   # modify time to how long you want
text = model. predict("record. wav")
```

此外，MASR 支持 docker 部署，并可以使用其他预训练语言模型。MASR 模型的核心模块门卷积神经网络关键代码如下：

```
class GatedConv(MASRModel):
    """ This is a model between Wav2letter and Gated Convnets.
        The core block of this model is Gated Convolutional Network"""
    def _init_(self, vocabulary, blank=0, name="masr"):
     """ vocabulary : str : string of all labels such that vocaulary[0] == ctc_blank   """
...
        modules. append(ConvBlock(nn. Conv1d(161, 500, 48, 2, 97), 0. 2))
        for i in range(7):
...
        modules. append(ConvBlock(nn. Conv1d(1000, 2000, 1, 1), 0. 5))
        modules. append(weight_norm(nn. Conv1d(1000, output_units, 1, 1)))
        self. cnn = nn. Sequential( * modules)
    def forward(self, x, lens):    # -> B * V * T
...
        return x, lens
    def predict(self, path):
...
        out = self. cnn(spec)
        out_len = torch. tensor([out. size(-1)])
        text = self. decode(out, out_len)
        self. train()
        return text[0]
```

11.3.2　垃圾图像分类

垃圾图像分类的核心模型为 SENet，包括训练数据集准备、模型训练两部分。

1. 垃圾分类训练图像集

为了提高 SENet 模型分类性能，可以采用手工标注、网上爬取等方式下载图像集，也可以下载网上公开的数据集，如图 11－13 所示(例如，https：//raw. githubusercontent. com/ garythung/ trashnet/master/data/dataset-resized. zip)。

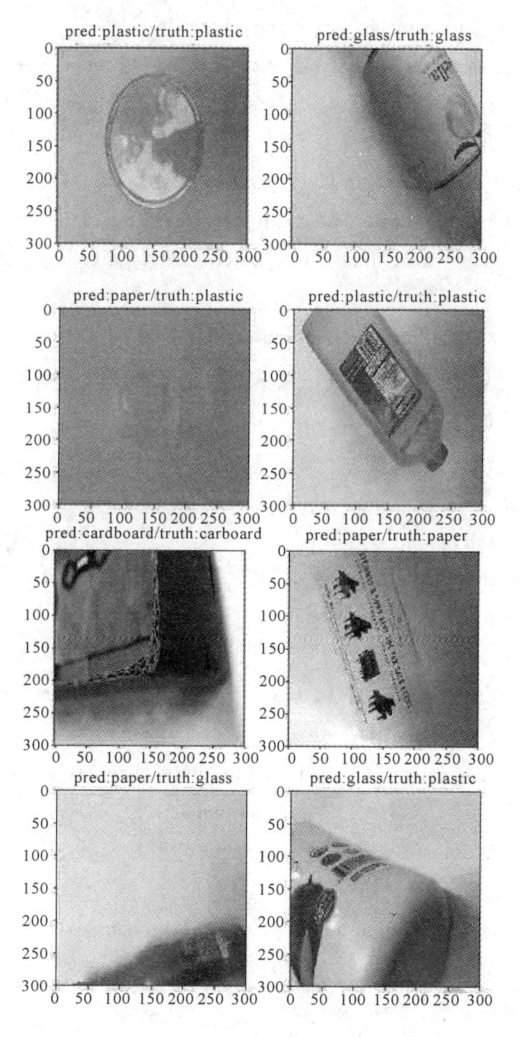

图 11－13　垃圾分类训练数据集

2. SENet 模型建立

在 GitHub 上有基于 TensorFlow 的 SENet 开源项目(https://github.com/taki0112/SENet-Tensorflow)，但该模型使用 Cifar10 数据集训练，在垃圾分类模型中，可以将其中的 prepare_data 函数的数据路径改为本地垃圾分类数据集路径即可。

```
def prepare_data():
...
    #data_dir='./cifar-10-batches-py' #改为你的文件夹
    image_dim=image_size * image_size * img_channels
    #meta=unpickle(data_dir+'/batches.meta') #不使用 meta 文件
    label_names=['cardboard', 'glass', 'metal', 'trash', 'paper', 'plastic']
    label_count=len(label_names)
    train_files=[data_dir+s for s in label_names]
    train_data, train_labels =load_data(train_files, data_dir, label_count)
    test_data, test_labels=load_data(['test_batch'], data_dir, label_count)
    ...
    return train_data, train_labels, test_data, test_labels
```

SENet 模型的本质是卷积神经网络，其关键改进是挤压(squeeze)和激励(Excitation)操作，其主要的建模代码如下：

```
class SE_Inception_resnet_v2():
...
    def Build_SEnet(self, input_x):
        input_x=tf.pad(input_x, [[0, 0], [32, 32], [32, 32], [0, 0]])
        x=self.Stem(input_x, scope='stem')
        for i in range(5):
            x=self.Inception_resnet_A(x, scope='Inception_A'+str(i))
            channel=int(np.shape(x)[-1])
            x=self.Squeeze_excitation_layer(x, out_dim=channel, ratio=reduction_ratio,
                                            layer_name='SE_A'+str(i))
            x=self.Reduction_A(x, scope='Reduction_A')
            channel=int(np.shape(x)[-1])
            x=self.Squeeze_excitation_layer(x, out_dim=channel, ratio=reduction_ratio,
                                            layer_name='SE_A')
            for i in range(10):
...
```

```
        x=Global_Average_Pooling(x)
        x=Dropout(x, rate=0.2, training=self.training)
        x=flatten(x)
        x=Fully_connected(x, layer_name='final_fully_connected')
        return x
        train_x, train_y, test_x, test_y=prepare_data()
        train_x, test_x=color_preprocessing(train_x, test_x)
    ...
```

SENet 模型训练中，优化器采用 Nesterov Momentum 梯度下降法，关键代码如下：

```
    optimizer=tf.train.MomentumOptimizer(learning_rate=learning_rate, momentum=
momentum, use_nesterov=True)
    train=optimizer.minimize(cost+l2_loss * weight_decay)
```

模型训练完成后，对部分垃圾图像可以达到如图 11-14 所示的分类效果。

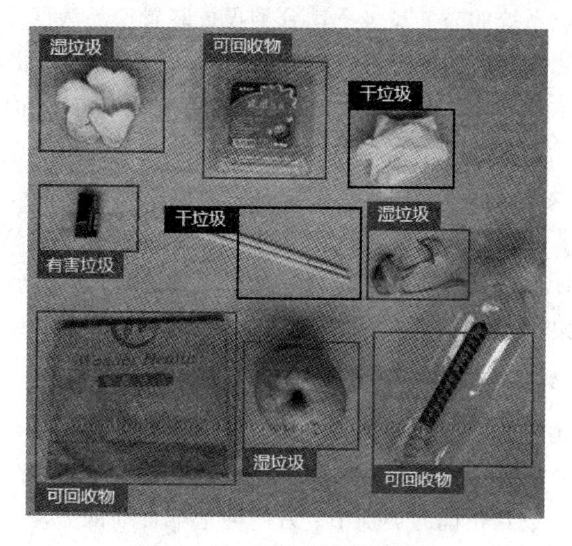

图 11-14　垃圾分类识别结果

11.4　温故知新

本章通过 MASR 中文语音预训练模型实现了智能语音识别，利用 SENet 图像分类模型实现了垃圾图像分类，并对基于边缘计算的智能垃圾分类系统中的语音识别、图像识别功能进行了初步实现尝试。将上述模型部署于树莓派等小型控制器即可实现边缘计算，而关于自动投放、云端发布的实现，则需要结合机械控制、Web 开发等技术，可以在后期逐步实现。

我们可以对基于边缘计算的智能垃圾分类系统的应用场景做如下展望：

1. 家庭垃圾智能分类投放场景

搭载智能垃圾分类系统的家庭垃圾自动分类投放装置适用于家庭生活中，体积较小，不占太大的空间。样式为一个托盘配一组(四个)垃圾桶，连接一个具有语音功能的摄像头，采用树莓派进行数据处理，实现低时延、高可靠、高识别率的计算功能。家庭用户只需要把垃圾放在垃圾托盘上，就能实现垃圾自动分类投放，不必再思考或查询垃圾的类别。机器在识别垃圾类别后会用语音提示垃圾的类别，用户可对垃圾的分类进行学习，此外，也可以作为垃圾分类学习的辅助手段，帮助孩子们学习垃圾分类，从小培养孩子们的环保意识。

2. 社区垃圾投放点智能监督投放场景

搭载智能垃圾分类系统的公共垃圾手动分类投放装置产品为四个大型垃圾桶，配一个摄像头进行垃圾识别，再加上触发传感器控制柜门的开关，未经过摄像头识别垃圾或二维码标签时，垃圾桶始终关闭。此外，针对公共区域地点垃圾投放的特点——大部分来自家庭的已分类袋装垃圾以及小部分个人在外产生的未分类垃圾，社区垃圾投放点同时具备单件垃圾识别和袋装垃圾识别两大功能。袋装垃圾识别主要是识别家庭智能分类过后的印有二维码的垃圾袋，二维码标签将包含袋装垃圾的分类信息以及垃圾袋所属户主信息，在垃圾装车时，如果发现有严重的垃圾分类错误，户主将会被追责，识别之后系统将对应的垃圾桶盖打开，用户手动投入，垃圾分类完成。

3. 垃圾场垃圾分类异样快速检测场景

搭载智能垃圾分类系统的履带式分类异样快速检测装置采用履带运输的方式可以实现多垃圾快速分类：一种是将已经分好类的垃圾倒入履带中，经关口监测的方式把分错类别的异样垃圾挑选出来投放到正确的类别中。另一种是半自动的方法，主要是为了抽样检查垃圾是否分类好。在垃圾车将垃圾倒入对应分类的垃圾场时，采用高清摄像头对正在倒入的垃圾(空中进行)进行抓拍并分析是否都符合垃圾分类的标准，若未达到分类的要求，系统将提示相关管理人员，由管理人员追溯该垃圾车搜集垃圾的位置，并对该区域市民进行教育提醒。

由于垃圾类别繁杂、人工垃圾分类效率低下、人工监督困难、人工垃圾分类投入巨大，因此，智能垃圾分类是一个需要多方合力持续推进的民生工程、素质工程、未来工程，希望随着人工智能、边缘计算等新一代信息技术的发展，智能垃圾分类能进入和谐社会的每个角落。

参考资源

1. SENet 的 caffe 模型地址：https：//pan. baidu. com/s/1o7HdfAE? errno=0&errmsg= Auth%20Login%20Sucess&&bduss=&ssnerror=0&traceid=.

2. 垃圾分类训练数据集地址：https://raw. githubusercontent. com/ garythung/trashnet/ master/data/dataset-resized. zip.

3. MASR 模型讲解地址：https：//blog. csdn. net/lukhy/article/details/90261904.

4. MASR 模型开源地址：https：//github. com/libai3/masr.

5. pyaudio 官网，地址：https：//people. csail. mit. edu/hubert/pyaudio/.

6. 百度开源的语言模型，地址：https：//deepspeech. bj. bcebos. com/zh_lm/zh_giga. no_ cna_ cmn. prune01244. klm).

第12章 基于生成式对抗网络的图像“魔术”

本章以DCGAN和Cycle-GAN两种生成式对抗网络为例，着重分析了GAN在图像翻译、图像生成中的应用现状，回顾了DCGAN和Cycle-GAN的关键技术，剖析了GAN在图像生成、图像风格迁移场景下的实战应用案例。本章主要涉及的知识点及预期目标为：

- 了解GAN在图像翻译、图像生成领域的应用情况。
- 掌握GAN原理及其改进模型。
- 完成DCGAN和Cycle-GAN的编程实现。

12.1 实战背景

12.1.1 GAN在图像翻译中的应用

图像翻译(Image Translation)指从一幅(原域)图像到另一幅(目标域)图像的转换，可以类比机器翻译将一种语言转换为另一种语言的过程。翻译过程中会保持原域图像内容不变，但是风格或者一些其他属性变成目标域。其典型应用为风格迁移、属性迁移、图像分辨率提升等。基于GAN的图像翻译模型包括Pix2Pix、Cycle-GAN、BicycleGAN、MUNIT、DRIT等。图像翻译也包括监督和无监督两种翻译模式，前者以需要成对数据翻译的Pix2Pix模型为代表，后者以不需要成对数据翻译的Cycle-GAN为代表。

1. 基于监督学习的图像翻译

(1) Pix2Pix模型

基于监督学习的CGAN模式，Isola等人提出了Pix2Pix图像翻译模型。Pix2Pix模型的训练集是成对图片，它以CGAN为基础构建端到端架构，其中，生成器中引入跳连接以便保留图像潜在结构，其输入为原域图像，输出是翻译后的目标域图像，原域图像和真/伪目标域图像分别结合后作为判别器的输入，判别器输出分类结果，并与生成器进行对抗。

(2) BicycleGAN

由于Pix2Pix在训练模型时使用原域—目标域一一映射而导致模型多样性差，因此，

BicycleGAN 通过引入潜层编码提高模型的多样性，结合 cVAE - GAN 以及 cLR - GAN 来约束输出和潜层编码的双射一致性，其中，cVAE - GAN 在生成器中加入目标域图像的潜层编码信息来辅助图像翻译，并通过 KL 损失强迫潜层信息满足高斯分布，从而从高斯分布中直接采样即可生成多样的输出结果。

2. 基于无监督学习的图像翻译

由于缺乏成对的训练数据集，有监督的图像翻译模型无法发挥优势，因此，基于无监督学习的图像翻译模型被提出，其中以 Cycle - GAN 最为经典。

(1) Cycle - GAN。

在 Cycle - GAN 中，设计了两个生成器 G 和 F，两个判别器 D_X 和 D_Y，生成器 G 的目的是将 X 域图像转化为 Y 域图像，而 F 的目的是将 Y 域图像转化为 X 域图像，其中，判别器 D_X 用于判断由 F 生成的 X 域图像是不是 X 域内的真实图像，D_Y 判断由 G 生成的 Y 域图像是不是 Y 域内的真实图像。

(2) TraVeLGAN。

在 TraVeLGAN 中，采用 Siamese 网络学习图像高级语义特征，并利用 Siamese 网络代替 Cycle - GAN 中的循环一致性损失，从而降低模型的复杂度以及训练成本，保证翻译后的图像与原域图像相似。

此外，可以对全局图像进行内容和属性编码来实现图像翻译，其中，DRIT 也是通过建立循环一致性来约束生成器，但与 Cycle - GAN 不同的是，DRIT 利用编码器将图像分解为属性编码和内容编码，之后交换原域和目标域的属性编码来翻译图像，最后将翻译的结果再经过一次属性交换来生成原域图像。另外，StarGAN、CollaGAN 以及基于注意力机制的 Selection GAN 和 CSA 也是图像翻译领域的重要成果。

12.1.2　GAN 在图像生成中的应用

GAN 由两个神经网络组成：一个生成器和一个判别器。其中，生成器试图产生欺骗判别器的真实样本，而判别器试图区分真实样本和生成样本，这种对抗博弈使得生成器和判别器不断提高性能，在达到纳什平衡后生成器可以实现以假乱真的输出。因此，GAN 在图像生成上取得的巨大成功，无疑取决于 GAN 在博弈下不断提高建模能力，最终实现以假乱真的图像生成。

GAN 在图像生成上的应用包括指定图像合成、文本到图像、图像到图像、视频等，主要方法可分为直接法、迭代法和分层法，其主要差异为网络中生成器和判别器的数量，如图12 - 1所示。

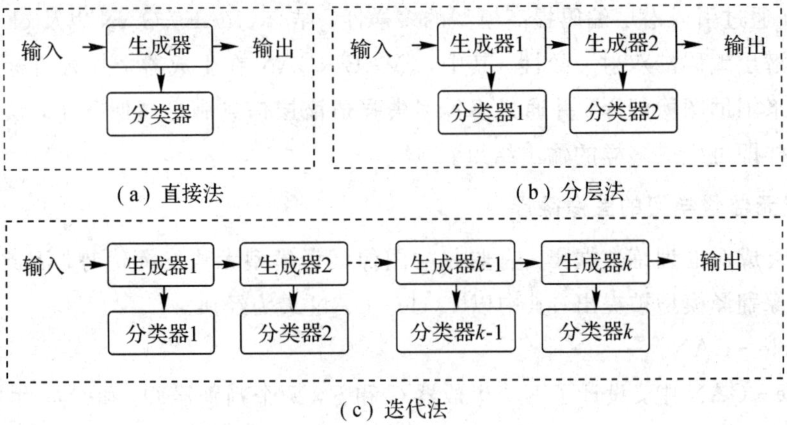

(a) 直接法

(b) 分层法

(c) 迭代法

图 12-1 基于 GAN 的图像生成方法

1. 直接法

该类方法只使用一个生成器和一个判别器，与其他方法相比，该类方法设计和实现相对更直接，通常可以获得良好的结果。典型模型包括 DCGAN、ImprovedGAN、InfoGAN、f-GAN 和 GANINT-CLS。其中，DCGAN 的生成器使用反卷积(Transposed Convolution)、批正则化(Batch normalization)和 ReLU 激活(ReLU activation)，而判别器使用卷积(Convolution)、批正则化和 Leaky ReLU 激活，其模型网络结构如图 12-2 所示。

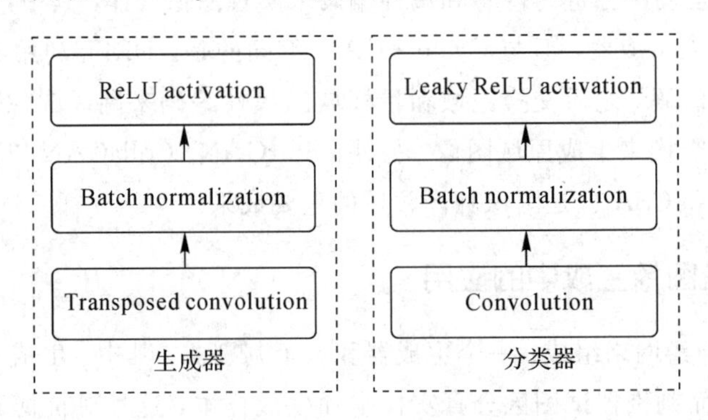

图 12-2 DCGAN 模型网络结构

2. 分层法

该类方法模型中使用两个生成器和两个判别器，不同的生成器具有不同的目的、扮演不同的角色，以期将图像分成两部分，如“样式和结构”“前景和背景”等。两个生成器之间的关系可以是并联的或串联的，例如，SS-GAN 使用两个 GAN，其中，一个 Structure-GAN 用于获取随机噪声输入，并输出图像结果。

3. 迭代法

该类方法使用具有相似甚至相同结构的多个生成器，并且它们生成从粗到细的图像，每个生成器重新生成结果的详细信息。当在生成器中使用相同的结构时，迭代方法可以在生成器间共享权重。

其中，LAPGAN 是第一个基于迭代法使用拉普拉斯金字塔从粗到细生成图像的 GAN，其多个生成器执行相同的任务，即从前一个生成器获取图像并将噪声矢量作为输入，然后将输出添加到输入图像，进而使图像获得更清晰的细节。这些发生器结构的唯一区别在于输入/输出尺寸大小不同。StackGAN 具有两层生成器，其中，第一个生成器接收输入，并输出可以显示粗略形状和模糊细节的图像，第二个生成器基于前一个生成器生成的图像，输出具备真实细节的更大图像。SGAN 采用堆叠生成器，将较低级别的特征作为输入并输出较高级别的特征，而底部生成器将噪声矢量作为输入，顶部生成器输出图像。

4. 其他方法

与前三类方法不同，PPGN 基于近似 Langevin 采样法，Langevin 采样器的梯度通过降噪自动编码器(DAE)估计，生成指定类别的样本。为了生成更高分辨率的图像，Progressive GAN 建议首先训练低像素的生成器和判别器，然后逐渐增加额外层，使输出分辨率加倍。该方法允许模型先学习图像的粗糙结构，而不是同时处理不同规模的所有细节。

12.2　生成式对抗网络技术回顾

生成式对抗网络(Generative Adversarial Networks，GAN)通过判别器和生成器的对抗训练，从建模样本的概率分布中采样生成可以以假乱真的神经网络模型。GAN 自 2014 年被提出以来，已在多个领域得到了广泛应用，尤其在图像翻译、视频生成、高分辨率图像生成等图像相关领域效果显著。其模型结构如图 12-3 所示。

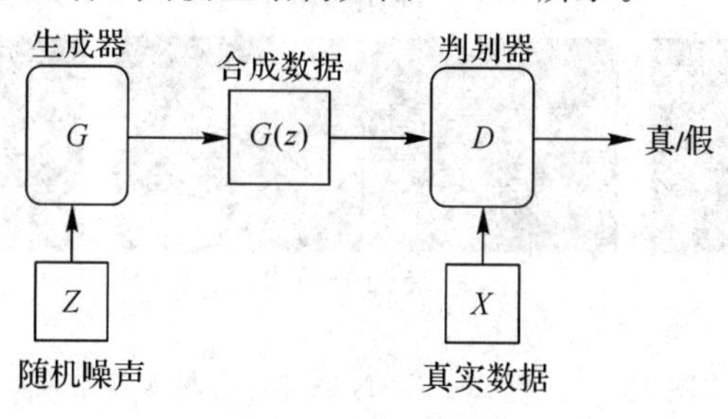

图 12-3　GAN 模型结构

Cycle - GAN 模型于 2017 年提出，其功能为自动将某一类图片转换成另外一类图片。众所周知，即便大数据时代数据的获取变得较为容易，但对可直接用于深度学习模型的数据要求较高，尤其在 GAN 网络中，数据模型训练是消耗较大的过程。因而，深度学习模型在实际应用中受限很多。换言之，在进行模型训练时，必须拥有适合训练的图像数据，否则无法完成特定任务，并且很容易造成数据偏差。例如，在做低分辨图像到高分辨图像的对应转换时，必须拥有成套的配对训练数据，但这样的数据获取较难。

针对上述困难，Cycle - GAN 模型提出了一个由数据域 A 到数据域 B 的普适性映射，其学习目标是数据域 A 和 B 风格间的变换而非具体数据 a 和 b 间的一一映射。基于此，Cycle - GAN 不依赖于数据的一一匹配限制，因此，Cycle - GAN 模型具有较强适应性，能够适应一系列计算机视觉问题场景，比如超分辨、风格迁移、图像增强等。图 12 - 4 为 Cycle - GAN 的部分常见实验结果。

图 12 - 4　Cycle - GAN 的部分常见实验结果

如图 12－5 所示，Cycle－GAN 可以完成图像“魔术”，将喵星人变成汪星人。

下面以学习斑马与马间的映射为例，讲解 Cycle－GAN 网络模型。如图 12－6 所示，在 Cycle－GAN 中，生成器的输入为具体的斑马图像，而在原始 GAN 中，生成器的输入是随机噪声，因此，GAN 学习了如何将噪声变成真实图像，并找到了噪声和真实图像的映射关系。而 Cycle－GAN 以学习斑马和马的映射关系为目标，因而改变生成器输入，让判别器来判别生成器输出的马和真实马的区别，从而让生成器学到这种映射关系，即数据域 X 到数域据 Y 的映射。假设该映射为 F，则 F 可以将 X 中的图像 x 转换为 Y 中的图像 $F(x)$。在训练过程中，只需将马和斑马分成两个数据域进行训练即可，不需要一一进行对应，图 12－4 中苹果和橙子的实验同理。

图 12－5　猫转换成狗

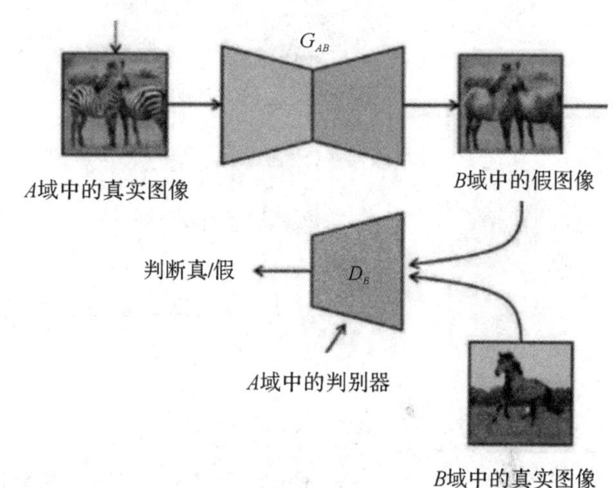

图 12－6　单向 GAN

Cycle－GAN 的损失函数形式与 GAN 一致：

$$L_{\text{GAN}}(F, D_Y, X, Y)=E_{y\sim P_{\text{data}}(y)}[\log D_Y(y)]+E_{x\sim P_{\text{data}}(x)}[\log(1-D_Y(F(X)))] \quad (1)$$

然而上述结构中，生成器网络并没有学到希望的映射，映射 F 将所有 x 都映射为 Y 空间中的同一张图像，与之前讲解的模式崩溃类似，使上述损失无效化。因此，需要增加限制，于是循环一致损失被用来将生成器生成的数据送进另一个生成器，避免模型把所有 X 的图像都转换为 Y 空间中的同一张图像。

上述过程的数学描述为，假设映射 G 将 Y 空间中的图像 y 转换为 X 中的图像 $G(y)$，因此，Cycle－GAN 可以同时学习 F 和 G 两个映射，并要求 $G(F(y))\sim y$，以及 $G(F(x))\sim x$，即将 X 的图像转换到 Y 空间后，还可以转换回来。根据 $G(F(y))\sim y$ 和 $G(F(x))\sim x$，循环一致性损失的定义为

$$L_{\text{cyc}}(F, G, X, Y)=E_{x\sim P_{\text{data}}(x)}[\|G(F(x))-x\|_1]+E_{y\sim P_{\text{data}}(y)}[\|F(G(y))-y\|_1] \quad (2)$$

同时，为 G 也引入判别器 Dx，则可以定义损失 $L_{GAN}(G, Dx, X, Y)$，综上，最终损失为如下三部分，Cycle-GAN 的网络模型如图 12-7 所示。

$$L=L_{GAN}(F, D_Y, X, Y)+L_{GAN}(G, D_X, X, Y)+\lambda L_{cyc}(F, G, X, Y) \tag{3}$$

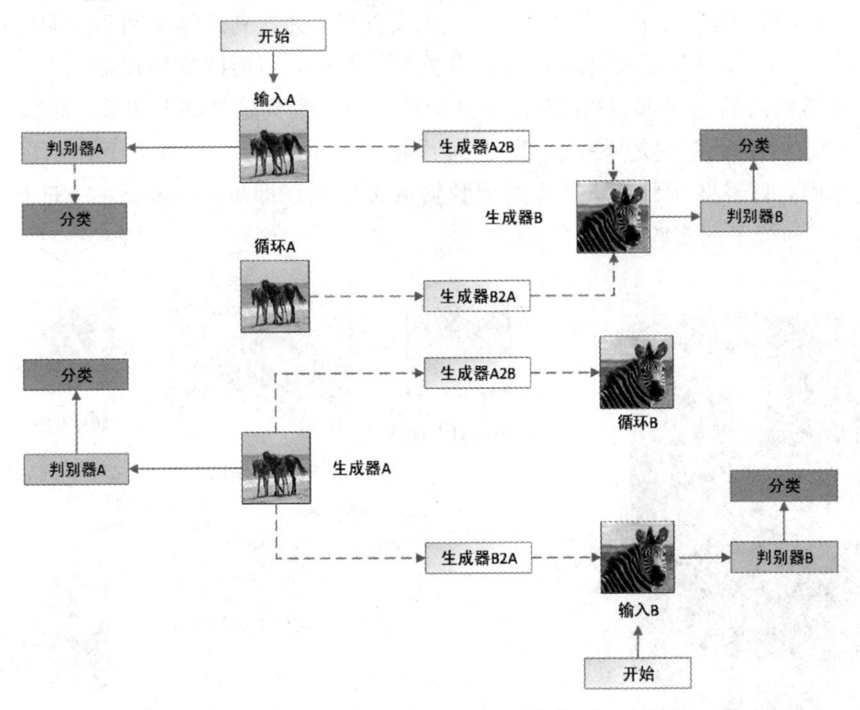

图 12-7 Cycle-GAN 网络模型

因此，Cycle-GAN 可以用来实现图像到图像的转换，也可以称之为翻译。而图像风格迁移就是利用 GAN 网络模型学习图像风格，然后将模型学到的图像风格应用到另一张图像上，其本质是图像翻译问题，相当于学习一个映射，将原空间 X 中的图像转换成目标空间 Y 的图像。同时，风格迁移可以将同一场景由春天的景象翻译为秋天的景象，也可以将其应用到语义分割，将输入图像翻译成分割后的图像，甚至可以将其扩充到迁移学习领域，将原域图像翻译成目标域图像，从而对目标域图像进行分类等任务。

此外，关于 DCGAN 的相关知识，可以参见第 5 章 5.4.2 小节。

12.3 编程实战

通过对 GAN 在图像翻译、图像生成中的应用梳理，以及对相应关键技术 Cycle-GAN 和 DCGAN 的回顾，下面进行两个编程实战：

(1) 基于 TensorFlow 实现 Cycle - GAN 的图像迁移“魔术”——斑马与马互变。

(2) 基于 Pytorch 实现图像生成“魔术”——人脸生成。

12.3.1　基于 TensorFlow 的 Cycle - GAN

本案例利用 TensorFlow 框架(https://github.com/vanhuyz/CycleGAN - TensorFlow)提供的开源代码实现基于 Cycle - GAN 的斑马转换成马、马转换成斑马的风格迁移。

1. 实验环境

TensorFlow 是 Google 的开源机器学习框架，本案例利用 Python 编程语言实现，版本为 3.6，开发 IDE 为 Pycharm。

2. 数据准备

案例中的数据集来自 ImageNet 上的马和斑马两类，图像尺寸为 256×256，分为训练集和测试集，其中类别为马的数据共 1287 张，包括训练数据 1067 张，测试数据 120 张；斑马共有 1444 张，包括训练数据 1334 张，测试数据 140 张。数据如图 12 - 8 所示。

(a) 马　　(b) 斑马

图 12 - 8　训练数据

数据被储存在 trainA、testA、trainB 和 testB 四个文件夹中，均为 JPEG 的格式。为便于 Cycle - GAN 网络处理，将 trainA 和 trainB 转化为 tfrecords 中的.tfrecords 文件，具体代码如下：

```
  def data_writer(input_dir, output_file):   # Write data to tfrecords
file_paths = data_reader(input_dir)   # create tfrecords dir if not exists
output_dir = os.path.dirname(output_file)
try:
  os.makedirs(output_dir)
except os.error as e:
  pass
images_num = len(file_paths)
writer = tf.python_io.TFRecordWriter(output_file) # dump to tfrecords file
```

```
for i in range(len(file_paths)):
  file_path = file_paths[i]
  with tf.gfile.FastGFile(file_path, 'rb') as f:
    image_data = f.read()
  example = _convert_to_example(file_path, image_data)
  writer.write(example.SerializeToString())
  if i % 500 == 0:
    print("Processed {}/{}.".format(i, images_num))
print("Done.")
writer.close()
```

在数据读取部分，主要由 reader.py 实现。reader.py 里的 Reader( )类的信息包括数据文件、图像大小、线程数等信息。而 feed( )函数是将数据处理成[batch_size，image_width，image_height，image_depth]形式。_preprocess( )对数据进行格式转换，包括图像大小变为256×256、转换成浮点数等。

```
  class Reader():
def _init_(self, tfrecords_file, image_size=256,
  min_queue_examples=1000, batch_size=1, num_threads=8, name=''):
  self.tfrecords_file = tfrecords_file
  self.image_size = image_size
  self.min_queue_examples = min_queue_examples
  self.batch_size = batch_size
  self.num_threads = num_threads
  self.reader = tf.TFRecordReader()
  self.name = name
def feed(self):
  with tf.name_scope(self.name):
    filename_queue = tf.train.string_input_producer([self.tfrecords_file])
    reader = tf.TFRecordReader()
    _, serialized_example = self.reader.read(filename_queue)
    features = tf.parse_single_example(
        serialized_example,
        features={
          'image/file_name': tf.FixedLenFeature([], tf.string),
          'image/encoded_image': tf.FixedLenFeature([], tf.string),
```

```
        })
    image_buffer = features['image/encoded_image']
    image = tf.image.decode_jpeg(image_buffer, channels=3)
    image = self._preprocess(image)
    images = tf.train.shuffle_batch(
            [image], batch_size=self.batch_size, num_threads=self.num_threads,
            capacity=self.min_queue_examples + 3 * self.batch_size,
            min_after_dequeue=self.min_queue_examples
        )
    tf.summary.image('_input', images)
  return images
def _preprocess(self, image):
  image = tf.image.resize_images(image, size=(self.image_size, self.image_size))
  image = utils.convert2float(image)
  image.set_shape([self.image_size, self.image_size, 3])
  return image
```

3. 网络结构

Cycle-GAN 包含生成器网络和判别器网络，生成器网络结构由 generator.py 定义，其具体的结构如表 12-1 所示。

表 12-1　生成器网络结构

编码器	7×7 conv Norm_ReLu，32filters，stride 1
	3×3 conv Norm_ReLu，64filters，stride 2
	3×3 conv Norm_ReLu，128filters，stride 2
残差块	Resblock，128filters
	Resblock，128filters
解码器	3×3 Deconv Norm_ReLu，64filters，stride 2
	3×3 De conv Norm_ReLu，32filters，stride 2
	7×7 conv －Tanh，3filters，stride 1

表中，generator.py 的代码实现如下：

```
class Generator:
```

```
    def _init_(self, name, is_training, ngf=64, norm='instance', image_size=128):
        self.name = name
        self.reuse = False
        self.ngf = ngf
        self.norm = norm
        self.is_training = is_training
        self.image_size = image_size
    def _call_(self, input):
        with tf.variable_scope(self.name):
            # conv layers
            c7s1_32 = ops.c7s1_k(input, self.ngf, is_training=self.is_training, norm=self.norm,
                reuse=self.reuse, name='c7s1_32')                        # (?, w, h, 32)
            d64 = ops.dk(c7s1_32, 2 * self.ngf, is_training=self.is_training, norm=self.norm,
                reuse=self.reuse, name='d64')                            # (?, w/2, h/2, 64)
            d128 = ops.dk(d64, 4 * self.ngf, is_training=self.is_training, norm=self.norm,
                reuse=self.reuse, name='d128')                           # (?, w/4, h/4, 128)
            if self.image_size <= 128:
                # use 6 residual blocks for 128x128 images
                res_output = ops.n_res_blocks(d128, reuse=self.reuse, n=6)   # (?, w/4, h/4, 128)
            else:
                # 9 blocks for higher resolution
                res_output = ops.n_res_blocks(d128, reuse=self.reuse, n=9)   # (?, w/4, h/4, 128)

            # fractional-strided convolution
            u64 = ops.uk(res_output, 2 * self.ngf, is_training=self.is_training, norm=self.norm,
                reuse=self.reuse, name='u64')                            # (?, w/2, h/2, 64)
            u32 = ops.uk(u64, self.ngf, is_training=self.is_training, norm=self.norm,
                reuse=self.reuse, name='u32', output_size=self.image_size)     # (?, w, h, 32)
output = ops.c7s1_k(u32, 3, norm=None,
                activation='tanh', reuse=self.reuse, name='output')          # (?, w, h, 3)
        # set reuse=True for next call
        self.reuse = True
        self.variables = tf.get_collection(tf.GraphKeys.TRAINABLE_VARIABLES, scope=
self.name)
        return output
    def sample(self, input):
```

```
image = utils.batch_convert2int(self._call_(input))
image = tf.image.encode_jpeg(tf.squeeze(image, [0]))
return image
```

判别器结构的实现在 discriminator.py 文件中，其网络结构如表 12-2 所示。

表 12-2　判别器结构

4×4 conv Norm_LeakyReLu，64filters，stride 2
4×4 conv Norm_LeakyReLu，128filters，stride 2
4×4 conv Norm_LeakyReLu，256filters，stride 2
4×4 conv Norm_LeakyReLu，512filters，stride 2
4×4 conv Norm_LeakyReLu，1filters，stride 2

判别器具体实现代码如下：

```
class Discriminator:
def _init_(self, name, is_training, norm='instance', use_sigmoid=False):
    self.name = name
    self.is_training = is_training
    self.norm = norm
    self.reuse = False
    self.use_sigmoid = use_sigmoid
def _call_(self, input):
    with tf.variable_scope(self.name):
      # convolution layers
      C64 = ops.Ck(input, 64, reuse=self.reuse, norm=None,
          is_training=self.is_training, name='C64')           # (?, w/2, h/2, 64)
      C128 = ops.Ck(C64, 128, reuse=self.reuse, norm=self.norm,
          is_training=self.is_training, name='C128')          # (?, w/4, h/4, 128)
      C256 = ops.Ck(C128, 256, reuse=self.reuse, norm=self.norm,
          is_training=self.is_training, name='C256')          # (?, w/8, h/8, 256)
      C512 = ops.Ck(C256, 512, reuse=self.reuse, norm=self.norm,
          is_training=self.is_training, name='C512')          # (?, w/16, h/16, 512)
      output = ops.last_conv(C512, reuse=self.reuse,
          use_sigmoid=self.use_sigmoid, name='output')        # (?, w/16, h/16, 1)
  self.reuse = True
  self.variables = tf.get_collection(tf.GraphKeys.TRAINABLE_VARIABLES, scope=
```

```
self. name)
    return output
```

定义好生成器和判别器网络后，下面定义损失函数，包括生成器网络损失、判别器网络损失、循环一致损失等，其关键代码如下：

```
def model(self):
X_reader = Reader(self. X_train_file, name='X',
    image_size=self. image_size, batch_size=self. batch_size)
Y_reader = Reader(self. Y_train_file, name='Y',
    image_size=self. image_size, batch_size=self. batch_size)
x = X_reader. feed()
y = Y_reader. feed()
cycle_loss = self. cycle_consistency_loss(self. G, self. F, x, y)
# X -> Y
fake_y = self. G(x)
G_gan_loss = self. generator_loss(self. D_Y, fake_y, use_lsgan=self. use_lsgan)
G_loss =  G_gan_loss + cycle_loss
D_Y_loss = self. discriminator_loss(self. D_Y, y, self. fake_y, use_lsgan=self. use_lsgan)
# Y -> X
fake_x = self. F(y)
F_gan_loss = self. generator_loss(self. D_X, fake_x, use_lsgan=self. use_lsgan)
F_loss = F_gan_loss + cycle_loss
D_X_loss = self. discriminator_loss(self. D_X, x, self. fake_x, use_lsgan=self. use_lsgan)
# summary
tf. summary. histogram('D_Y/true', self. D_Y(y))
tf. summary. histogram('D_Y/fake', self. D_Y(self. G(x)))
tf. summary. histogram('D_X/true', self. D_X(x))
tf. summary. histogram('D_X/fake', self. D_X(self. F(y)))
tf. summary. scalar('loss/G', G_gan_loss)
tf. summary. scalar('loss/D_Y', D_Y_loss)
tf. summary. scalar('loss/F', F_gan_loss)
tf. summary. scalar('loss/D_X', D_X_loss)
tf. summary. scalar('loss/cycle', cycle_loss)
tf. summary. image('X/generated', utils. batch_convert2int(self. G(x)))
tf. summary. image('X/reconstruction', utils. batch_convert2int(self. F(self. G(x))))
tf. summary. image('Y/generated', utils. batch_convert2int(self. F(y)))
tf. summary. image('Y/reconstruction', utils. batch_convert2int(self. G(self. F(y))))
```

```
return G_loss, D_Y_loss, F_loss, D_X_loss, fake_y, fake_x
```

Cycle-GAN 网络采用 ADAM 优化方法训练网络，在优化器定义中，ADAM 优化器初始学习率是 0.002，之后每 10 万次迭代后线性衰减到 0。

```
def optimize(self, G_loss, D_Y_loss, F_loss, D_X_loss):
def make_optimizer(loss, variables, name='Adam'):
  global_step = tf.Variable(0, trainable=False)
  starter_learning_rate = self.learning_rate
  end_learning_rate = 0.0
  start_decay_step = 100000
  decay_steps = 100000
  beta1 = self.beta1
  learning_rate = (
      tf.where(
          tf.greater_equal(global_step, start_decay_step),
          tf.train.polynomial_decay(starter_learning_rate,
                                   global_step-start_decay_step, decay_steps, end_
                                   learning_rate, power=1.0), starter_learning_rate)
  )
  tf.summary.scalar('learning_rate/{}'.format(name), learning_rate)
  learning_step = (
      tf.train.AdamOptimizer(learning_rate, beta1=beta1, name=name)
              .minimize(loss, global_step=global_step, var_list=variables)
  )
  return learning_step
G_optimizer = make_optimizer(G_loss, self.G.variables, name='Adam_G')
D_Y_optimizer = make_optimizer(D_Y_loss, self.D_Y.variables, name='Adam_D_Y')
F_optimizer =  make_optimizer(F_loss, self.F.variables, name='Adam_F')
D_X_optimizer = make_optimizer(D_X_loss, self.D_X.variables, name='Adam_D_X')
```

完成前面的定义后，即可利用 train.py 对网络进行训练。在 train()函数中，FLAGS 包含模型的各类参数，FLAGS.load_model 用来判断是否有训练好的模型保存，如果有的话，则直接读取，没有的话就对模型进行训练，并建立保存模型的文件夹。

```
    def train():
if FLAGS.load_model is not None:
    checkpoints_dir = "checkpoints/" + FLAGS.load_model.lstrip("checkpoints/")
else:
```

```
current_time = datetime.now().strftime("%Y%m%d-%H%M")
checkpoints_dir = "checkpoints/{}".format(current_time)
try:
    os.makedirs(checkpoints_dir)
except os.error:
    pass
```

在 TensorFlow 中，所有计算操作都基于构造图，因此，需要用 graph = tf.Graph()建立空图，语句 with graph.as_default()可对模型中图像尺寸、每个批次尺寸、损失函数等参数进行读取。

```
graph = tf.Graph()
with graph.as_default():
    cycle_gan = CycleGAN(
        X_train_file=FLAGS.X,
        Y_train_file=FLAGS.Y,
        batch_size=FLAGS.batch_size,
        image_size=FLAGS.image_size,
        use_lsgan=FLAGS.use_lsgan,
        norm=FLAGS.norm,
        lambda1=FLAGS.lambda1,
        lambda2=FLAGS.lambda2,
        learning_rate=FLAGS.learning_rate,
        beta1=FLAGS.beta1,
        ngf=FLAGS.ngf
    )
    G_loss, D_Y_loss, F_loss, D_X_loss, fake_y, fake_x = cycle_gan.model()
    optimizers = cycle_gan.optimize(G_loss, D_Y_loss, F_loss, D_X_loss)
    summary_op = tf.summary.merge_all()
    train_writer = tf.summary.FileWriter(checkpoints_dir, graph)
    saver = tf.train.Saver()
```

with tf.Session(graph=graph) as sess 部分是对模型开始训练，包括参数传递、输出参数值，以及保存每过 10 000 次迭代的模型参数。

```
with tf.Session(graph=graph) as sess:
if FLAGS.load_model is not None:
    checkpoint = tf.train.get_checkpoint_state(checkpoints_dir)
    meta_graph_path = checkpoint.model_checkpoint_path + ".meta"
```

```
        restore = tf.train.import_meta_graph(meta_graph_path)
        restore.restore(sess, tf.train.latest_checkpoint(checkpoints_dir))
        step = int(meta_graph_path.split("-")[2].split(".")[0])
    else:
        sess.run(tf.global_variables_initializer())
        step = 0
    coord = tf.train.Coordinator()
    threads = tf.train.start_queue_runners(sess=sess, coord=coord)
    try:
        fake_Y_pool = ImagePool(FLAGS.pool_size)
        fake_X_pool = ImagePool(FLAGS.pool_size)
        while not coord.should_stop():
            # get previously generated images
            fake_y_val, fake_x_val = sess.run([fake_y, fake_x])
            # train
            _, G_loss_val, D_Y_loss_val, F_loss_val, D_X_loss_val, summary = (
                    sess.run(
                        [optimizers, G_loss, D_Y_loss, F_loss, D_X_loss, summary_op],
                        feed_dict={cycle_gan.fake_y: fake_Y_pool.query(fake_y_val),
                                   cycle_gan.fake_x: fake_X_pool.query(fake_x_val)}
                    )
            )
            train_writer.add_summary(summary, step)
            train_writer.flush()
            if step % 100 == 0:
                logging.info('-----------Step %d:-------------' % step)
                logging.info('  G_loss   : {}'.format(G_loss_val))
                logging.info('  D_Y_loss : {}'.format(D_Y_loss_val))
                logging.info('  F_loss   : {}'.format(F_loss_val))
                logging.info('  D_X_loss : {}'.format(D_X_loss_val))
            if step % 10000 == 0:
                save_path = saver.save(sess, checkpoints_dir + "/model.ckpt", global_step=step)
                logging.info("Model saved in file: %s" % save_path)
            step += 1
    except KeyboardInterrupt:
        logging.info('Interrupted')
```

```
            coord.request_stop()
        except Exception as e:
            coord.request_stop(e)
        finally:
            save_path = saver.save(sess, checkpoints_dir + "/model.ckpt", global_step=step)
            logging.info("Model saved in file: %s" % save_path)
            # When done, ask the threads to stop.
            coord.request_stop()
            coord.join(threads)
```

FLAG定义的参数包含如下内容:

```
    FLAGS = tf.app.flags
FLAGS.DEFINE_integer('batch_size', 1, '批次大小')
FLAGS.DEFINE_integer('image_size', 256, '图像尺寸')
FLAGS.DEFINE_bool('use_lsgan', True, '使用lsgan损失函数')
FLAGS.DEFINE_string('norm', 'instance', '归一化')
FLAGS.DEFINE_integer('', 10, ' lambda1 权重 X->Y->X ')
FLAGS.DEFINE_integer('lambda2', 10, ' lambda2 权重 Y->X->Y ')
    FLAGS.DEFINE_float('learning_rate', 2e-4, '初始学习率 0.0002')
    FLAGS.DEFINE_float('beta1', 0.5, ' Adam 中参数 0.5')
FLAGS.DEFINE_float('pool_size', 50, '存储数据的数量大小 50')
FLAGS.DEFINE_integer('ngf', 64, '卷积核个数 64')
FLAGS.DEFINE_string('X', './data/tfrecords/horse.tfrecords', '训练数据 X')
FLAGS.DEFINE_string('Y', './data/tfrecords/zebra.tfrecords', '训练数据 Y ')
FLAGS.DEFINE_string('load_model', None, '是否有训练好的模型')
FLAGS = FLAGS.FLAGS
```

4. 实验结果

最终的实验结果可以通过tensorboard可视化呈现，模型训练过程中损失函数的变化过程趋势中，判别器的损失变化包括从马到斑马的辨别能力和从斑马到马的辨别能力。随着迭代次数增多，判别器损失逐渐趋于平稳，即判别器的辨别能力有所提高。生成器的损失变化趋势中，生成器网络的训练不稳定，较难收敛，这也是GAN的共有特点。同时，循环一致损失不断减小，有利于Cycle-GAN模型训练。

图12-9是斑马到马和马到斑马的部分结果图，左图为输入图像，右图为生成器的输出图像。

(a) 斑马到马

(b) 马到斑马

图 12-9　部分实验结果

Cycle-GAN 模型的总体训练结果初步达到了预期目标，但右图的图片质量普遍较低，存在模糊和阴影，更有部分马到斑马的结果图出现全图都有斑马纹的情况，这种现象称之为伪影。部分伪影可以通过图像处理技术改善，在此不做赘述。从实验结果看，Cycle-GAN 打破了训练数据必须一一对应的局限，但也存在 GAN 训练不稳定、结构设计主观因素大等问题，可以在数据标记、损失函数设计、训练技巧等方面进行改进。同时，Cycle-GAN 可以应用于迁移学习的图像翻译、语义分割等方面。

12.3.2　基于 Pytorch 的 DCGAN

本案例利用 Pytorch 框架，实现基于 DCGAN 的人脸图像生成，即利用 DCGAN 在学习名人图像特征后，生成新名人图像。大部分代码来自 pytorch/examples 中的 DCGAN 实现。

1. 数据准备及参数设置

如图 12-10 所示，案例数据来自数据集 Celeb-A Faces(http：// mmlab. ie. cuhk. edu. hk/ projects/ CelebA. html)，其加载方式实现如下：

```
#创建加载器
dataloader = torch.utils.data.DataLoader (dataset, batch_size=batch_size, shuffle=
True, num_workers=workers)
```

相关参数设置为：训练 batch 大小为 128，图像大小为 64×64，输入图像颜色通道数为 3，学习速率为 0.0002，ADAM 优化器超参数为 0.5。

图 12-10 训练数据集

2. 网络结构

本部分包括权重初始化、生成器、判别器、损失函数、模型训练的程序实现。

1）权重初始化

DCGAN 的模型权重从正态分布中随机初始化，mean = 0，stdev = 0.02。

```
# custom weights initialization called on netG and netD
def weights_init(m):
    classname = m._class_._name_
    if classname.find('Conv') != -1:
nn.init.normal_(m.weight.data, 0.0, 0.02)
    elif classname.find('BatchNorm') != -1:
nn.init.normal_(m.weight.data, 1.0, 0.02)
    nn.init.constant_(m.bias.data, 0)
```

2）生成器

生成器用于将潜在空间矢量映射到数据空间，核心为卷积神经网络，其代码如下：

```
#生成器代码
class Generator(nn. Module):
...
self. main = nn. Sequential(
#输入是 Z，进入卷积
nn. ConvTranspose2d( nz, ngf * 8, 4, 1, 0, bias=False), nn. BatchNorm2d(ngf * 8),
nn. ReLU(True),
# state size. (ngf*8) × 4 × 4
nn. ConvTranspose2d(ngf * 8, ngf * 4, 4, 2, 1, bias=False), nn. BatchNorm2d(ngf * 4),
nn. ReLU(True),
# state size. (ngf*4) × 8 × 8
nn. ConvTranspose2d( ngf * 4, ngf * 2, 4, 2, 1, bias=False), nn. BatchNorm2d(ngf * 2),
nn. ReLU(True),
# state size. (ngf*2) × 16 × 16
nn. ConvTranspose2d( ngf * 2, ngf, 4, 2, 1, bias=False), nn. BatchNorm2d(ngf),
nn. ReLU(True),
# state size. (ngf) × 32 × 32
nn. ConvTranspose2d( ngf, nc, 4, 2, 1, bias=False), nn. Tanh()
# state size. (nc) ×64 × 64
)
```

3）判别器

判别器是二分类网络，将图像作为输入，并输出输入图像为真的概率。输入图像尺寸为 3×64×64，通过一系列 Conv2d、BatchNorm2d 和 LeakyReLU 层，以及 Sigmoid 激活函数输出最终概率。判别器代码如下：

```
class Discriminator(nn. Module):
def _init_(self, ngpu):
super(Discriminator, self). _init_()
self. ngpu = ngpu
self. main = nn. Sequential(
# input is (nc) × 64 × 64
nn. Conv2d(nc, ndf, 4, 2, 1, bias=False), nn. LeakyReLU(0. 2, inplace=True),
# state size. (ndf) × 32 × 32
nn. Conv2d(ndf, ndf * 2, 4, 2, 1, bias=False), nn. BatchNorm2d(ndf * 2),
nn. LeakyReLU(0. 2, inplace=True),
# state size. (ndf*2) × 16 × 16
```

```
nn.Conv2d(ndf * 2, ndf * 4, 4, 2, 1, bias=False), nn.BatchNorm2d(ndf * 4),
nn.LeakyReLU(0.2, inplace=True),
# state size. (ndf*4) × 8 × 8
nn.Conv2d(ndf * 4, ndf * 8, 4, 2, 1, bias=False), nn.BatchNorm2d(ndf * 8),
nn.LeakyReLU(0.2, inplace=True),
# state size. (ndf*8) × 4 × 4
nn.Conv2d(ndf * 8, 1, 4, 1, 0, bias=False), nn.Sigmoid()
)
```

4）损失函数和优化器

利用 Pytorch 中定义的二进制交叉熵损失(BCELoss)函数作为损失函数，优化器使用 ADAM，具体代码如下：

```
#初始化 BCELoss 函数
criterion = nn.BCELoss()
#为 G 和 D 设置 ADAM 优化器
optimizerD = optim.Adam(netD.parameters(), lr=lr, betas=(beta1, 0.999))
optimizerG = optim.Adam(netG.parameters(), lr=lr, betas=(beta1, 0.999))
```

3. 模型训练

DCGAN 训练完全依靠超参数设置，否则会导致模式崩溃。训练分为更新判别器和更新生成器两个部分，最终判别器不能区分生成图像数据和真实图像数据之间的差别，即输出概率趋向于 0.5 时，整个训练过程达到博弈平衡，具体代码如下：

```
# Training Loop
for epoch in range(num_epochs):    # 对于数据加载器中的每个 batch
for i, data in enumerate(dataloader, 0):
# (1) Update D network: maximize log(D(x)) + log(1 - D(G(z)))
## Train with all-real batch
...
# Forward pass real batch through D
output = netD(real_cpu).view(-1)
# Calculate loss on all-real batch
errD_real = criterion(output, label)
# Calculate gradients for D in backward pass
errD_real.backward()
D_x = output.mean().item()
## Train with all-fake batch
# Generate batch of latent vectors
```

```
noise = torch.randn(b_size, nz, 1, 1, device=device)
# Generate fake image batch with G
fake = netG(noise)
label.fill_(fake_label)
# Classify all fake batch with D
output = netD(fake.detach()).view(-1)
# Calculate D's loss on the all-fake batch
errD_fake = criterion(output, label)
# Calculate the gradients for this batch
errD_fake.backward()
D_G_z1 = output.mean().item()
# Add the gradients from the all-real and all-fake batches
errD = errD_real + errD_fake
# Update D
optimizerD.step()
############################
# (2) Update G network: maximize log(D(G(z)))
…
# Calculate G's loss based on this output
errG = criterion(output, label)
# Calculate gradients for G
errG.backward()
D_G_z2 = output.mean().item()
# Update G
optimizerG.step()
# Output training stats
if i % 50 == 0:
print('[%d/%d][%d/%d]\tLoss_D: %.4f\tLoss_G: %.4f\tD(x): %.
4f\tD(G(z)): %.4f / %.4f'
% (epoch, num_epochs, i, len(dataloader),
errD.item(), errG.item(), D_x, D_G_z1, D_G_z2))
# Save Losses for plotting later
…
```

4. 实验结果

判别器和生成器的损失与训练迭代次数的关系如图 12－11 所示。

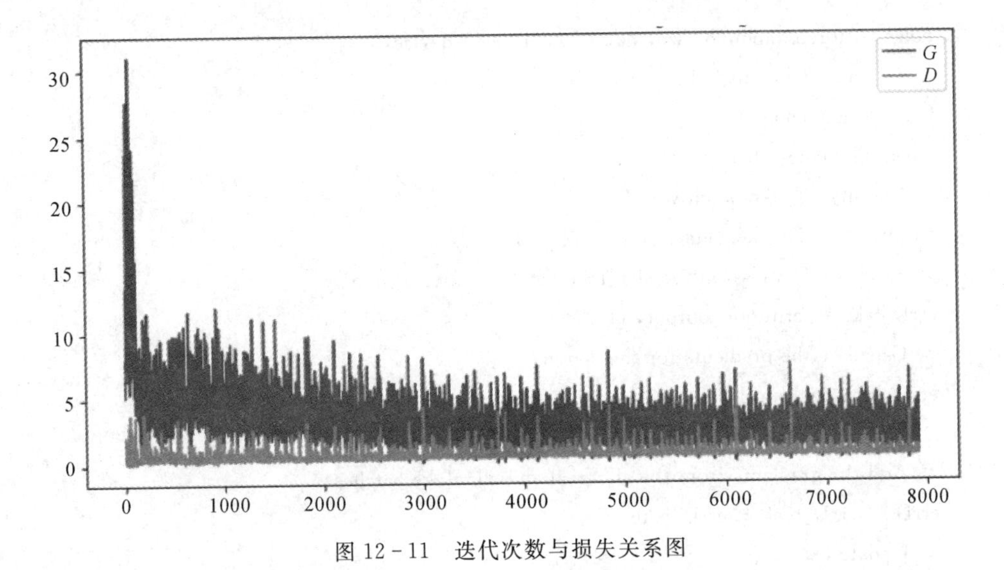

图 12-11　迭代次数与损失关系图

最终，生成器 G 生成的伪装图像与真实图像可视化输出如图 12-12 所示。

图 12-12　真实图像和伪图像

在下一步的图像“魔术”实验中，我们可以增加训练时间，分析训练次数与效果的关系，同时，可以修改输入图像的大小、网络模型架构，探索不同结构对网络性能的影响。

12.4　温故知新

本章以第五章 GAN 网络基础理论为支撑，详细梳理了 GAN 在图像翻译和图像生成领域的应用，以 DCGAN 和 Cycle-GAN 两种生成式对抗网络为例，按照数据准备、网络结构设计、模型训练、结果输出等步骤，基于 TensorFlow 实现 Cycle-GAN 的斑马与马图像迁移“魔术”，以及基于 Pytorch 实现人脸图像生成“魔术”。本章关键知识点总结如下：

（1）图像翻译定义：指原域图像到目标域图像的转换过程，包括监督和无监督两种模式。

（2）图像生成分为直接法、分层法和迭代法，主要差异为生成器和判别器的数量。

（3）Cycle-GAN 通过循环一致性损失实现 X 空间图像转换到 Y 空间后，再次反向转换。

（4）DCGAN 没有池化层和上采样层，而是利用带步长卷积取代采样，以提高生成图像质量和网络收敛速度。

参考资源

1. 图像处理资源

（1）OpenCV 地址：https://github.com/opencv/opencv.

（2）scikit-image 地址：https://github.com/scikit-image/scikit-image.

（3）武汉大学数字图像处理 MOOC 地址：http://www.icourse163.org/course/WHU-1002332010.

（4）电子科技大学数字图像处理教学视频地址：1https://www.bilibili.com/video/av22153795/.

2. 部分 GAN 相关参考资源

（1）http://www.twistedwg.com/2018/01/30/GAN-problem.html.

（2）https://www.paperweekly.site/papers/notes/503.

（3）GAN 的技巧，地址：https://github.com/soumith/ganhacks.

（4）Conditional Generative Adversarial Nets，地址：https://github.com/wiseodd/generative-models.

（5）Coupled Generative Adversarial Networks（CoGAN），地址：https://github.com/wiseodd/generative-models.

（6）生成式对抗网络(Generative Adversarial Networks)，地址：https://github.com/goodfeli/adversarial.

（7）50 行代码实现 GAN(PyTorch)，地址：https://github.com/devnag/pytorch-generative-adversarial-networks.

附录1 Linux 指令

系统信息

cat /proc/meminfo　校验内存使用

cat /proc/swaps　显示哪些 swap 被使用

cat /proc/version　显示内核的版本

cat /proc/mounts　显示已加载的文件系统

date　显示系统日期

关机（系统的关机、重启以及登出）

shutdown -h now　关闭系统

shutdown -h hours：minutes &　按预定时间关闭系统

shutdown -r now　重启

reboot　重启

logout　注销

文件和目录

cd /home　进入/ home 目录

cd ..　返回上一级目录

cd ../..　返回上两级目录

cd　进入个人的主目录

cd ～user1　进入个人的主目录

pwd　显示工作路径

ls　查看目录中的文件

tree　显示文件和目录由根目录开始的树形结构

mkdir dir1　创建一个叫作 dir1 的目录

rm -f file1　删除一个叫作 file1 的文件

mv dir1 new_dir　重命名/移动一个目录

cp file1 file2　复制一个文件

cp dir/ *　复制一个目录下的所有文件到当前工作目录

ln -s file1 lnk1　创建一个指向文件或目录的软链接

文件搜索

find / -name file1　从'/'开始进入根文件系统搜索文件和目录

find / -user user1　搜索属于用户 user1 的文件和目录

挂载一个文件系统

mount /dev/hda2 /mnt/hda2　挂载一个叫作 hda2 的盘 － 确定目录

umount /dev/hda2　卸载一个叫作 hda2 的盘

mount -o loop file.iso /mnt/cdrom　挂载一个文件或 ISO 镜像文件

mount /dev/sda1 /mnt/usbdisk　挂载一个 usb 捷盘或闪存设备

磁盘空间

df -h　显示已经挂载的分区列表

du -sh dir1　估算目录 dir1 已经使用的磁盘空间

用户和群组

groupadd group_name　创建一个新用户组

groupdel group_name　删除一个用户组

useradd user1　创建一个新用户

userdel -r user1　删除一个用户（-r 排除主目录）

passwd　修改口令

passwd user1　修改一个用户的口令（只允许 root 执行）

文件的权限——使用"＋"设置权限，使用"－"用于取消

ls -lh　显示权限

chown user1 file1　改变一个文件的所有人属性

打包和压缩文件

bunzip2 file1.bz2　解压一个叫作 file1.bz2 的文件

rar a file1.rar test_file　创建一个叫作 file1.rar 的包

tar -cvf archive.tar file1　创建一个非压缩的 tarball

tar -cvf archive.tar file1 file2 dir1　创建一个包含了 file1、file2 以及 dir1 的档案文件

tar -zxvf archive.tar.gz　解压一个 gzip 格式的压缩包

RPM 包(Fedora，Redhat 及类似系统)

rpm -ivh package.rpm　安装一个 rpm 包

rpm -qa　显示系统中所有已经安装的 rpm 包

YUM 软件包升级器(Fedora, RedHat 及类似系统)

yum install package_name　下载并安装一个 rpm 包

yum update package_name. rpm　更新当前系统中所有安装的 rpm 包

yum list　列出当前系统中安装的所有包

yum clean all　删除所有缓存的包和头文件

DEB 包 (Debian, Ubuntu 以及类似系统)

dpkg -i package. deb　安装/更新一个 deb 包

dpkg -r package_name　从系统删除一个 deb 包

dpkg -s package_name　获得已经安装在系统中的一个特殊包的信息

APT 软件工具 (Debian, Ubuntu 以及类似系统)

apt-get install package_name　安装/更新一个 deb 包

apt-get update　升级列表中的软件包

apt-get upgrade　升级所有已安装的软件

apt-get remove package_name　从系统删除一个 deb 包

apt-get clean　从下载的软件包中清理缓存

查看文件内容

cat file1　从第一个字节开始正向查看文件的内容

more file1　查看一个长文件的内容

head -2 file1　查看一个文件的前两行

tail -2 file1　查看一个文件的最后两行

文本处理

cat file1 | command(sed, grep, awk, grep, etc...) > result. txt　合并一个文件的详细说明文本，并将简介写入一个新文件中

grep Aug /var/log/messages　在文件 '/var/log/messages'中查找关键词"Aug"

grep [0-9] /var/log/messages　选择 '/var/log/messages' 文件中所有包含数字的行

初始化一个文件系统

mkfs /dev/hda1 在 hda1　分区创建一个文件系统

fdformat -n /dev/fd0　格式化一个软盘

SWAP 文件系统

mkswap /dev/hda3　创建一个 swap 文件系统

备份

rsync-rogpav-delete /home /tmp 同步两边的目录

rsync-az-e ssh-delete /home/local ip_addr：/home/public 通过 ssh 和压缩将本地目录同步到远程目录

tar -Puf backup.tar /home/user 执行一次对'/home/user'目录的交互式备份操作

光盘

网络(以太网和无线 WIFI)

ifconfig eth0 显示一个以太网卡的配置

ifup eth0 启用一个 eth0 网络设备

ifconfig eth0 192.168.1.1 netmask 255.255.255.0 设置网卡的 IP 和子网掩码

route -n show routing table 显示路由表

附录 2　BP 算法推导

如附图 1 所示，输入层一般只对输入网络的数据做接收，不对数据进行处理。输入层的神经元个数根据数据的维数及求解问题而具体确定。隐藏层负责信息的处理、变换。根据输入数据的特点及整个网络的输出要求，隐藏层可设计为单隐层或多隐层的结构。增加隐藏层数可以降低网络的误差、提高精度，但同时也增加了网络的复杂度，增加了训练的时间。隐藏层中神经元数目的增加同样可以实现网络精度的提高，并且训练效果更易观察和调整。传统神经网络(深度神经网络出现前)优化中，首先考虑增加隐藏层的神经元数量，而后再根据情况增加隐藏层的数量。输出层输出整个网络的训练结果。

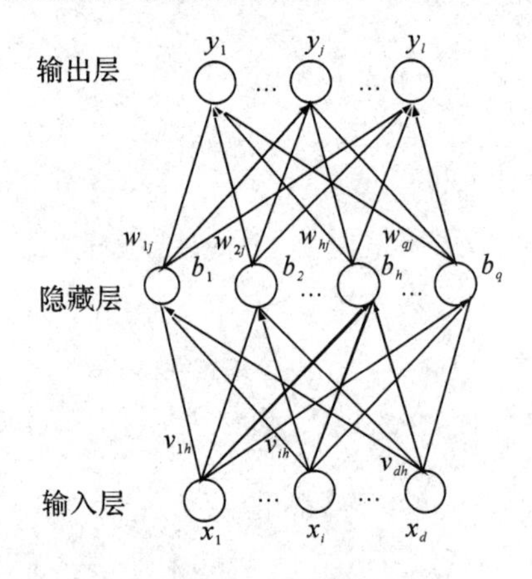

附图 1　BP 网络

BP 神经网络中每个神经元的实际输出取决于激活函数，使用者根据网络的使用目的，选择适合的激活函数。常见的激活函数有以下四种：

(1) 线性函数：

$$f(x)=x$$

(2) 阶跃函数：

$$f(x)=\begin{cases}1, & x\geqslant 0\\ 0, & x<0\end{cases}$$

(3) Sigmoid 函数：

$$f(x)=\frac{1}{1+\mathrm{e}^{-x}}$$

（4）双曲正切函数：

$$f(x)=\mathrm{th}(x)=\frac{\mathrm{e}^{x}-\mathrm{e}^{-x}}{\mathrm{e}^{x}+\mathrm{e}^{-x}}$$

在附图 1 的 BP 网络中，有 d 个输入神经元，l 个输出神经元，q 个隐藏层神经元，输出层第 j 个神经元的阈值为 θ_j，隐藏层第 h 个神经元的阈值为 γ_h，输入层第 i 个神经元与隐藏层第 h 个神经元之间的权重为 v_{ih}，隐藏层第 h 个神经元与输出层第 j 个神经元之间的权重为 w_{hj}，则隐藏层第 h 个神经元的输入为 $\alpha_h=\sum_{i=1}^{d}v_{ih}x_i$，输出层第 j 个神经元的输入为 $\beta_j=\sum_{h=1}^{q}w_{hj}b_h$，$b_h$ 为隐藏层第 h 个神经元的输出，隐藏层和输出层中所有功能神经元的激活函数为 Sigmoid 函数。

附表 1　变量符号

符号	含　义
d	输入神经元个数
l	输出神经元个数
q	隐藏层神经元个数
θ_j	输出层第 j 个神经元的阈值
γ_h	隐藏层第 h 个神经元的阈值
v_{ih}	输入层第 i 个神经元与隐藏层第 h 个神经元之间的权重
w_{hj}	隐藏层第 h 个神经元与输出层第 j 个神经元之间的权重
$\alpha_h=\sum_{i=1}^{d}v_{ih}x_i$	隐藏层第 h 个神经元的输入
$\beta_j=\sum_{h=1}^{q}w_{hj}b_h$	输出层第 j 个神经元的输入
b_h	隐藏层第 h 个神经元的输出
Sigmoid	隐藏层和输出层中所有功能神经元的激活函数

下面根据附图 1 和附表 1 的标记，我们将推导 BP 算法的关键步骤(也可以直接记结论)。设训练输入数据为(x_k, y_k)，神经网络的输出为 $\hat{y}_k=(\hat{y}_1^k, \hat{y}_2^k, \cdots, \hat{y}_l^k)$，即

$$\hat{y}_k=f(\beta_j-\theta_j) \tag{1}$$

我们用均方误差来度量神经网络在数据(x_k, y_k)上的损失函数，也就是待优化的目标函数：

$$E_k = \frac{1}{2}\sum_{j=1}^{l}(\hat{y}_j^k - y_j^k)^2 \tag{2}$$

我们可以看到，损失函数就是有关"权值参数"的函数。同时，在 BP 网络中，需要学习$(d+l+1)*q+1$个参数：输入层到隐藏层的权重值为$d*q$，隐藏层到输出层权重值为$q*l$，q个隐藏层阈值，l个输出层阈值。BP 算法的迭代公式与感知机的学习规则一致，可以采用广义的感知机训练规则进行参数学习，任意参数ν的更新公式可表示为

$$\nu \leftarrow \nu + \Delta\nu \tag{3}$$

基于梯度下降(Gradient Descent)的迭代更新策略，对于E_k给定的学习率η可以得到：

$$\Delta w_{hj} = -\eta\frac{\partial E_k}{\partial w_{hj}} \tag{4}$$

$$\frac{\partial E_k}{\partial w_{hj}} = \frac{\partial E_k}{\partial \hat{y}_j^k}\cdot\frac{\partial \hat{y}_j^k}{\partial \beta_j}\cdot\frac{\partial \beta_j}{\partial w_{hj}} \tag{5}$$

$$\frac{\partial \beta_j}{\partial w_{hj}} = b_h \tag{6}$$

由 Sigmoid 函数的性质，有：

$$f'(x) = f(x)(1-f(x)) \tag{7}$$

由式(5)和式(6)有：

$$\begin{aligned} g_j &= -\frac{\partial E_k}{\partial \hat{y}_j^k}\cdot\frac{\partial \hat{y}_j^k}{\partial \beta_j} \\ &= -(\hat{y}_j^k - y_j^k)f'(\beta_j - \theta_j) \\ &= \hat{y}_j^k(1-\hat{y}_j^k)(y_j^k - \hat{y}_j^k) \end{aligned} \tag{8}$$

最终得到权重更新公式：

$$\Delta w_{hj} = \eta g_j b_h \tag{9}$$

同理，

$$\Delta\theta_j = -\eta g_j \tag{10}$$

$$\Delta v_{ih} = \eta e_h x_i \tag{11}$$

$$\Delta\gamma_h = -\eta e_h \tag{12}$$

其中，

$$\begin{aligned} e_h &= -\frac{\partial E_k}{\partial b_h}\cdot\frac{\partial b_h}{\partial \alpha_h} = -\sum_{j=1}^{l}\frac{\partial E_k}{\partial \beta_j}\cdot\frac{\partial \beta_j}{\partial b_h}f'(\alpha_h - \gamma_h) \\ &= \sum_{j=1}^{l} w_{hj} g_j f'(\alpha_h - \gamma_h) = b_h(1-b_h)\sum_{j=1}^{l} w_{hj} g_j \end{aligned} \tag{13}$$

与感知机模型一样，超参数学习率 η 控制着每一轮更新迭代的步长。综上所述，BP 算法的具体步骤如附表 2 所示。

附表 2　BP 算法步骤

BP 算法
输入：训练数据集、学习率。 输出：网络参数。
Step 1：确定网络结构，初始化学习参数，如训练函数、训练次数等。 Step 2：输入训练样本，训练网络。 Step 3：正向传播过程，通过训练数据计算当前网络的实际输出，与网络的期望输出作比较，计算均方误差。 Step 4：反向传播过程，通过公式，逐层修正全网权值。 Step 5：更新全部权值后，重新计算网络输出并计算与期望输出的误差。 Step 6：终止条件判定。满足则停止迭代，否则，返回 Step 3。

神经网络学习的终止条件为实际输出与期望输出的误差小于设定的阈值或达到设定的最大训练次数。已有研究表明，包含足够多的神经元隐藏层的多层前馈神经网络，能以任意精度逼近任意复杂连续函数。但隐藏层神经元个数设置是个 NP 问题，目前通常采用试错法(Trial-by-Error)。此外，为解决 BP 神经网络的过拟合问题，可采取的策略包括：

(1) 早停(Early Stopping)策略，在训练网络参数时，同时采用训练集和验证集分别训练网络。

(2) 正则化(Regulation)则是在目标函数部分加一个描述网络复杂度的部分，一般是网络权重的加权函数。

同时，针对神经网络参数的优化问题，可以采用的策略有：

(1) 利用多组不同参数同时训练多个神经网络，效果最好的作为最终网络参数，相当于并行多个无交流网络。

(2) 模拟退火策略(simulated annealing)，每次迭代依概率接受比当前差的解，同时接受次优解的概率随迭代次数增加而逐渐降低，从而保证算法稳定。

(3) 使用随机梯度下降策略，加入随机因素，增加算法的全局寻优能力。

此外，粒子群优化算法等智能优化算法也被用来训练网络参数，但基于启发式(heuristic)的思想，从理论上不能保证一定可以得到全局最优解。

综上所述，神经网络其实就是按照一定规则连接起来的多个神经元，而不同的连接规则产生了不同结构的神经网络，如鼎鼎大名的卷积神经网络(CNN)、循环神经网络(RNN)等，但“万变不离其宗”，它们都由输入层、输出层以及隐藏层构成。

参考文献

[1] Liao S H. Expert system methodologies and applications-a decade review from 1995 to 2004[J]. Expert systems with applications, 2005, 28(1): 93 - 103.

[2] Dwork C. Differential privacy: A survey of results[C]//International conference on theory and applications of models of computation. Springer, Berlin, Heidelberg, 2008: 1 - 19.

[3] Pan S J, Yang Q. A survey on transfer learning[J]. IEEE Transactions on knowledge and data engineering, 2009, 22(10): 1345 - 1359.

[4] Hesamifard E, Takabi H, Ghasemi M. Cryptodl: Deep neural networks over encrypted data[J]. arXiv preprint arXiv:1711.05189, 2017.

[5] Karras T, Aila T, Laine S, et al. Progressive growing of gans for improved quality, stability, and variation[J]. arXiv preprint arXiv:1710.10196, 2017.

[6] Odena A, Olah C, Shlens J. Conditional image synthesis with auxiliary classifier gans[C]//International conference on machine learning. 2017: 2642 - 2651.

[7] Mao X, Li Q, Xie H, et al. Least squares generative adversarial networks[C]//Proceedings of the IEEE international conference on computer vision. 2017: 2794 - 2802.

[8] Gers F. Long short-term memory in recurrent neural networks[D]. Verlag nicht ermittelbar, 2001.

[9] Greff K, Srivastava R K, Koutník J, et al. LSTM: A search space odyssey[J]. IEEE transactions on neural networks and learning systems, 2016, 28(10): 2222 - 2232.

[10] Gregor K, Danihelka I, Graves A, et al. Draw: A recurrent neural network for image generation[J]. arXiv preprint arXiv:1502.04623, 2015.

[11] Chung J, Gulcehre C, Cho K, et al. Gated feedback recurrent neural networks[C]//International conference on machine learning. 2015: 2067 - 2075.

[12] Mikolov T, Chen K, Corrado G, et al. Efficient estimation of word representations in vector space [J]. arXiv preprint arXiv:1301.3781, 2013.

[13] Rogez G, Rihan J, Ramalingam S, et al. Randomized trees for human pose detection[C]//2008 IEEE Conference on Computer Vision and Pattern Recognition. IEEE, 2008: 1 - 8.

[14] Urtasun R, Darrell T. Sparse probabilistic regression for activity-independent human pose inference[C]//2008 IEEE Conference on Computer Vision and Pattern Recognition. IEEE, 2008: 1 - 8.

[15] Pishchulin L, Andriluka M, Gehler P, et al. Strong appearance and expressive spatial models for human pose estimation[C]//Proceedings of the IEEE international conference on Computer Vision. 2013: 3487 - 3494.

[16] Andriluka M, Roth S, Schiele B. Pictorial structures revisited: People detection and articulated pose estimation[C]//2009 IEEE conference on computer vision and pattern recognition. IEEE, 2009:

1014 - 1021.

[17] Ionescu C, Li F, Sminchisescu C. Latent structured models for human pose estimation[C]//2011 International Conference on Computer Vision. IEEE, 2011: 2220 - 2227.

[18] Pishchulin L, Andriluka M, Gehler P, et al. Poselet conditioned pictorial structures[C]//Proceedings of the IEEE Conference on Computer Vision and Pattern Recognition. 2013: 588 - 595.

[19] Jain A, Tompson J, Andriluka M, et al. Learning human pose estimation features with convolutional networks[J]. arXiv preprint arXiv:1312.7302, 2013.

[20] Wei S E, Ramakrishna V, Kanade T, et al. Convolutional pose machines[C]//Proceedings of the IEEE conference on Computer Vision and Pattern Recognition. 2016: 4724 - 4732.

[21] Newell A, Yang K, Deng J. Stacked hourglass networks for human pose estimation[C]//European conference on computer vision. Springer, Cham, 2016: 483 - 499.

[22] Chu X, Yang W, Ouyang W, et al. Multi-context attention for human pose estimation[C]//Proceedings of the IEEE Conference on Computer Vision and Pattern Recognition. 2017: 1831 - 1840.

[23] Tang W, Yu P, Wu Y. Deeply learned compositional models for human pose estimation[C]//Proceedings of the European Conference on Computer Vision (ECCV). 2018: 190 - 206.

[24] Cao Z, Simon T, Wei S E, et al. Realtime multi-person 2d pose estimation using part affinity fields [C]//Proceedings of the IEEE conference on computer vision and pattern recognition. 2017: 7291 - 7299.

[25] Newell A, Huang Z, Deng J. Associative embedding: End-to-end learning for joint detection and grouping[C]//Advances in neural information processing systems. 2017: 2277 - 2287.

[26] Pishchulin L, Insafutdinov E, Tang S, et al. Deepcut: Joint subset partition and labeling for multi person pose estimation[C]//Proceedings of the IEEE conference on computer vision and pattern recognition. 2016: 4929 - 4937.

[27] Insafutdinov E, Pishchulin L, Andres B, et al. Deepercut: A deeper, stronger, and faster multi—person pose estimation model[C]//European Conference on Computer Vision. Springer, Cham, 2016: 34 - 50.

[28] Mnih V, Kavukcuoglu K, Silver D, et al. Human-level control through deep reinforcement learning[J]. nature, 2015, 518(7540): 529 - 533.

[29] Dai F, Liu H, Ma Y, et al. Dense scale network for crowd counting[J]. arXiv preprint arXiv:1906.09707, 2019.

[30] 李肯立，刘楚波. 边缘智能：现状和展望[J]. 大数据，2019，5(3)：69 - 75.

[31] Zhou Z, Chen X, Li E, et al. Edge intelligence: Paving the last mile of artificial intelligence with edge computing[J]. Proceedings of the IEEE, 2019, 107(8): 1738 - 1762.

[32] Idrees H, Saleemi I, Seibert C, et al. Multi-source multi-scale counting in extremely dense crowd images [C]//Proceedings of the IEEE conference on computer vision and pattern recognition. 2013: 2547 - 2554.

[33] Zhang Y, Zhou D, Chen S, et al. Single-image crowd counting via multi-column convolutional neural network[C]//Proceedings of the IEEE conference on computer vision and pattern recognition. 2016: 589 - 597.

[34] Zhang C, Kang K, Li H, et al. Data-driven crowd understanding: A baseline for a large-scale crowd

dataset[J]. IEEE Transactions on Multimedia, 2016, 18(6): 1048 - 1061.

[35] Idrees H, Tayyab M, Athrey K, et al. Composition loss for counting, density map estimation and localization in dense crowds[C]//Proceedings of the European Conference on Computer Vision (ECCV). 2018: 532—546.

[36] Wang Q, Gao J, Lin W, et al. Learning from synthetic data for crowd counting in the wild[C]//Proceedings of the IEEE conference on computer vision and pattern recognition. 2019: 8198 - 8207.

[37] Krizhevsky A, Sutskever I, Hinton G E. Imagenet classification with deep convolutional neural networks [C]//Advances in neural information processing systems. 2012: 1097 - 1105.

[38] Simonyan K, Zisserman A. Very deep convolutional networks for large-scale image recognition[J]. arXiv preprint arXiv:1409.1556, 2014.

[39] Hu J, Shen L, Sun G. Squeeze-and-excitation networks[C]//Proceedings of the IEEE conference on computer vision and pattern recognition. 2018: 7132 - 7141.

[40] Shi W, Cao J, Zhang Q, et al. Edge computing: Vision and challenges[J]. IEEE internet of things journal, 2016, 3(5): 637 - 646.

[41] Kingma D P, Welling M. Auto-encoding variational bayes[J]. arXiv preprint arXiv:1312.6114, 2013.

[42] Van den Oord A, Kalchbrenner N, Espeholt L, et al. Conditional image generation with pixelcnn decoders[C]//Advances in neural information processing systems. 2016: 4790 - 4798.

[43] Goodfellow I, Pouget-Abadie J, Mirza M, et al. Generative adversarial nets [C]//Advances in neural information processing systems[J]. 2014.

[44] Mirza M, Osindero S. Conditional generative adversarial nets[J]. arXiv preprint arXiv:1411.1784, 2014.

[45] Arjovsky M, Chintala S, Bottou L. Wasserstein gan[J]. arXiv preprint arXiv:1701.07875, 2017.

[46] Chen X, Duan Y, Houthooft R, et al. Infogan: Interpretable representation learning by information maximizing generative adversarial nets [C]//Advances in neural information processing systems. 2016: 2172 - 2180.

[47] Huang X, Li Y, Poursaeed O, et al. Stacked generative adversarial networks[C]//Proceedings of the IEEE conference on computer vision and pattern recognition. 2017: 5077 - 5086.

[48] Karras T, Aila T, Laine S, et al. Progressive growing of gans for improved quality, stability, and variation [J]. arXiv preprint arXiv:1710.10196, 2017.

[49] Zhang H, Xu T, Li H, et al. Stackgan++: Realistic image synthesis with stacked generative adversarial networks[J]. IEEE transactions on pattern analysis and machine intelligence, 2018, 41 (8): 1947 - 1962.

[50] Choi Y, Choi M, Kim M, et al. Stargan: Unified generative adversarial networks for multi-domain image-to-image translation[C]//Proceedings of the IEEE conference on computer vision and pattern recognition. 2018: 8789 - 8797.

[51] Huang H, Yu P S, Wang C. An introduction to image synthesis with generative adversarial nets[J]. arXiv preprint arXiv:1803.04469, 2018.

[52] Amodio M, Krishnaswamy S. Travelgan: Image-to-image translation by transformation vector learning[C]//Proceedings of the IEEE Conference on Computer Vision and Pattern Recognition. 2019: 8983 - 8992.